U0319100

"十二五" 国家重点图书

钛 微 合 金 钢

毛新平　等著

北 京

冶 金 工 业 出 版 社

2016

内 容 提 要

超细晶粒、高洁净度、高均匀度、微合金化已成为钢铁材料的发展趋势，而钛微合金钢的生产与应用对我国钢铁工业的发展具有重要的现实意义。本书系统归纳了钛微合金化基础理论、钛微合金钢强化机理、钛微合金钢生产技术、高性能钛微合金钢应用技术。本书理论联系实际，反映出我国钢厂生产钛微合金钢的工艺特色和产品水平，有助于我国低成本、高性能先进钢铁材料的研究开发与应用。

本书可供材料加工、钢铁冶金等领域的科研、生产、设计、教学、管理人员阅读与参考。

图书在版编目（CIP）数据

钛微合金钢/毛新平等著 . —北京：冶金工业出版社，2016.6
"十二五"国家重点图书
ISBN 978-7-5024-7238-2

Ⅰ. ①钛⋯　Ⅱ. ①毛⋯　Ⅲ. ①钛合金—低合金钢—研究
Ⅳ. ①TG142. 33

中国版本图书馆 CIP 数据核字（2016）第 144044 号

出　版　人　谭学余
地　　　址　北京市东城区嵩祝院北巷 39 号　邮编　100009　电话　（010）64027926
网　　　址　www.cnmip.com.cn　电子信箱　yjcbs@cnmip.com.cn
责任编辑　刘小峰　曾　媛　李维科　美术编辑　彭子赫　版式设计　彭子赫
责任校对　王永欣　孙跃红　责任印制　牛晓波
ISBN 978-7-5024-7238-2
冶金工业出版社出版发行；各地新华书店经销；三河市双峰印刷装订有限公司印刷
2016 年 6 月第 1 版，2016 年 6 月第 1 次印刷
169mm×239mm；14.25 印张；345 千字；218 页
79.00 元
冶金工业出版社　投稿电话　（010）64027932　投稿信箱　tougao@cnmip.com.cn
冶金工业出版社营销中心　电话　（010）64044283　传真　（010）64027893
冶金书店　地址　北京市东四西大街 46 号（100010）　电话　（010）65289081（兼传真）
冶金工业出版社天猫旗舰店　yjgycbs.tmall.com
（本书如有印装质量问题，本社营销中心负责退换）

序

毛新平院士新著《钛微合金钢》问世，令人欣喜。

看题目这似乎是一本材料学的书，仔细看却显现出其冶金-材料兼顾的特征，并且是理论联系工业生产实践的书。

新平院士在冶金设计院担任过项目总设计师，随后担任钢厂总工程师，积累了丰富的实践经验，在做博士生研究过程中，涉猎广泛且注意钻研理论，功底扎实，此书就是具体反映。

此书从理论上讨论了钛在钢液中的热力学行为，继而讨论凝固过程特征、热轧工艺特征、钛作为微合金元素的作用机理和微合金化技术，几乎涉及到整个生产工艺流程，应该说这是一个特色。

此书的又一特色是立足于电炉—钢包炉—薄板坯连铸—连轧，薄规格产品轧制等工艺特点，巧妙地解决了过去一度出现的含钛钢水浇钢过程水口结瘤问题，顺利地生产出了含钛洁净钢，通过薄板坯连铸工艺和 C-Mn 钢单一钛微合金化、薄规格轧制、TMCP 等工艺技术的集成化，高效率、低成本、稳定地生产出细晶粒洁净钢，解决了钢材质量不稳定问题；体现了原理-工艺技术-装备等要素的有效集成与优化配置，并具有理论意义和经济价值。也反映出了中国钢厂生产钛微合金化钢的工艺特色和产品水平。

在中国含钛钢曾在 20 世纪 60 年代就开始研究并小批量生产，由于种种原因，未能大批量生产。21 世纪以来，由于新平院士等业界人士的努力，取得重大突破。此书反映出了 21 世纪以来，中国在钛微合金化钢的研发、生产和应用方面取得的长足进步，以板材（特别是热轧薄板）的形式广泛地使用在集装箱、汽车、工程机械等领域，年产规模已经达到了百万吨级。同时，也为相关产业的发展和技术进步做出了贡献。相信此书的出版将有助于对钛微合金钢的进一步研发、生产和使用。

此书可供钢铁冶金、材料开发和应用等领域的生产、研发、设计、教学、管理人员阅读与参考。

中国工程院院士 翁宇庆

2016 年 6 月于钢铁研究总院

前　言

钛元素的发现始于 18 世纪末。1791 年，英国化学家 Gregor R W （1762～1817） 在研究钛铁矿和金红石时发现了一种新的元素；1795 年，德国化学家 Klaproth M H （1743～1817） 在分析匈牙利产的红色金红石时也发现了这种元素，并将这种元素命名为 Titanium，中文译音为"钛"。钛在地壳中的含量为 0.6%，排在所有元素中的第 9 位，在金属元素中钛排在第 4 位，仅次于铝、铁和镁。我国是钛资源储量最大的国家，约占世界储量的 48%。充分利用我国丰富的钛资源，发展钛微合金化技术，开发钛微合金钢，具有重大的经济价值和重要的战略意义。

钛作为一种微合金元素一直到 1920 年后才在钢中得到应用，其在钢中主要以固溶于铁基或形成含钛第二相的形式存在，可显著改善钢材的组织和性能，是一种重要的合金元素。但与铌、钒微合金元素相比，钛在钢中的第二相类型更多，析出温度范围更宽，对钢材组织和性能的影响更为复杂，因此工业化应用过程中的控制难度更大。国内外学者围绕钛微合金化技术开展了大量的研究工作，并取得了许多成果。本书作者系统地研究了钛微合金钢的基础理论和生产应用技术，基于薄板坯连铸连轧流程，研制出 550MPa 级新一代轻量化集装箱用钢、700MPa 级特种集装箱用超高强耐候钢、厚度为 1.2mm 的 700MPa 级汽车结构用超薄规格超高强钢等一系列具有代表性的钛微合金高强钢，取得良好的经济和社会效益。相关研究成果获得 2 项国家科技进步二等奖、多项教育部和冶金行业科学技术奖，以及国家发明专利优秀奖等奖项。

本书回顾了钛微合金化技术的发展历程，重点阐述了本书作者在钛微合金钢的化学和物理冶金原理，以及钛微合金钢的生产技术和产品开发与应用等方面所做的工作。本书共6章。其中，第1章概述了钛微合金钢的定义、作用、发展历程和技术经济特点；第2章系统论述了钛微合金钢的化学冶金原理，具体包括钛在铁液中的热力学，含钛钢液与炉渣、耐火材料的反应，以及钛微合金钢的氧化物夹杂控制技术原理等；第3章和第4章分别论述了钛微合金钢的物理冶金原理中的含钛相固溶与析出规律以及再结晶与相变规律；第5章总结了钛微合金钢的生产和组织性能控制技术，重点阐述了基于薄板坯连铸连轧流程的钛微合金钢冶炼、连铸、热轧等生产工艺；第6章介绍了代表性钛微合金钢产品的设计与开发，以及在集装箱、汽车和工程机械等领域的应用情况。

全书内容由毛新平策划。其中，第1章由毛新平、雍岐龙、霍向东撰写；第2章由李光强撰写；第3章由雍岐龙、孙新军、李昭东和王振强撰写；第4章由孙新军、李昭东、霍向东和王振强撰写；第5章由高吉祥撰写；第6章由陈麒琳和汪水泽撰写。毛新平、雍岐龙审阅了全部书稿。

感谢殷瑞钰院士、干勇院士、张寿荣院士、王国栋院士、翁宇庆院士、田乃媛教授等对本课题研究工作的悉心指导。感谢雍岐龙教授、康永林教授、孙新军教授、霍向东教授、赵刚教授、李烈军教授、柴毅忠博士、高吉祥博士、俞燕高工、陈麒琳高工、林振源高工、谢利群高工、李春艳高工、朱达炎高工、周建博士、苏亮博士、李昭东博士、王振强博士、王长军博士、鲍思前博士、杨庚蔚博士等在课题研究过程中所做的卓有成效的工作。感谢冶金工业出版社的大力支持。

由于作者水平所限，书中不足之处，恳请读者批评指正。

作　者
2016 年 6 月

目　　录

1 绪 论

1.1 钛微合金钢简介

1963 年瑞典人 Noren 最早提出了微合金钢的定义, 即微合金钢是在含锰合金钢或低合金钢成分的基础上添加少量的合金元素, 这种元素对钢的一种或几种性能具有很强的或者显著的影响, 而其添加量比钢中传统意义的合金元素含量小 1~2 个数量级[1]。此定义在世界范围内得到广泛采用并沿用至今。钛微合金钢是微合金钢的一种, 钢中所添加的钛是一种典型的微合金元素, 类似的元素还有铌、钒、硼等。

钛作为一种微合金元素在钢中主要以固溶于铁基体或形成含钛析出相的形式存在。基于固溶钛和含钛析出相对奥氏体再结晶和相变行为的影响, 通过采取合适的控制轧制技术, 实现奥氏体组织乃至铁素体组织的微细化, 可获得明显的细晶强化效果。通过对 TiC 析出行为的控制, 得到纳米级 TiC 颗粒, 可获得显著的沉淀强化效果。钛除显著改善钢铁材料的强韧性外, 对淬透性和固定钢中非金属元素也有明显作用, 因此获得广泛应用[2]。

钛作为微合金化元素于 20 世纪 20 年代开始得到应用。初期主要用作微钛处理, 用于改善钢材的组织和焊接性能。20 世纪 60 年代以后, 随着微合金化技术的发展, 钛作为一种辅助微合金化元素在多元复合微合金钢中得到更为广泛的应用, 发展出 V-Ti 复合微合金化技术和 Nb-Ti 复合微合金化技术。20 世纪 90 年代以来, 随着洁净钢冶炼技术的发展和薄板坯连铸连轧流程的出现, 开发出基于薄板坯连铸连轧流程的单一钛微合金化技术, 在普通低合金高强钢成分的基础上添加 0.04%~0.20% 的钛, 产品的最高屈服强度达到 700MPa 级。在此基础上, 进一步开发出以钛微合金元素为主的 Ti-Mo 复合和 Ti-V-Mo 复合微合金化技术, 产品的最高屈服强度达到 900MPa 级。

随着对钛在钢中作用机理研究的不断深入, 钛微合金化技术在高强钢开发过程中已经发挥着越来越重要的作用。我国是钛资源储量最大的国家, 充分利用我国丰富的钛资源, 发展钛微合金化技术, 开发钛微合金钢, 具有重大的经济价值和重要的战略意义。

1.2　钛微合金化原理

1.2.1　钛元素特性

钛[2]（Titanium）是位于元素周期表第四周期（第一长周期）第Ⅳ副族的过渡族金属元素，原子序数为 22，其外层电子结构为 $3d^2\,4s^2$，相对原子质量 47.867（1）[3]。

钛是英国化学家 Gregor R W（1762～1817）在 1791 年研究钛铁矿和金红石时发现的。4 年后的 1795 年，德国化学家 Klaproth M H（1743～1817）在分析匈牙利产的红色金红石时也发现了这种元素，他主张采用为铀命名的方法，引用希腊神话中泰坦神族"Titanic"的名字给这种新元素起名为 Titanium[2]。中文按其译音定名为钛。

Gregor 和 Klaproth 当时所研究的钛是粉末状的二氧化钛，而不是金属钛。因为钛的氧化物极其稳定，且金属钛能与氧、氮、氢、碳等非金属元素强烈化合，所以单质钛很难制取。直到 1910 年美国化学家 Hunter M A 才第一次用钠还原法（亨特法）制得纯度达 99.9% 的金属钛[2]。

钛是具有固态多型性相变的元素，相变点为 882.5℃。该温度之上为体心立方结构的 β 钛，900℃时的点阵常数为 0.332nm；该温度之下为密排六方结构的 α 钛，室温（20℃）下的点阵常数为 $a = 0.29506\text{nm}$，$c = 0.46788\text{nm}$，$c/a = 1.5857$，接近于密排六方结构的理想值 $(8/3)^{1/2}$，即 1.633。由此可计算得到其最近邻原子间距为 0.28939nm，配位数为 12 时的原子半径为 0.14609nm，比铁的原子半径大 14.4% 左右；其理论摩尔体积为 $1.0622 \times 10^{-5}\text{m}^3/\text{mol}$，理论密度为 4.506g/cm^3，实际密度为 4.506～4.516g/cm^3，显著小于铁（铁的理论密度为 7.875g/cm^3，实际密度为 7.870g/cm^3），故通常将钛归类为轻金属。α 钛和 β 钛的晶体结构如图 1-1 所示。

α 钛的定压比热 $C_p = 22.133 + 10.251 \times 10^{-3} T$ J/(K·mol)（298～1155K），β 钛的定压比热 $C_p = 19.832 + 7.908 \times 10^{-3} T$ J/(K·mol)（1155～1933K），α→β 相变潜热为 4142J/mol。

钛是原子结合力相当强的过渡族金属元素，其升华热为 4.693×10^5 J/mol（25℃）[4]，低于钨、锇、钽、铼、铌、碳、铱、钼、锆、铪、钌、钍、硼、铑、铂、钒、铀，而高于其他所有元素；其熔点为 1660℃，低于钨、铼、锇、钽、钼、铌、铱、钌、铪、铑、钒、铬、锆、铂、钍，而高于其他所有金属元素；其沸点约为 3302℃，低于铼、钨、钽、锇、铌、钼、铪、锆、铀、铱、钍、钌、铂、铑、钒、镥、钇，略高于钴、镍、铁及其他常见金属元素。钛的线胀系数（0～100℃温度范围）为 8.9×10^{-6}/K[5] 或 8.36×10^{-6}/K[2]，在过渡族金属元素

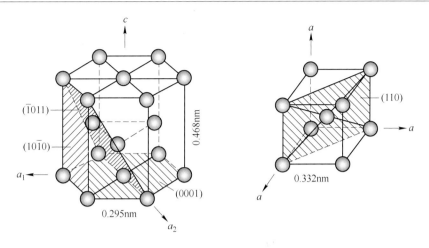

图 1-1 HCP 的 α 钛和 BCC 的 β 钛的晶体结构

中相对较低，略高于钒，远低于铁的 12.1×10^{-6}/K；其平均比热（0~100℃温度范围）为 0.528J/(g·K)[4]，大于钒的 0.498J/(g·K) 和铁的 0.456J/(g·K)，远大于铌的 0.268J/(g·K)。

α 钛在室温（20℃）下的正弹性模量 E 为 120.2GPa[4]（115GPa[2]），切变弹性模量 G 为 45.6GPa[4]（44GPa[2]），体积压缩模量 K 为 1.084×10^{5}MPa[4]，泊松比 ν 为 0.361[4]（0.33[2]）。其弹性模量值与钒、铌接近，低于铪、钽，明显低于铬、锰、铁，显著低于钼、钨、铼；另一方面，其泊松比值在过渡族金属元素中相对较高，仅低于金、铌、铂、镁、锆、钒。α 钛单晶在室温下的各弹性刚度分别为：$C_{11} = 1.60 \times 10^{5}$MPa，$C_{33} = 1.81 \times 10^{5}$MPa，$C_{44} = 4.65 \times 10^{4}$MPa，$C_{12} = 9.00 \times 10^{4}$MPa，$C_{13} = 6.60 \times 10^{4}$MPa。各弹性柔度分别为：$S_{11} = 9.69 \times 10^{-12}$Pa^{-1}，$S_{33} = 6.86 \times 10^{-12}$Pa^{-1}，$S_{44} = 21.5 \times 10^{-12}$Pa^{-1}，$S_{12} = -4.71 \times 10^{-12}$Pa^{-1}，$S_{13} = -1.82 \times 10^{-12}$Pa^{-1}[5]。

钛在地壳中的丰度约为 0.63%，占第 9 位（前面是氧、硅、铝、铁、钙、钠、钾、镁）。但由于其作为结构材料使用的研究深度及应用普及程度明显高于钙、钠、钾、镁等元素，故被称为继铁、铝之后的第三金属。用于生产钛的原料主要有钛铁矿（$FeTiO_3$）、金红石（TiO_2）、钛渣等，具有工业开采价值的钛资源大约为 19.7 亿吨，其中钛铁矿（包括钛磁铁矿）占 95% 以上。钛铁矿砂矿主要分布在南非、印度、澳大利亚、美国等，岩矿主要分布在我国的攀西地区、承德大庙以及俄罗斯、挪威、加拿大、美国等，金红石矿则主要分布在巴西、澳大利亚等。我国是世界上钛铁矿资源最为丰富的国家，已探明的钛资源表内储量为 9.7 亿吨。

钛的化学性质较为活泼，钢中主要以钛铁形式加入，其在钢中的存在形式主要为固溶钛和含钛析出相。钛在钢中的作用与其存在形式有关，固溶钛与各种含钛析出相的作用具有显著的差别，这些作用对于钢材的性能有利有弊，且在不同化学成分的钢种中表现出不同的作用，因此需要深入分析研究并进行科学合理的控制。

1.2.2 钛在钢中的细晶强化作用

1.2.2.1 Ti(C，N)析出相抑制奥氏体晶粒长大

晶粒细化是同时提高钢材强度和韧性的唯一强化机制，一直受到广泛的重视，在采用各种工艺方法使基体晶粒细化的同时，还必须有效防止晶粒长大，才能保证晶粒细化的效果，而第二相钉扎晶界是最重要的阻止晶粒长大的方法。钢中第二相颗粒阻止基体晶粒粗化的基本原理是由 Zener[6] 和 Hillert[7] 首先进行定量分析的，其提出的当第二相为均匀分布的球形粒子时，晶界解钉的判据为：

$$D_C \leqslant A \frac{d}{f} \tag{1-1}$$

式中 D_C——可以有效钉扎的晶粒的临界平均等效直径；

d——第二相颗粒的平均直径；

f——第二相颗粒的体积分数；

A——比例系数。

Gladman[8] 详尽分析了解钉时的能量变化，得到了当第二相为均匀分布的球形粒子时的晶界解钉判据：

$$D_C \leqslant \frac{\pi d}{6f} \left(\frac{3}{2} - \frac{2}{Z} \right) \tag{1-2}$$

式中，$Z = D_M/D_0$ 是晶粒尺寸不均匀性因子，即最大晶粒的直径（D_M）与平均晶粒直径（D_0）的比值。理想均匀的晶粒 Z 值为 $\sqrt{2}$；晶粒正常长大时，Z 值约为1.7；而反常晶粒长大时 Z 值可高达9。由式1-1或式1-2可知，能够被有效钉扎而基本不发生长大的临界晶粒尺寸正比于第二相的平均尺寸，而反比于第二相的体积分数，为保证一定晶粒尺寸的基体晶粒不发生粗化，就必须存在足够体积分数且平均尺寸足够小的第二相颗粒。

需要指出的是，第二相阻止晶粒长大具有临界性[9]。当基体晶粒尺寸大于临界尺寸时，将可被有效钉扎而基本不发生长大；而当基体晶粒尺寸一旦小于或等于临界尺寸时，就将发生解钉并发生晶粒的反常长大。因此，第二相钉扎基体晶粒具有方向性，当第二相颗粒的体积分数不断增大或第二相颗粒的平均尺寸不断减小时，基体晶粒尺寸的均匀性较高，Z 值约为1.7，相应的系数 A 为0.1694，晶界一旦被钉扎就将持续钉扎而使晶粒基本不长大；而当第二相颗粒的体积分数不断减小或第二相颗粒的平均尺寸不断增大时，一旦发生解钉则将发生快速的反常晶粒长大，使 Z 值增大到3（弱钉扎后的解钉）或9（强钉扎后的解

钉），相应的系数 A 分别为 0.4363（Hillert 理论为 4/9）或 0.6690（Hillert 理论为 2/3），即必须到晶粒尺寸足够大之后（强钉扎后解钉必须长大到接近原晶粒尺寸的 4 倍）才会重新被钉扎。因此，不同的热历史条件下，要达到完全控制晶粒长大，需要不同的第二相尺寸与体积分数的控制要求。

反常晶粒长大如果进行得不充分，将导致混晶现象的产生，混晶使得钢的性能不均匀且严重损害钢的塑性和韧性，必须严格控制以避免其发生。

钢铁材料在进行轧制、锻造或热处理的加热保温过程中，以及在焊接快速加热过程中，一般均需要有足够体积分数且平均尺寸足够小的第二相颗粒来阻止晶粒长大；在发生再结晶或固态多型性相变并得到细小的晶粒后，则必须有更大体积分数且平均尺寸更小的第二相颗粒才能阻止晶粒长大。

而在电工钢生产中，均热时必须有一定体积分数的第二相颗粒以阻止初始晶粒长大，但在轧制过程中则需要发生解钉使晶粒发生反常晶粒长大（最好是定向长大），从而获得良好的电磁性能。

TiN 或富氮的 Ti(C，N) 具有非常优异的高温稳定性，TiN 或富氮的 Ti(C，N) 在铁基体中的固溶度积非常小，使其在很高温度下仍不会发生明显的固溶，从而保证铁基体中仍具有足够体积分数的 TiN 或富氮的 Ti(C，N) 相存在，TiN 或富氮的 Ti(C，N) 在很高温度下的粗化速率仍保持很小，从而可保证其平均尺寸足够细小。高温均热时需要控制晶粒尺寸在 200μm 左右，若第二相的平均尺寸可控制在 100nm 左右，则由式 1-2 可得，当晶粒尺寸不均匀性因子为 1.7 时，其体积分数应在 0.0085% 以上；当晶粒尺寸不均匀性因子为 3 时，其体积分数应在 0.0218% 以上。当钢中有效钛含量在 0.012%、氮含量在 0.004% 以上时，高温未溶的 TiN 或富氮的 Ti(C，N) 很容易满足这样的尺寸及体积分数条件，因而可有效阻止基体晶粒长大。大量的研究及实际生产结果表明，微合金钢中 TiN 或富氮的 Ti(C，N) 阻止晶粒长大的作用可持续到 1300℃ 以上。相对而言，Nb(C，N) 阻止晶粒长大的温度在 1200℃ 左右，AlN 在 1100℃ 左右，而 V(C，N) 仅在 1000℃ 左右。钛在轧前均热过程及焊接热循环中阻止晶粒长大的作用是其他微合金元素所不能替代的，因而钛在微合金钢中获得广泛应用。为得到足够体积分数的高温未溶 TiN 或富氮的 Ti(C，N)，同时又避免液析 TiN 的产生，钛含量一般控制在 0.01%~0.03% 的范围内，这样的钢称为微钛处理钢。采用再结晶控制轧制的钢材通常需要控制均热态奥氏体晶粒尺寸，因而都需要进行微钛处理；对焊接接头热影响区晶粒尺寸有较高要求的钢也广泛采用微钛处理。钛微合金钢中的 TiC 在 1000℃ 以下的温度范围内将在形变奥氏体中应变诱导析出，其尺寸为 10~20nm。这时，随着轧制过程进行，温度不断降低，沉淀相体积分数将不断增加且平均尺寸不断减小，其对晶界的钉扎作用将不断增大，因而晶粒尺寸不均匀性因子为 1.7，若需将再结晶奥氏体晶粒尺寸控制在 20μm 左右，则钢中 TiC 的体积分数为 0.0085% ~ 0.017% 时即可有效阻止再结晶奥氏体晶粒长大。钛含量在 0.08% 以上的钛微合金钢，很容易达到沉淀相体积分数及有效沉淀析出温度范围方面的要求；而钒微合金钢或钒-氮微合金钢中，$V(C，N)$ 的有效沉淀析出温度范围较低，其阻止再结晶晶粒长大的作用甚微。因此，钛微合金钢采用再结晶控制轧制工艺时，可以获得更为显著的奥氏体晶粒细化效果。

1.2.2.2　固溶钛及应变诱导析出的 TiC 阻止形变奥氏体再结晶

钢材经受塑性变形后，形变基体中将存在形变储能。形变储能是基体再结晶的驱动能，同时可增大后续固态多型性相变的相变驱动能。钢材热轧过程中形变奥氏体发生再结晶，特别是动态再结晶，可以使奥氏体晶粒明显细化（再结晶控制轧制）；而未发生再结晶的晶粒会被明显拉长压扁且在晶内产生大量形变带，在随后发生奥氏体-铁素体相变时得到非常细小的铁素体晶粒（未再结晶控制轧制）。改变形变奥氏体的再结晶行为，对获得良好的控制轧制晶粒细化效果至关重要。

再结晶过程涉及晶界或亚晶界的迁移，当溶质原子大量偏聚在晶界或亚晶界上时，晶界的迁移需要挣脱溶质原子的移动，或者带着溶质原子一起迁移，由此使晶界迁移受到阻碍，迁移速度被减缓，这就是溶质拖曳阻止再结晶作用。显然，溶质原子尺寸与铁原子尺寸相差越大越容易发生晶界偏聚，溶质原子在铁基体中的扩散系数若与铁的自扩散系数有明显差异，则将明显减缓晶界迁移速度。铌、硼等元素的原子尺寸与铁原子相差较大，且在奥氏体中的扩散系数与铁的自扩散系数相差很大，因而具有显著的溶质拖曳阻止再结晶作用。钛的原子尺寸与铁的原子尺寸相差较大，但在奥氏体中的扩散系数与铁的自扩散系数相差不大，因而具有一定的溶质拖曳作用，但不如铌、硼显著。钒、铬、锰等元素的原子尺寸与铁原子很接近，故溶质拖曳作用很小。

此外，在晶界或亚晶界上应变诱导析出的第二相会产生显著的钉扎作用而显著阻止再结晶，这就是第二相钉扎阻止再结晶作用，或称为 Zener 钉扎作用[6]。大量试验结果表明[10]，微合金碳氮化物在奥氏体中的应变诱导析出一旦发生，形变奥氏体的再结晶过程就被显著推迟。由于形变储能既可促进形变基体的再结晶，也可促进第二相应变诱导析出，这两个过程具有明显的竞争性，先发生形变诱导析出必然显著阻止基体再结晶，而先发生再结晶，由于形变储能的耗散将使第二相的析出过程显著推迟，从而也使其阻止再结晶的作用显著减弱。$Nb(C，N)$ 和 TiC 在奥氏体中的有效沉淀析出温度范围均在 900℃ 以上，均能通过应变诱导析出方式阻止形变奥氏体再结晶；一般氮含量的钒微合金钢中，$V(C，N)$ 在奥氏体温度范围内基本不会沉淀析出，对形变奥氏体的再结晶过程基本无影响；而高氮含量的钒-氮微合金钢中，富氮的 $V(C，N)$ 的有效沉淀析出温度在 850℃ 左右，因而在该温度以下具有一定的阻止再结晶作用。

综合上述两种作用，可得到各种微合金元素对形变奥氏体再结晶过程的阻止作用效果，如图 1-2 所示[11]。

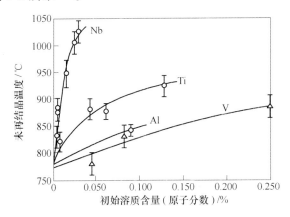

图 1-2 微合金元素对 0.07% C-1.40% Mn-0.25% Si 钢
未再结晶温度的影响

形变奥氏体基体再结晶过程被阻止后，基体晶粒的形状逐渐扁平化，晶界发生锯齿化，基体形变储能得以保存，若继续进行形变，则晶粒扁平化程度不断加大，晶界锯齿化程度明显加强，基体形变储能不断累积。形变储能可明显增大奥氏体相的自由能，在随后的冷却过程中发生铁素体相变时，形变储能将有效促进铁素体相的形成，使铁素体相形成的温度明显高于平衡温度 A_3，或使确定温度下的铁素体形成量明显大于平衡形成量[12~14]；同时，应变诱导析出第二相后，奥氏体基体化学成分的变化（溶质原子的贫化）也将增高奥氏体相的自由能，从而进一步促进铁素体相的形成。此外，晶粒扁平化使得奥氏体晶界面积显著增加，形变基体晶粒内大量形变带的存在相当于进一步增大晶界面积，而晶界的锯齿化使得晶界面上形成大量的类晶隅，铁素体的形核位置将不局限于奥氏体的晶隅，而可广泛分布在形变奥氏体的晶界面，由此使得新相铁素体的非均匀形核率显著增大，铁素体的晶粒尺寸显著细化且分布均匀。

由图 1-2 可看出，铌同时兼具溶质拖曳作用和第二相钉扎作用，而溶质拖曳作用在再结晶与沉淀析出的竞争中明显有利于应变诱导析出，由此将显著强化第二相钉扎阻止再结晶的作用，故铌微合金钢在精轧阶段可很容易地完全抑制再结晶，因而特别适合采用未再结晶控制轧制工艺乃至形变诱导铁素体相变工艺。钒基本没有溶质拖曳作用且析出相钉扎作用也较小，故钒微合金钢特别适合采用高温动态再结晶控制轧制工艺。钛对形变奥氏体再结晶的作用介于铌和钒之间，具有一定的阻止再结晶作用，钛微合金钢则既可采用再结晶控制轧制工艺，也可采用未再结晶控制轧制工艺，甚至同时采用两种工艺。将再结晶控制轧制与未再结晶控制轧制结合起来，可得到非常显著的晶粒细化效果，这是微合金钢以及控制轧制技术发展的重要方向，钛微合金钢在这方面具有非常独特的优势。

1.2.2.3　TiN 促进晶内铁素体形成

低碳钢中晶内铁素体的形成可在一定程度上增加铁素体的形核率，从而细化铁素体晶粒；晶内铁素体的晶体取向往往是随机的，而在奥氏体晶界形核的铁素体与奥氏体晶粒之间一般均遵循 K-S 位向关系，因而具有较为确定的晶体取向，因此，晶内铁素体的形成可分割原奥氏体晶粒，对铁素体晶粒的形状和分布有利。近年来晶内铁素体技术受到广泛的关注[15]。

事实上，晶内铁素体的最大好处在于：晶内铁素体的形成温度较高，碳含量及合金元素含量很少，因而具有非常高的韧塑性；晶内铁素体的位向与晶界形核连续推进的铁素体晶粒的位向完全不一样，分割了原奥氏体晶粒，由此可明显抑制非等轴铁素体晶粒的形成及定向长大；韧性较高的晶内铁素体完全包围了第二相颗粒，从而使其对钢材韧塑性和疲劳性能的损害显著降低，甚至消除。

研究结果表明，第二相的尺寸必须与铁素体新相核心尺寸相匹配才能有效促进晶内铁素体形核，仅当第二相颗粒的尺寸在 100～1000nm 时，才具有明显的促进晶内铁素体形成的能力，过于细小或粗大的第二相则不具备这方面的作用。这一方面说明第二相促进晶内铁素体形成的细化晶粒效果是相当有限的（如可用于促进晶内铁素体形核的第二相的体积分数为 0.1%，平均尺寸为 500nm，奥氏体晶粒尺寸为 20μm，则每个晶粒内平均只存在 1.6 个第二相颗粒；当奥氏体晶粒尺寸为 10μm 时，每个晶粒内平均只存在 0.4 个第二相颗粒）；另一方面则说明，钢中存在一定体积分数的尺寸为 100～500nm 的第二相（夹杂物）实际上是基本无害的，只要能够将钢中第二相的尺寸普遍控制在 1μm 以下且使之均匀分布，则数百纳米尺寸的第二相可促进晶内铁素体的形成并被晶内铁素体所包围。因此，没有必要在钢中追求完全不出现夹杂物。

TiN 在液态钢水中及在奥氏体中具有很小的固溶度积，很难完全抑制 TiN 的高温析出。通常情况下，液析 TiN 的尺寸在几微米至几十微米的范围内，凝固过程中在奥氏体中析出的 TiN 的尺寸在几微米至几百纳米的范围内。因此，适当加大凝固冷却速度使 TiN 的实际析出温度降低，从而控制 TiN 的尺寸在几十至200nm 的范围内，不仅可有效阻止奥氏体晶粒长大，同时还可显著降低甚至消除TiN 的有害作用。薄板坯连铸技术生产钛微合金钢时，由于凝固过程的冷速较大，TiN 尺寸得到明显细化，再通过晶内铁素体技术使 TiN 颗粒完全被塑性良好的铁素体晶粒包围，可使钢材性能特别是塑性和韧性明显提高[16]。

1.2.3　钛在钢中的沉淀强化作用

基体中弥散分布的第二相颗粒可产生弥散强化作用，由于第二相通常是通过沉淀析出产生的，故也称为沉淀强化（高合金钢中也称为时效硬化）。

第二相沉淀强化往往会导致钢材韧性的下降，但在低合金高强度钢中，相对于位错强化及间隙固溶强化等其他强化方式而言，其脆化矢量（钢材强度每提高1MPa时冷脆转折温度升高的度数）较小，故第二相沉淀强化在低合金高强度钢中是除晶粒细化外应优先采用的强化方式[5,17,18]。

位错越过第二相颗粒的机制有切过机制和绕过机制，其强化机制分别为切过机制和Orowan机制[19]。当第二相相对较软或尺寸很小时主要为切过机制，其强度增量正比于第二相的尺寸和第二相体积分数的二分之一次方；而当第二相较硬或尺寸较大时主要为Orowan机制，其强度增量正比于第二相体积分数的二分之一次方并大致反比于第二相的尺寸。两种强化机制的竞争关系如图1-3所示[19]，对每一种特定的第二相都存在一个临

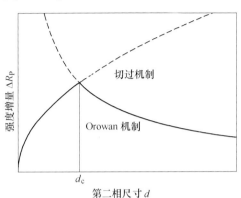

图1-3 不同强化机制下第二相强度
增量随第二相尺寸的变化规律

界尺寸 d_c，小于临界尺寸时切过机制起作用，而大于临界尺寸时 Orowan 机制起作用，在临界尺寸附近可得到最大的强化效果。理论分析计算结果表明，TiC 沉淀析出强化的临界尺寸 d_c 为 2.70nm。

研究结果表明[18,19]，对钢中大部分第二相而言，其强化机制主要为 Orowan 机制，考虑到随机分布的第二相颗粒的平均边对边间距，以及位错线环绕颗粒时不能紧贴颗粒边缘，从而导致其有效尺寸增大等因素，可得到球形第二相颗粒强度增量 ΔR_P 的理论计算公式为：

$$\Delta R_P = \frac{Gb}{\pi K} \frac{1}{\left(1.18 \sqrt{\frac{\pi}{6f}} - 1.2\right)d} \ln\left(\frac{1.2d}{2b}\right) = \frac{Gb}{\pi K} \frac{f^{1/2}}{(0.854 - 1.2f^{1/2})d} \ln\left(\frac{1.2d}{2b}\right)$$

$$(1-3)$$

式中 G——基体的切变弹性模量；

       b——位错伯格斯矢量的绝对值；

       K——系数，$\frac{1}{K} = \frac{1}{2}\left(1 + \frac{1}{1-\nu}\right)$，其中 ν 为泊松比；

       f——第二相的体积分数；

       d——第二相的尺寸。

位错核心尺寸假设为 $2b$，考虑到相界面对滑移位错的排斥力，使得第二相颗粒周围存在一滑移位错不能进入的区域，相当于使第二相颗粒的尺寸增大约20%，因而式 1-3 中第二相的尺寸应乘以 1.2。

当第二相的体积分数很小时（$f^{1/2} \ll 0.854/1.2$），可得：

$$\Delta R_{\mathrm{P}} = \frac{\sqrt{6}Gb}{1.18\pi^{3/2}K}\frac{f^{1/2}}{d}\ln\left(\frac{1.2d}{2b}\right) = 0.3728\frac{Gb}{K}\frac{f^{1/2}}{d}\ln\left(\frac{1.2d}{2b}\right) \tag{1-4}$$

代入钢铁材料的相关常数，$G = 80650\mathrm{MPa}$，泊松比 $\nu = 0.291$，$b = 0.24824\mathrm{nm}$，可得：

$$\Delta R_{\mathrm{P}} = 8.995 \times 10^{3}\frac{f^{1/2}}{d}\ln(2.417d) \tag{1-5}$$

式中，ΔR_{P} 的单位为 MPa，d 的单位为 nm。Orowan 机制作用下钢中第二相强化增量随第二相体积分数和平均尺寸的变化规律如图 1-4 所示[20]。

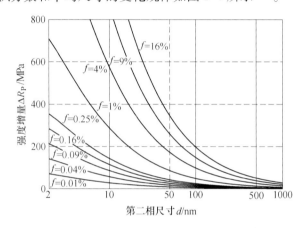

图 1-4　Orowan 机制下钢中第二相强度增量随第二相体积分数和
尺寸的变化规律

由式 1-5 和图 1-4 可看出，第二相尺寸对强度增量的影响明显大于第二相体积分数的影响，对钢中绝大多数类型的第二相来说，通过各种控制方法减小其平均尺寸将可显著提高其强化效果。在微合金钢中，通常可使微合金碳氮化物的尺寸控制在 2～10nm 的范围，即使得微合金元素的加入量很小，从而使得可有效析出的微合金碳氮化物的体积分数仅为 0.01%～0.1% 的数量级，但仍可获得数十至上百兆帕的强度增量。高碳钢中渗碳体的体积分数可达到 10% 的数量级，但若其平均尺寸控制在微米数量级，则仅能提供数十兆帕的强度增量；良好控制条件下可使其平均尺寸控制在 200nm 左右，可获得上百兆帕的强度增量。

当第二相颗粒的形状为非球形时，同样体积的第二相颗粒在基体滑移面上的投影面积与投影高度（即可占据的滑移面层数）的乘积明显大于球形颗粒，其强化效果将明显增大。本书作者曾对钢中圆片状的碳氮化铌颗粒的强化机制进行了深入分析，并得到相应的强度增量计算式[21]。

低合金高强度钢中除部分钛在高温下以 TiN 形式存在以阻止晶粒长大外，其余的钛主要以 TiC 或非常富碳的 Ti（C，N）形式在形变奥氏体中应变诱导析出，或在卷取过程中在铁素体中析出。奥氏体中形变诱导析出的 TiC 的尺寸一般在 10nm 左右，而铁素体中析出的 TiC 尺寸可控制在 2~5nm，由式 1-5 和图 1-4 可知，即使其体积分数非常小，也可以产生强烈的沉淀强化效果。

钛与钒、铌相比，三者的相对原子质量分别为 47.867、50.9415、92.9064，钛的相对原子质量略低于钒，约为铌的 1/2，相同质量分数的钛可结合的碳或氮的质量分数将略大于钒且明显大于铌，即相同质量分数的钛化合形成的 TiC 或 TiN 的质量分数略大于碳氮化钒且明显大于碳氮化铌。此外，TiC、TiN、VC、VN、NbC、NbN 的密度分别为 4.944g/cm³、5.398g/cm³、5.717g/cm³、6.097g/cm³、7.803g/cm³、8.371g/cm³，钛的碳氮化物比钒的轻 14% 左右，比铌的轻 56% 左右，即同样质量分数的碳氮化钛将比碳氮化钒的体积分数大 14% 左右而比碳氮化铌大 56% 左右。由于微合金碳氮化物沉淀强化的效果正比于体积分数的二分之一次方，故相对而言，相同质量分数的元素加入量条件下，碳氮化钛的沉淀强化效果明显大于碳氮化钒且显著大于碳氮化铌。大量的实际生产结果表明，铌含量为 0.02%~0.05% 的铌微合金钢中，由 Nb(C，N) 沉淀析出产生的强度增量一般在 50~100MPa 的范围；钒含量为 0.08%~0.12% 的钒微合金钢中，由 V(C，N)沉淀析出产生的强度增量一般在 100~200MPa 的范围（常规氮含量的钒微合金钢偏下限，高氮含量的钒-氮微合金钢偏上限）；而在良好控制条件下，钛含量为 0.08%~0.12% 的钛微合金钢中，由 TiC 沉淀析出产生的强度增量可达到 300MPa 以上。

显然，由于钛在高温时容易形成诸如氧化物、硫化物、氮化物、硫碳化物等其他含钛相，从而使得能够形成 TiC 的有效钛含量发生明显的波动，这不仅使 TiC 的体积分数发生波动，同时还由于 TiC 沉淀析出反应的化学自由能的波动，导致其有效沉淀析出温度范围发生改变，并由此影响其尺寸。因此，通常的工业生产控制条件下 TiC 沉淀析出强化的强度增量波动较大，由此造成钛微合金钢的性能稳定性明显低于铌微合金钢或钒微合金钢，这是钛微合金钢生产应用的关键技术难题。深入了解掌握各种含钛相的沉淀析出规律，并在实际生产中严格控制各种含钛相的沉淀析出过程，从而有效抑制氧化物、硫化物、氮化物、硫碳化物等其他含钛相的析出，稳定 TiC 的体积分数及有效析出温度，由此获得稳定的钢材性能。

1.2.4　钛对钢的韧性的影响

材料的韧性是材料在受力发生变形直至发生断裂的过程中吸收能量的能力。材料强度提高的同时，必须有足够的韧性来保证其安全使用，因而韧性也是非常重要的材料性能指标。低碳钢中多用冲击韧度或冷脆转折温度来表征韧性，而中高碳钢中则多用断裂韧度来表征韧性。

　　固溶原子对钢的韧性具有重要影响，固溶后使基体晶体发生晶格畸变，造成韧性降低。间隙固溶原子使基体晶格发生严重畸变，因而对韧性危害很大。使基体晶格发生不对称畸变的固溶元素（如 P、Si 等）也会对韧性有较大的损害。固溶钛对钢的韧性影响不大，且因固溶钛量很小，故对钢材韧性基本没有影响。

　　钢材基体的晶粒尺寸对钢的韧性具有十分重要的影响[9]，晶粒细化是使钢的强度提高的同时使钢的韧性也提高的唯一强韧化方式。如前所述，通过 TiN 控制高温晶粒粗化，通过再结晶控制轧制及应变诱导析出的 TiC 来阻止再结晶晶粒长大，再通过采用未再结晶控制轧制，可在钛微合金钢中获得非常细小的铁素体晶粒尺寸，从而获得良好的韧性。

　　根据钢中第二相发生断裂时的特征，一般可将第二相分为解聚型和断裂型[9]。解聚型第二相与基体的结合力较弱，为非共格结合，形状多为近球形，受到外力时容易沿相界面与基体脱离（解聚），从而产生尺寸略大于第二相颗粒尺寸的微裂纹。断裂型第二相受到外力时容易发生自身断裂，形成尺寸略大于第二相颗粒短向尺寸的微裂纹。此外，与基体完全共格或仅存在很小错配度的半共格的第二相，当其尺寸在数十纳米以下时，与基体的结合力较强且其形状多为球形或近球形，因而既不容易解聚也不容易发生自身断裂，即基本不会引发微裂纹，可称为非引裂第二相。根据断裂力学的相关理论，只有达到临界尺寸的微裂纹才会发生扩展而导致断裂，因此，通过控制最大颗粒第二相的尺寸（而不是第二相的平均尺寸）来控制最大尺寸的微裂纹，使其不超过临界裂纹尺寸，对提高材料的断裂强度及韧性是至关重要的。低强度钢中的临界裂纹尺寸接近毫米数量级，只要控制不产生最大尺寸为毫米数量级以上的夹杂物颗粒就不至于发生严重的脆性断裂；而超高强度钢中的临界裂纹尺寸在 $10\mu m$ 左右，必须严格控制 $10\mu m$ 以上尺寸的第二相（夹杂物）颗粒的形成。

　　此外，大颗粒第二相的形状对微裂纹的产生具有重要的影响，具有尖锐棱角的脆性第二相在尖锐棱角处将发生显著的应力集中，故很容易引发微裂纹；显著拉长的膜状、薄片状、线状第二相颗粒非常容易发生折断而引发微裂纹。第二相的分布对微裂纹的扩展具有重要的作用，当第二相颗粒在基体中均匀分布时，颗粒周围应力场的相互影响较小，单个微裂纹即使形成也由于周围铁基体的包围而难于扩展（临界裂纹尺寸较大）；而当第二相在基体晶界上偏析时，可明显使晶界弱化，导致微裂纹沿晶界快速扩展而发生晶间断裂；当第二相颗粒成串列分布时，颗粒周围的应力场会发生相互作用，使得临界裂纹尺寸减小，由此导致微裂纹形成后容易扩展并相互连接，最终超过临界裂纹尺寸而发生快速扩展。

　　因此，不同尺寸的第二相对韧性的作用具有不同的规律。低碳钢中均匀分布的细小第二相强化方式的脆性矢量约为 $0.26℃/MPa$，是除晶粒细化外脆性矢量最低的强化方式[9]，即均匀分布的细小第二相对钢材韧性的损害相对较小；同时，由前述第二相强化强度增量的表达式可推知，第二相对钢材韧性的损害程度将正比于体积分数的二分之一次方而大致反比于其平均尺寸。另一方面，大颗粒的非均匀分布的第二相（通常称为夹杂物）的强化效果很小，而其对钢材韧性的损害却很大，即其脆性矢量显著增大。有关试验结果表明[9]，大颗粒第二相对韧性的损害程度同样大致正比于第二相体积分数的二分之一次方，且随第二相颗粒平均尺寸的增大而增大。显然，降低钢中大颗粒第二相的体积分数可明显改善钢的韧性，而使大颗粒第二相的尺寸减小将具有更为显著的改善作用。

奥氏体中应变诱导析出或在铁素体中析出的 TiC 颗粒尺寸非常细小，形状为球形或圆片状，在基体中均匀分布，属于非引裂第二相，其对钢材韧性有一定的不利影响，且这种影响基本正比于其所产生的强度增量，即在产生显著强化效果的同时牺牲部分韧性。在高温下析出的 TiN 颗粒尺寸较大，形状为方形，对钢材韧性有明显的损害；此外，高温析出的 TiS、Ti_2CS 的尺寸也很大，同样对钢材韧性有明显的损害。这些粗大的析出相不仅不具备沉淀强化效果，而且还非常严重地损害钢的韧性，必须严格控制并有效降低其体积分数和尺寸以减轻其危害作用。从热力学方面考虑，通过降低钢中硫含量、氮含量可减小上述粗大析出相的平衡析出量，即降低其体积分数；从动力学方面考虑，降低钢中硫含量、氮含量还可降低沉淀析出反应的驱动能，从而使其平衡析出温度降低，再通过适当的快速冷却可使实际析出温度明显降低，由于析出相的尺寸主要取决于实际析出温度，实际析出温度越低，得到的析出相尺寸越细小，由此就可明显减小析出相的尺寸。目前，良好控制条件下在钛微合金钢中已可完全抑制 TiS、Ti_2CS 的析出，而 TiN 的尺寸可控制在 200nm 以下，其对钢材韧性的危害作用显著减轻[16]。

1.2.5　钛对钢的塑性的影响

塑性变形的本质是材料中的可动位错大规模滑移的结果，材料的塑性可分为均匀塑性和不均匀塑性两部分。实际应用的结构材料中，对材料塑性的要求主要集中在均匀塑性，因为一旦材料的塑性变形超出了均匀变形阶段而进入集中变形（颈缩）阶段，该材料实际上已失效而不能继续使用。但材料的非均匀塑性对其韧性和使用安全性也有重要意义。

材料在均匀塑性变形期间的应力 S 与应变 ε 的关系可由 Hollomon 关系式表达：

$$S = K\varepsilon^n \tag{1-6}$$

式中　K——应变硬化系数；

　　　n——应变硬化指数。

塑性失稳（即由均匀变形转化为集中变形）的条件为：

$$\frac{dS}{d\varepsilon} \leqslant S \tag{1-7}$$

由此可得最大均匀应变量 ε_B 为:

$$\varepsilon_B = n \qquad (1\text{-}8)$$

显然,由式 1-7 可知,当材料的应变硬化速率 $dS/d\varepsilon$ 的提高程度超过应力 S 的提高程度时,材料可继续发生均匀塑性变形,反之则将产生局部颈缩现象并导致最终断裂。各种显微缺陷强化方式对材料均匀塑性的影响,主要取决于其对应变硬化速率和对材料强度的相对提高程度。

固溶原子造成基体晶格畸变,对材料的塑性有不利影响。间隙固溶原子(C、N)严重降低塑性且导致屈服现象的产生;晶界偏析的原子(如 P、As、Sn、Sb)对塑性的危害也很大;而与铁原子尺寸及化学性质相差不大的置换固溶元素(如 Ni、Cr、Mn 等)对塑性的危害甚微,甚至还会使塑性有所提高。固溶钛由于原子尺寸与铁原子尺寸相差较大,对位错滑移有明显的阻碍作用,对钢的塑性不利,但因固溶钛量很小,故对钢材塑性影响较小。

基体晶粒细化对塑性有较为复杂的影响。室温变形时晶界阻碍位错滑移造成位错塞积,必须通过多个滑移系的开动及不同晶粒间塑性变形的协调,才能使均匀塑性变形持续进行,因而晶粒细化(晶界增加)将损害材料的均匀塑性,对于滑移系较少的六方金属的影响特别显著,而对于滑移系较多的体心立方金属和面心立方金属的影响则相对较小。晶粒超细化后由于晶粒间的变形协调难以完全实现,因而超细晶钢的均匀塑性也很低。另一方面,晶粒细化对非均匀塑性有利。大量试验结果表明,钢中原奥氏体晶粒尺寸的细化能够明显提高钢的总塑性;而铁素体珠光体钢中随铁素体晶粒尺寸的减小,钢材的均匀塑性降低,非均匀塑性提高,总塑性的变化则取决于二者的竞争。钛微合金钢可通过再结晶控制轧制细化奥氏体晶粒,在同样的铁素体晶粒尺寸下,其塑性明显高于铌微合金钢。

尺寸为微米级的第二相颗粒基本不提高材料的应变硬化速率,但将使位错滑移受阻发生塞积而提高塑性变形抗力。同时,由于钢中大多数第二相的弹性模量均大于基体,故塑性变形总是发生在基体中,第二相的存在降低了可发生塑性变形的体积,因而将使塑性降低。因此,大颗粒第二相总是降低材料塑性,钢中各种氧化物、硫化物、液析氮化物、过共析钢中的二次渗碳体、高合金钢中的大颗粒合金碳化物、金属间化合物等,均毫无例外地降低钢的塑性,且降低程度随这些第二相体积分数的增大而增大,随这些第二相的尺寸的增大而增大。

大尺寸第二相的形状对钢材塑性的影响非常明显。位错滑移遇到近球形的 Fe_3C 颗粒时可通过交滑移方式迂回通过,但遇到片层状的 Fe_3C 时则无法迂回,因此,高碳钢经球化退火后的塑性显著优于缓冷得到珠光体组织的钢材,而中碳钢经过调质处理得到回火索氏体组织的塑性明显优于直接冷却得到珠光体铁素体组织的塑性。

尺寸小于100nm的第二相呈现不同的规律。可变形第二相颗粒不直接阻碍位错运动而是被位错所切割，故不会引起位错的大量增加，因而对加工硬化率的影响不大，但它们的存在将提高流变应力。因此，可变形第二相颗粒强化将在一定程度上降低材料均匀塑性。不可变形第二相颗粒在形变过程中由 Orowan 机制不断产生位错圈，因而产生较高的加工硬化率，其作用在一定的应变范围内大于流变应力的提高，因而可适当改善均匀应变，或至少不会使均匀塑性降低。

此外，第二相的存在破坏了晶体结构的完整性，第二相颗粒周围形成应力场，在材料发生塑性失稳时将显著促进微裂纹的扩展和连接，一般都将明显降低钢的非均匀塑性，从而使总塑性减小。

奥氏体中应变诱导析出或在铁素体中析出的 TiC 颗粒尺寸非常细小，形状为球形或圆片状，在基体中均匀分布，属于不可变形第二相，因此，其对钢材均匀塑性没有不利影响。而在高温下析出的 TiN、TiS、Ti$_2$CS 的尺寸较大，将使钢材均匀及非均匀塑性明显降低，在化学成分设计及工艺参量方面进行严格控制，有效降低其体积分数和尺寸，可以减轻其危害作用。同样，通过降低钢中硫含量、氮含量不仅可减小这些粗大的析出相的平衡析出量，即降低其体积分数，还可使平衡析出温度降低，同时适当增大冷速，使实际析出温度降低，由此可明显减小析出相的尺寸，使其对钢材塑性的损害显著减弱。

1.2.6　钛的其他作用

钢中一般均存在微量的非金属元素如碳、氮、氢等，当它们以间隙固溶状态存在时，往往对钢材的某些性能造成严重的危害。如碳、氮间隙固溶原子往往会偏聚到位错线上形成气团，当钢材承受冷加工变形时，气团将阻碍位错发生滑移运动，一旦解钉则将产生屈服伸长，这种不连续屈服现象将严重损害钢材的深冲性能，导致冷加工变形钢材的表面质量下降。对于表面质量要求很高的零件（如轿车面板），必须严格控制间隙固溶原子的存在。在不锈钢中，间隙固溶原子往往偏聚在晶界上，加工及使用过程中会与固溶的铬发生反应，生成相应的化合物，导致晶界附近固溶贫铬而产生晶间腐蚀。此外，间隙固溶的氢原子在加工及使用过程中往往会发生一些复杂的反应，导致氢脆、氢蚀、氢致微裂纹、延迟断裂等现象的产生。

为了避免微量非金属元素的有害作用，一方面必须严格控制钢中微量非金属元素的含量，如 IF 钢的碳含量往往需要控制在 0.002% 以下，而这必然导致冶炼生产成本的明显升高。另一方面，在钢中加入金属性很强而又不至于在冶炼过程中氧化的合金元素如钛、铌等，它们可与微量非金属元素形成稳定的化合物第二相，从而固定这些非金属元素，消除其有害作用。为了完全固定非金属元素，一般必须根据所形成的化合物的理想化学配比进行化学成分的设计，合金元素的含量适当超过理想化学配比。

IF 钢中通常超理想化学配比加入适量钛或复合加入钛和铌，使之与碳、氮形成稳定的碳氮化物，这就可以适当放宽碳含量的控制范围，明显节约生产成本[22]。

不锈钢中加入适量的钛或复合加入钛和铌，使之优先于铬与晶界偏聚的碳形成稳定的碳化物，可以有效防止晶界周围贫铬导致的晶间腐蚀，被称为稳定化不锈钢。

中碳钢中适当加入钛、铌等元素，可形成所谓的"氢陷阱"，有效抑制各种氢致缺陷，明显提高钢的疲劳性能特别是抗延迟断裂性能[23,24]。

钛在元素周期表中的位置表明其是钢中最为强烈的碳化物和氮化物形成元素，钛与碳或氮元素的化合可以非常有效地固定钢中的间隙固溶元素。由此，钛是不锈钢中重要的合金元素，通过稳定化处理后，可使钢中的碳元素与钛结合形成碳化钛，从而避免晶界周围的碳与铬形成 $Cr_{23}C_6$ 而使晶界周围贫铬产生晶间腐蚀。为了完全固定碳元素，钛的加入量必须大于理想化学配比，即 Ti/C（质量比）必须大于 47.867/12.011 = 3.99；与另一稳定化元素铌相比，铌与碳的理想化学配比为 92.9064/12.011 = 7.74，相同碳含量条件下钛的加入量明显低得多，成本优势非常明显。因此，大量的稳定化不锈钢中广泛采用钛合金化。

基于同样的原理，钛在超深冲钢中也是最主要的固定间隙固溶原子的合金元素。超低碳、氮含量且加入超过理想化学配比量的 Ti 和 Nb 元素使得冷变形时完全不存在间隙固溶原子（包括 C、N），由于在冷变形时不会产生屈服现象，因而具有很高的 n 值和 r 值，且不会产生橘皮现象，具有优良的表面质量，是汽车、家电等行业的高端面板材料。同样，用钛固定间隙固溶元素也比铌具有明显的成本优势（包括理想化学配比与铁合金价格两方面）。另外，由于 IF 钢的使用强度较低，抗凹陷性能有所不足，因此在 IF 钢的基础上使碳元素在冷轧退火时回溶数 ppm❶，从而在烤漆保温过程中使强度提高 30 ~ 50MPa，可进一步开发出烘烤硬化钢（BH 钢）。BH 钢中广泛采用接近理想化学配比的钛来固定氮元素，而用超理想化学配比的铌来固定碳元素，且可使 NbC 在冷轧退火时能适当回溶[25]，因此，钛也是 BH 钢中重要的合金元素。

此外，固溶钛显著提高钢的淬透性，而尺寸在 200nm 至 1μm 的 TiN 或富氮的 Ti（C，N）可提供铁素体非均匀形核的位置，从而降低钢的淬透性。低碳钢中固溶钛量很少，大尺寸的 TiN 或富氮的 Ti（C，N）的数量得到有效控制，因而对淬透性影响不大。碳含量为 0.5% ~ 0.6% 的低淬透性钢中加入 0.04% ~ 0.10% 的钛，使其在奥氏体区析出大量尺寸在 200nm 至 1μm 的 TiN 或富氮的 Ti（C，N），

---

❶　1ppm = 10^{-6} = 0.0001%。

可明显降低钢的淬透性。

已有研究表明,钛微合金钢的耐候性能明显优于碳锰钢或铌、钒微合金钢而接近于耐候钢[16],但这方面的基础原理尚不清楚。

总之,钛微合金钢具有独特的性能特点和较大的强韧化潜力,是今后一段时期微合金钢乃至工程结构用钢的重要发展方向。而钛微合金钢的化学冶金学及物理冶金学基础尚未得到系统深入的研究,工业生产应用方面尚存在一些亟需解决的关键技术问题,必须在基础理论的指导下进行深入的研究,重点解决 TiO、TiS、Ti_2CS 的抑制析出控制技术及 Ti(C,N) 的沉淀析出行为控制技术,充分发挥钛在钢中的有利作用,抑制其有害行为,不断研制开发钛微合金钢新品种。

1.3 钛微合金化技术

1.3.1 钛微合金化技术的发展

20 世纪 20 年代以前,由于微合金钢尚未得到广泛应用,钛作为微合金化元素并未引起足够重视。此后,随着焊接技术的蓬勃发展,人们发现,钢中加入微量钛可显著改善钢的焊接性能,这为钛微合金钢的开发带来了深远的影响。

20 世纪 60~70 年代,微合金钢的理论和技术取得了重要进展。沉淀强化和细晶强化的研究成果为钛微合金钢的开发提供了理论依据,特别是"Microalloying75"国际会议[26]的召开,确立了微合金钢的地位和发展的方向,为微合金钢的快速发展奠定了基础。

20 世纪 80 年代,钛钒的有益作用在高温再结晶控制轧制工艺(RCR)的开发中得到应用,解决了轧机寿命短、道次间隔时间较长和生产效率低等问题。研究发现,V-Ti-N 系的钢采用再结晶控轧工艺是较为理想的[27]。此后,在美国匹兹堡召开的"Microalloying95"国际会议,全面总结了微合金钢 1975~1995 年间的最新进展,提出了微合金化技术的新概念——奥氏体调节高性能钢生产的两类控轧方式(RCR 和 CCR),日本的 T. Tanaka 则提出了全 TMCP 的概念。

20 世纪 90 年代后期,世界钢铁大国相继实施了新一代钢铁材料研究发展计划,微合金化技术日趋成熟,并受到广泛重视。钛微合金化技术也获得了国内外学者的青睐,纳米碳化物显著的沉淀强化效果被作为高强钢甚至超高强钢开发的重要思路。本书作者依据薄板坯连铸连轧流程的工艺特点,采用单一钛微合金化技术,开发出了屈服强度为 700MPa 级的高强铁素体钢,已批量生产并实现工业应用[28]。日本 JFE 公司以 0.04% C-1.5% Mn 低碳钢为基础,采用 Ti-Mo 复合的微合金化技术,开发了抗拉强度为 780MPa 级的铁素体钢,纳米尺度碳化物的沉淀强化效果达到 300MPa[29],并把该钢种命名为"NANOHITEN"钢[30]。在 Mittal 钢厂通过控制轧制的方法生产出屈服强度约 700MPa 的微合金管线钢[31],组织主要是细晶粒的铁素体，钢中合金元素包括 0.035% ~ 0.05% Ti，0.08% ~ 0.09% Nb，0.3% ~ 0.4% Cr。东北大学在实验室中通过真空感应炉熔炼和控轧控冷的方法，开发了屈服强度超过 700MPa 的钛微合金化高强钢，并把钢的高强度归因于贝氏体的板条细化和 TiC 的沉淀强化[32]。

为了获得更高的强度，复合钛微合金化增强热轧铁素体钢的思路被广泛接受和逐步应用，如 Ti-Nb、Ti-Mo、Ti-Mo-Nb、Ti-V-Mo 等。在前期研究的基础上，本书作者采用 Ti-V-Mo 复合微合金化技术开发了屈服强度为 900MPa 级以上的高强钢[33]。通过复合钛微合金化技术与控轧控冷工艺（TMCP）的结合，最大限度地发挥微合金元素的作用，尤其是纳米碳化物的沉淀强化效果，这将成为钛微合金钢重要的发展方向。

此外，相间析出机制曾在 20 世纪 80 年代受到广泛的关注。进入 21 世纪，伴随着钛微合金化高强钢的研发，以杨哲人[34~37]为代表的国内外学者对纳米碳化物相间析出的晶体结构、取向关系及强化机理进行了深入研究，研究成果丰富了物理冶金学的理论，进一步推动了微合金化技术的发展。

1.3.2　微钛处理技术

微钛处理是指在钢中添加含量为 0.01% ~ 0.03% 的钛，通过未溶 TiN 颗粒抑制高温奥氏体晶粒的粗化，改善钢材的组织和焊接性能的技术措施。

1920 年以后，随着焊接技术的发展，人们发现钢中的钛元素能明显提高钢材的焊接性能。研究表明，TiN 非常稳定，在加热或焊接的高温条件下都不会溶解。微钛处理钢中的 TiN 颗粒可以阻止轧前加热过程中奥氏体晶粒的粗化，并能有效抑制焊接热影响区的晶粒长大。

晶粒粗化是钢中常见的现象，抑制晶粒粗化的有效方式是阻止晶界迁移。当晶界与第二相颗粒相交时，晶界面积将减小，局部能量将降低；而当晶界离开第二相颗粒进行迁移时则将使局部能量升高，由此导致第二相颗粒对晶界的钉扎效应。Gladman 在 Zener 早期工作的基础上，得出了能够有效抵消奥氏体晶粒粗化驱动力的最大颗粒尺寸 r_{crit}：

$$r_{crit} = \frac{6\bar{R}_0 f}{\pi}\left(\frac{3}{2} - \frac{2}{Z}\right)^{-1} \tag{1-9}$$

式中　$\bar{R}_0$——截角八面体（即 Kelvin 十四面体）晶粒的平均等效半径；

　　　Z——用来表明基体晶粒尺寸不均匀度的项，$Z = \sqrt{2} \sim 2$；

　　　f——微观结构中第二相颗粒的体积分数。

图 1-5[38]给出了能够阻止不同尺寸的晶粒长大的第二相颗粒的半径和体积分数。微合金元素形成高度弥散的碳氮化物小颗粒，能在高温奥氏体化时显著提高对晶粒粗化的抵抗力。但在更高温度下，由于第二相颗粒固溶或粗化，对晶界的

钉扎作用失效，奥氏体晶粒迅速长大[39]。由于 TiN 非常稳定，其在奥氏体中实际上是不溶解的，因此在热加工过程中可以有效地阻止晶粒长大。化学成分分别为 0.055% Ti-0.01% N、0.075% Ti-0.0102% N、0.021% Ti-0.0105% N 的钢，在相同的奥氏体化条件（1230℃ × 10min）下，奥氏体晶粒尺寸分别为 95μm、90μm 和 29μm。可以看出，最有效阻止奥氏体晶粒长大的 Ti/N 理想化学配比接近于 2。

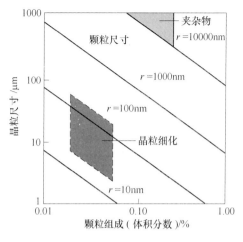

图 1-5　半径为 r 的第二相颗粒抑制晶粒长大的作用

1.3.3　单一钛微合金化技术

单一钛微合金化是指在钢中添加含量为 0.04%～0.20% 的钛，明显提高钢材综合性能的技术措施。

本书作者在国内第一条薄板坯连铸连轧生产线——珠钢 CSP 生产线的生产实践表明，采用薄板坯连铸连轧技术生产的低碳钢比传统冷装工艺生产的热轧板组织大为细化，强度明显提高。珠钢采用洁净钢生产技术，显著降低钢中氧、硫、氮的含量，有效解决了钛铁回收率低的问题；薄板坯连铸连轧流程工艺条件下，铸坯头部进入轧机，尾部仍在均热炉中，避免了温差对 Ti(C, N) 析出行为的影响。薄板坯连铸连轧流程的工艺特点和洁净钢生产技术为开发钛微合金化高强钢创造了条件。本书作者采用单一钛微合金化技术开发出屈服强度为 700MPa 级的铁素体热轧高强钢，并已实现了批量生产。

采用薄板坯连铸连轧流程生产钛微合金化高强钢，在均热阶段完成析出的 TiN 颗粒起到细化轧前奥氏体晶粒的作用。由于 Ti/N 比远高于 TiN 的理想化学配比，随后 TiC 析出可以在热轧、层流冷却和卷取等几个不同的阶段发生，热轧过程中的形变诱导析出减少了相间析出和铁素体中析出的质量分数。研究表明，随着钢中锰质量分数的增加，TiC 的析出动力学曲线向右移动，析出过程被延缓。因此，在钛微合金钢中锰元素抑制了 TiC 颗粒的形变诱导析出，促使大量细小的 TiC 颗粒在随后的冷却和卷取过程中析出，沉淀强化效果更好。此外，锰可以降低 $\gamma \rightarrow \alpha$ 相变点温度，能提高相变后铁素体中碳的质量分数，使更多的 TiC 在铁素体中析出。

对采用单一钛微合金化技术的高强钢的研究表明：具有大角晶界（大于 15°）的铁素体平均晶粒尺寸为 3～5μm，如图 1-6 所示；基体组织具有高位错密度和大量纳米颗粒，大量析出物在位错上分布，可以起到显著的沉淀强化作用，如图 1-7 所示；化学相分析表明 MX 相的质量分数为 0.0793%（见表 1-1），其中小于 10nm 的颗粒占 33.7%，如图 1-8 所示。由纳米级 TiC 颗粒提供的沉淀强化效果达到 158MPa，通过晶粒细化提高强度超过 300MPa。晶粒细化和沉淀强化是钛微合金化高强钢中主要的强化机制。

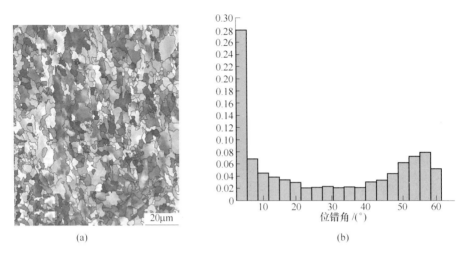

图 1-6　高强钢的 EBSD 取向图和铁素体晶界微取向分布图

（a）EBSD 取向图；（b）铁素体晶界微取向分布图

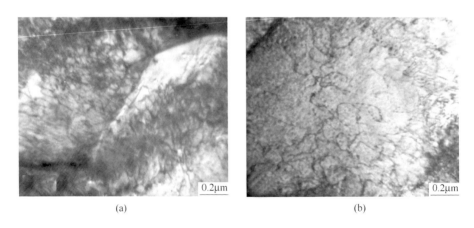

图 1-7　高强钢中的位错形貌及析出物颗粒在位错上的分布

（a）位错形貌；（b）析出物在位错上的分布

表 1-1　MC 和 M_3C 相中各元素占合金的质量分数　　　　　　　　　（%）

相类型	Fe	Ti	Cr	Mn	Mo	C	N	Σ
M_3C	0.0500	—	0.0102	0.0027	—	0.0046	—	0.0675
MC	—	0.0589	0.0030	—	0.0009	0.0103	0.0062	0.0793

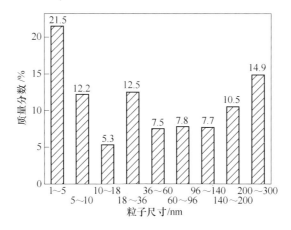

图 1-8　实验钢中 MX 相析出物的粒度分布

1.3.4　复合钛微合金化技术

复合钛微合金化是指在钛微合金化的基础上，复合添加其他强碳化物形成元素（如铌、钒、钼等），明显提高钢材综合性能的技术措施。

复合微合金化是微合金化技术的一个重要的发展方向。从热力学角度看，微合金氮化物比碳化物稳定，而碳化物、氮化物稳定性的增加或是溶解度的降低次序依次是钒→铌→钛。钛和钒的氮化物与碳化物的溶解度相差较大，而铌钢中氮化物和碳化物溶解度的差别相对较小。微合金元素的复合加入使析出过程变得更为复杂，但通过化学成分和生产工艺的严格控制，可以充分发挥不同微合金化元素的有利作用。

1.3.4.1　V-Ti 复合微合金化技术

20 世纪 80 年代，钛钒在控制轧制过程中的有益作用在高温再结晶控制轧制工艺的开发中被证实，解决了轧机寿命短、需要较长的道次间隔和生产效率低等问题。

再结晶控轧（RCR）的要点是：

（1）获得细小的再加热奥氏体晶粒；

（2）在再结晶温度以上反复变形和再结晶；

（3）快速冷却至某一中间温度，随后空冷至室温。

为发挥工艺优势，理想的钢的成分应具有如下的冶金特征：具有较高的晶粒粗化温度，轧制时具有较低的再结晶温度，轧制后具有较低的晶粒粗化速率。

V-Ti-N 系的钢采用再结晶控轧工艺是比较理想的，由于 TiN 在很高的温度下析出，从而降低了奥氏体中的氮含量，抑制了 VN 的析出，而且 VN 在低温轧制过程中不易析出。因此，V-Ti-N 系的钢表现出高的晶粒粗化温度，低的晶粒粗化速率以及低的再结晶温度。最后，残留在奥氏体中的钒就能够在铁素体相变时形成析出相，从而提高成品钢的强度[27]。

在 HSLA 钢中添加钛广泛用来控制奥氏体晶粒尺寸，然而也有报道表明，钢中添加钛将改变钒的析出行为，导致屈服强度降低。VN 溶解温度很低（约1094℃），即使铸坯的温度在短时间内降低到 1000℃，钒也不可能以 VN 的形式析出。然而，少量的钛促进 VN 以（V，Ti）N 的形式析出。Prukryl 发现，铸造过程中形成的（V，Ti）N 是包含稳定相 TiN 的亚稳相，均热过程中由于钒的溶解，（V，Ti）N 粒子的尺寸减小[40]。

在给定的均热温度下，V-Ti-N 钢和 V-N 钢相比，屈服强度和弥散强化作用都较低。影响弥散强化的两个主要因素是沉淀粒子的体积分数和平均尺寸。V-Ti-N 钢中，V-Ti 氮化物在较高温度的奥氏体中析出，在轧制过程和轧后限制了奥氏体晶粒长大，但是由于其尺寸大，对带钢的强度没有显著贡献。相反，这些粒子的存在减少了在 $\gamma \to \alpha$ 相变前固溶在钢中钒和氮的含量，因此降低了铁素体中析出物 VN 的数量，降低了弥散强化作用。随着终冷温度的升高，弥散强化降低，在相同的终冷温度，V-Ti-N 钢比 V-N 钢弥散强化显著降低。含钒钢中加入钛虽然降低了屈服强度，但是轻微细化了晶粒，提高了钢的冲击韧性。V-Ti-N 带钢比 V-N 钢有更细的晶粒尺寸，然而铁素体基体中 V-Ti-N 钢中的细小粒子数量比 V-N 钢中少。

钒钛复合加入时要重点考虑两个问题：第一，钒的存在是否降低了 TiN 对晶粒粗化的显著抑制作用；第二，钛是否削弱了钒通过沉淀强化提高屈服强度的作用。

1.3.4.2　Nb-Ti 复合微合金化技术

在 Nb-Ti 微合金钢中，高温沉淀相是 TiN，当 Ti/N 比远远超过 TiN 的理想化学配比（含钛量高）时，很少的氮残留下来，低温沉淀形成 Nb 和 Ti 的碳化物；而当钢中 Ti/N 比低于 TiN 的理想化学配比（含氮量高）时，在 TiN 沉淀以后，剩余的氮就和铌结合形成 NbN，因此高温沉淀是钛和铌的复合氮化物，随着温度的降低，沉淀中铌的比例增大，低温沉淀是 NbC 和 NbN 的复合物。

铸造组织中置换原子有显著的微观偏析，由于 Ti 和 Nb 的枝晶间偏析，易形成粗大的（Ti，Nb）CN 析出。薄板坯连铸由于其凝固和冷却速度快的特点，减轻了偏析程度，并且使析出发生在较低温度，形成更加细小的析出物粒子。

TiN 在液态或奥氏体高温区沉淀，并且在奥氏体低温区作为 Nb（C，N）和 TiC 的非均匀形核地点。看起来，由于枝晶间沉淀的碳氮化物的钉扎作用，若钛含量超过大约 0.011%，将对凝固后和 $\delta \to \gamma$ 相变中奥氏体晶粒长大具有阻碍作用。

在钒、钛和铌、钛的复合微合金化技术中，钛的应用相当保守，仅是利用了

TiN 对奥氏体晶粒长大的抑制作用，并且还要考虑钛元素对其他微合金元素作用的不利影响，钛元素在复合微合金化中处于辅助地位。这显然同钛微合金高强钢中添加其他元素有本质不同，例如，在钛微合金钢中添加钼元素，是为了进一步提高钛元素在钢中的作用。

1.3.4.3 Ti-Mo 复合微合金化技术

日本 JFE 公司[41,42] 通过常规的控轧控冷技术开发了一种成分为 0.04% C-1.5% Mn-0.1% Ti-0.20% Mo，强度级别为 780MPa，组织为铁素体和纳米级碳化物的高强度钢。该钢种主要通过纳米碳化物的沉淀强化作用在细晶强化的基础上提高强度，通过 Mo 阻止珠光体和渗碳体在晶界的形成来提高纳米碳化物的体积分数，通过 Mn 降低相变温度的作用来阻止纳米碳化物长大。该钢不仅具有高的强度和延伸率（可达 20% 以上），而且具有良好的可加工性能，扩孔率高达 120%，比同等塑性的钢高数倍，已被应用到汽车零部件上。此外，该钢还具有较好的高温强度，在 600℃ 保温 25h，抗拉强度降幅很小。

台湾大学杨哲人课题组对该 Ti-Mo 微合金化高强钢在等温过程中的相间析出进行了研究，发现等温温度影响着纳米碳化物的析出行为，较高温度发生相间析出，较低温度下碳化物在铁素体中弥散分布[34,35]，相变温度降低，产生密度更大、尺寸更小的碳化物[36,37]。

Kim Y W 等[43] 通过热机械处理（TMCP）工艺，开发出基本成分为 0.07% C-1.7% Mn-0.2% Ti-(0.2%~0.3%) Mo，屈服强度超过 800MPa 的高强钢，并把高强度归因于铁素体晶粒细化和沉淀强化的综合作用。奥氏体未再结晶轧制尽管由于形变诱导析出在一定程度上损害了沉淀强化效果，但由于累积变形产生了理想的组织，为随后卷取阶段的 γ→α 相变提供了形核位置，在相变后形成更多细小、均匀的铁素体晶粒。880℃ 的终轧温度和 620℃ 的卷取温度，满足了材料对强度和韧性的要求。

相比于微合金元素 Nb 和 V 而言，Ti 在 TRIP 钢的应用相对较少。王长军[44] 在 0.085% C-1.4% Mn-1.5% Si 系 TRIP 钢中添加微合金元素 0.1% Ti 和 0.25% Mo，显著提高了 TRIP 钢屈服强度和强塑积。其基体组织为铁素体、贝氏体与残余奥氏体等多相混合组织形貌（典型的 TRIP 钢组织形貌）。贝氏体等温相变温度是工艺控制的关键，体积分数较多的高碳奥氏体是获得高塑性的重要因素。而纳米碳化物的析出不受贝氏体相变温度的影响，主要是形成于热轧后的冷却过程而非贝氏体等温相变过程。

1.3.4.4 Ti-V-Mo 复合微合金化技术

张可、孙新军、李昭东等[33,45] 通过热模拟实验系统研究了终轧温度、冷却速度、卷取温度等工艺因素对高 Ti-V-Mo 高强度钢组织的影响，并通过实验室轧钢实验，主要改变卷取温度，研究实际控制轧制和控制冷却工艺条件下，Ti-V-Mo 的复合析出行为及卷取温度对实验钢的组织和力学性能的影响，在实验室条件下成功开发屈服强度为 900～1000MPa 级的超高强度热轧铁素体钢。为了提高低温卷取热轧钢的强度或整卷组织与性能的均一性，还采用了回火热处理的方法。

表 1-2 给出了 Ti-Mo 体系下不同成分钢经相似工艺轧制后的沉淀强化增量 σ_p，细晶强化增量 σ_g 和抗拉强度 R_m。由表 1-2 可知，Ti-V-Mo 钢的 σ_p 比其他成分 Ti-Mo 钢的要高许多，且其 σ_g 也很大，高达 380MPa，σ_p 和 σ_g 之和超过 824MPa，占其 σ_y 的比例高达 76.3%，比其他成分 Ti-Mo 钢[33,46~48] 的 σ_p 和 σ_g 之和高得多，而且其 R_m 也明显高于其他成分的 Ti-Mo 钢。Jha 等[49] 采用高 Ti-Mo 低 V-Nb 含量的成分设计，经与 Ti-V-Mo 钢相似的轧制工艺，得到了与实验钢较为相近的 σ_p、σ_g 和 R_m 值。这表明添加相对含量较高的高固溶量微合金元素（如钒或钼等），经合适的轧制工艺和卷取温度保温后，有望得到超大的沉淀强化增量（大于 500MPa），这样在保证钢材超高强度的同时，塑性也不会明显降低。由于 Ti-V-Mo 钢中有部分钛、钒和钼等元素未完全固溶，微合金元素的最大沉淀强化效果并未充分发挥出来；同时，这也在一定程度上造成了微合金元素的浪费，但钒和钼在铁素体中的固溶量比钛元素大得多，如果添加量较少，不能保证低温得到较大体积分数的析出相，从而影响析出强化效果，这方面的问题有待进一步研究。

表 1-2   不同 Ti-Mo 成分钢的强化增量的对比

钢 种 成 分	实验室工艺	σ_p/MPa	σ_g/MPa	R_m/MPa	文献
0.04% C-0.092% Ti-0.19% Mo	终轧 900℃、卷取 620℃	300	312	820	[46]
0.075% C-0.17% Ti-0.275% Mo	终轧 880℃、卷取 620℃	276	318	951	[46]
0.059% C-0.23% Ti-0.19% Mo	终轧 900℃、卷取 620℃	<200	365	769	[47]
0.096% C-0.25% Ti-0.45% Mo-0.031% Nb-0.074% V	终轧 900℃±10℃、卷取 600℃	330~430	420~450	1020～1170	[49]
0.09% C 0.093% Ti-0.26% Mo-0.14% V	终轧 780℃、卷取 600℃	310	361	955	[33]
0.10% C-0.10% Ti-0.12% Mo	终轧 850~930℃、卷取 620℃	160	285	627	[48]
0.16% C-0.20% Ti-0.44% Mo-0.41% V	终轧 870℃、卷取 600℃	444~487	380	1134	[45]

1.3.5 钢中微合金元素的经济特点

近年来，钢铁工业进入了微利甚至无利的艰难时期，降低生产成本成为各钢厂的重要发展方向。微合金钢生产中合金的成本需要精打细算。

铁合金的价格与元素在自然界中的存在量密切相关，只有具有大量矿藏存在且能经济开采并冶炼生产的合金才具有广泛的发展前途。铌、钒、钛在地壳中的丰度分别为：20ppm、120ppm、5600ppm，即钛在自然界中的存在量最大，钒次之，而铌最少。因此，其铁合金的价格也存在明显的差异，目前 66% 铌铁的价格约为 200000 元/吨，50% 钒铁的价格约为 60000 元/吨，35% 钛铁的价格约为 9000 元/吨，钢中 0.1% 的合金加入量则可得到合金成本分别为 300 元/吨钢、120 元/吨钢、26 元/吨钢，考虑到钢冶炼过程中钛的烧损略大一些，目前的收得率在 80% 左右，则加钛的合金成本略有增大，约为 32 元/吨钢。显然，钛作为微合金元素具有非常明显的成本优势。

参 考 文 献

[1] Noren T M. Special report on columbium as a microalloying element in steel and its effect on welding technology [R]. Washington：Ship Structure Committee，1963.

[2] Leyens C，Peters M. Titanium and Titanium Alloys [M]. Weinheim：Willey-VCH，2003.

[3] Loss R D. Atomic weights of the elements 2001 [J]. Pure Appl. Chem.，2003，75：1107 ~ 1122.

[4] Brandes E A. Smithells metals reference book [M]. 6th edition. London：Butterworth & Co.，Ltd.，1983.

[5] 雍岐龙，马鸣图，吴宝榕. 微合金钢-物理和力学冶金 [M]. 北京：机械工业出版社，1989.

[6] Zener C，Smith C S. Grains，phases，and interfaces：An interpretation of microstructure [J]. Trans. AIME，1948，175：47.

[7] Hillert M. On the theory of normal and abnormal grain growth [J]. Acta Metal.，1965，13：227 ~ 238.

[8] Gladman T. The theory of precipitate particles on grain growth in metals [C]. Proc. Roy. Soc.，1966，294A：298 ~ 309.

[9] Pickering F B. Physical metallurgy and the design of steels [M]. London：Applied Sci. Pub.，1978.

[10] Balance J B. The hot deformation of austenite [C]. New York：TMS-AIME，1976.

[11] Cuddy L J. The effect of microalloy concentration on the recrystallization of Austenite during hot deformation [C]∥DeArdo A J，Ratz G A. Thermomechanical processing of microalloyed Austenite，TMS-AIME，Warrendale，1984：129 ~ 140.

[12] 董瀚，孙新军，刘清友，翁宇庆. 变形诱导铁素体相变：现象与理论 [J]. 钢铁，1993，38（10）：56 ~ 67.

[13] Dong H，Sun X J. Deformation induced ferrite transformation in low carbon steels [J]. Current Opinion in Solid State and Materials Science，2005，9：269 ~ 276.

[14] Sun X J，Dong H，Liu Q Y，et al. On post-dynamic Austenite-to-ferrite transformation in a low

carbon steel ［C］. Proceedings of the 3rd International Conference on Advanced Structural Steels. Gyeongju（Korea）, 2006: 105~110.

［15］ Hajeri K F, Garcia C I, Hua M J, et al. Particle-stimulated nucleation of ferrite in heavy steel sections ［J］. ISIJ Inter. , 2006, 46（8）: 1233~1240.

［16］ 毛新平. 薄板坯连铸连轧微合金化技术 ［M］. 北京: 冶金工业出版社, 2008.

［17］ Gladman T. The physical metallurgy of microalloyed steels ［M］. London: The Institute of Materials, 1997.

［18］ Cahn R W. Physical metallurgy ［M］. Netherlands: North-Holland, 1970.

［19］ 雍岐龙. 微合金碳氮化物在铁素体中的沉淀强化机制的理论分析 ［J］. 科学通报, 1989, 34（19）: 707~709.

［20］ Yong Q L, Sun X J, Yang G W, et al. Solution and precipitation of secondary phase in steels: Phenomenon, theory and practice.

［21］ 雍岐龙, 郑鲁. 微合金钢中碳化铌在铁素体中的沉淀和沉淀强化 ［J］. 金属学报, 1984, 20（1）: 9~16.

［22］ Takechi H. Metallurgical aspects on interstitial free sheet steel from industrial viewpoints ［J］. ISIJ Inter. , 1994, 34（1）: 1~8.

［23］ 惠卫军, 董瀚, 翁宇庆, 等. 钒对高强度钢耐延迟断裂性能的影响 ［J］. 金属热处理, 2002, 27（1）: 10~12.

［24］ 惠卫军, 董瀚, 翁宇庆, 等. 钛对高强度钢耐延迟断裂性能的影响 ［J］. 钢铁研究学报, 2002, 14（1）: 30~33.

［25］ Baker L J, Daniel S R, Parker J D. Metallurgy and processing of ultralow carbon bake hardening steels ［J］. Mater. Sci. Tech. , 2002, 18（4）: 355.

［26］ Gladman T, Dulieu D, Mcivor I D. Structure-property relationships in high-strength microalloyed steels ［C］ // Union Carbide Corp. , Proc. of Symp. on Microalloying 75, New York, 1976: 32~55.

［27］ 郑炀曾, Fitzsimons G, Fix R M, 等. V-Ti-N 微合金钢的再结晶控轧与空冷 ［J］. 钢铁钒钛, 1985（3）: 12~19.

［28］ Mao X P, Huo X D, Sun X J, et al. Strengthening mechanisms of a new 700MPa hot rolled Ti-microalloyed steel produced by compact strip production ［J］. Journal of Materials Processing Technology, 2010, 210: 1660~1669.

［29］ Funakawa Y, Shiozaki T, Tomita K, et al. Development of high strength hot-rolled sheet steel consisting of ferrite and nanometer-sized Carbides ［J］. ISIJ Int. , 2004, 44: 1945~1951.

［30］ Seto K, Funakawa Y, Kaneko S. Hot rolled high strength steels for suspension and chassis parts "NANOHITEN" and "BHT® Steel" ［J］. JFE Technical Report, 2007（10）: 19~25.

［31］ Shanmugam S, Ramisetti N K, Misra R D, et al. Microstructure and high strength-toughness combination of a new 700MPa Nb-microalloyed pipeline steel ［J］. Materials Science and Engineering, 2008, 478 A: 26~37.

［32］ Yi H L, Du L X, Wang G D, et al. Development of a hot-rolled low carbon steel with high yield strength ［J］. ISIJ International, 2006, 46（5）: 754~758.

[33] Zhang K, Li Z D, Sun X J, et al. Development of Ti-V-Mo complex microalloyed hot-rolled 900MPa-grade high-strength steel [J]. Acta Metall. Sin. (Engl. Lett.), 2015, 28 (5): 641~648.

[34] Chen C Y, Yen H W, Kao F H, et al. Precipitation hardening of high-strength low-steels by nanometer-sized carbides [J]. Materials Science and Engineering A, 2009, 499: 162~166.

[35] Wang T P, Kao F H, Wang S H, et al. Isothermal treatment influence on nanometer-size carbide precipitation of titanium-bearing low carbon steel [J]. Materials Letters, 2011, 65: 396~399.

[36] Yen H W, Huang C Y, Yang J R. Characterization of interphase precipitated nanometer-sized carbides in a Ti-Mo-bearing steel [J]. Scripta Materialia, 2009, 61: 616~619.

[37] Yen H W, Chen P Y, Huang C Y, et al. Interphase precipitation of nanometer-sized carbides in a titanium-molybdenum-bearing low-carbon steel [J]. Acta Materialia, 2011, 59: 6264~6274.

[38] Deardo A J. Metallurgical basis for thermomechanical processing of microalloyed steels [J]. Ironmak. Steelmak., 2001, 28 (2): 138~144.

[39] Cuddy L J. Microstructure developed during thermomechanical treatment of HSLA steels [J]. Metall. Trans. A, 1981, 12A (7): 1313~1320.

[40] Zhang J, Baker T N. Effect of equalization time on the austenite grain size of simulated thin slab direct charged (TSDC) vanadium microalloyed steels [J]. ISIJ International, 2003, 43 (12): 2015~2022.

[41] Funakawa Y, Seto K. Coarsening behavior of nanometer-sized carbide in hot rolled high strength sheet steel [J]. Mater. Sci. Forum, 2007, 539~543: 4813~4818.

[42] Funakawa Y. Mechanical properties of ultra fine particle dispersion strengthened ferritic steel [J]. Mater. Sci. Forum, 2012, 706~709: 2096~2100.

[43] Kim Y W, Song S W, Seo S J, et al. Development of Ti and Mo microalloyed hot-rolled high strength sheet steel by controlling thermomechanical controlled processing schedule [J]. Mater. Sci. Eng. A, 2013, 565: 430~438.

[44] 王长军. 多相组织钢的亚稳奥氏体与析出相调控及其力学行为研究 [D]. 北京: 钢铁研究总院, 2013.

[45] 张可, 雍岐龙, 孙新军, 等. 卷取温度对 Ti-V-Mo 复合微合金化超高强度钢组织及力学性能的影响 [J]. 金属学报 (已接收).

[46] Kim Y W, Kim J H, Hong S, et al. Effects of rolling temperature on the microstructure and mechanical properties of Ti-Mo microalloyed hot-rolled high strength steel [J]. Materials Science and Engineering A, 2014, 605: 244~252.

[47] Shen Y F, Wang C M, Sun X. A micro-alloyed ferritic steel strengthened by nanoscale precipitates [J]. Materials Science and Engineering A, 2011, 528: 8150~8156.

[48] Jha G, Das S, Lodh A, et al. Development of hot rolled steel sheet with 600MPa UTS for automotive wheel application [J]. Materials Science and Engineering A, 2012, 552: 457~463.

[49] Jha G, Das S, Sinha S, et al. Design and development of precipitate strengthened advanced high strength steel for automotive application [J]. Materials Science and Engineering A, 2013, 561: 394~402.

2 钛微合金钢化学冶金原理

钛微合金钢中钛的主要作用是细化晶粒和沉淀强化。钛微合金钢的冶炼要保证绝大部分的钛元素是以溶解态存在于钢液中，在其后的凝固、轧制及热处理过程中以碳化物或碳氮化物的形式析出。由于钛与氧的结合能力弱于铝而强于硅和锰，冶炼过程中如果钢液未经适当脱氧就加入钛，会导致钢中生成大量含钛的氧化物。钢中氮含量过高也会导致液态钢中生成氮化钛夹杂，这些钛的氮化物、氧化物夹杂会改变连铸保护渣的成分和性质，易引起浸入式水口结瘤，阻碍连铸生产顺行。由于钛的性质活泼，成分控制难度较大，容易造成钢板性能的波动，一度限制了钛微合金化技术的广泛应用。钛微合金钢的化学冶金在钢的精炼阶段除了与其他低碳锰钢一样降低氧、硫、磷、氮、氢等杂质含量，还要处理好钛与铝、钛与精炼渣和耐火材料的关系，尽量避免大量粗大含钛夹杂物的产生，保证钢的洁净度，提高钛的收得率，真正使钛起到微合金化的作用。鉴于一般的洁净钢冶炼原理在很多书刊上都有介绍，本章着重介绍铁液中钛、铝脱氧的热力学及钛、铝元素在钢中的相互作用，钛微合金钢中夹杂物的组成与钢中钛、铝含量的关系，为改善钢的洁净度、提高钛的收得率提供热力学基础。另外，对钛微合金钢中氧化物夹杂的控制及其在氧化物冶金中的应用也做了介绍。随着冶金工艺控制水平的提高，钛微合金化技术在薄板坯连铸连轧（TSCR）流程上体现了良好的适应性，钛微合金化技术具有广阔的应用前景。

2.1 Fe-Ti 二元相图与钛铁合金

冶炼钛微合金钢需要了解 Fe-Ti 二元相图。图 2-1 是用 Thermo-Calc 热力学软件结合 TCFE3 热力学数据计算的钛的质量分数在 30% 以内的 Fe-Ti 二元相图[1]。从图 2-1 可知，铁与钛在液相区是完全互溶的。钛在奥氏体铁中的最大溶解度是 0.69%，在奥氏体与铁素体边界的溶解度是 1.24%；而钛在铁素体中的最大溶解度是 8.4%。但随着温度降低，钛在铁素体中的溶解度急剧下降，例如 600℃ 和 400℃ 铁中钛的溶解度分别是 0.53% 和 0.15%。

冶炼钛微合金钢时，钛是以钛铁合金的形式加入钢中的。2012 年发布的国

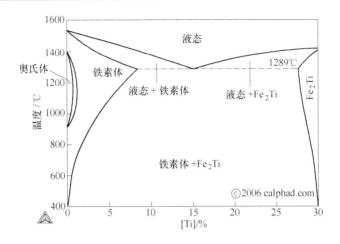

图 2-1 用 Thermo-Calc 热力学软件计算的 Fe-Ti 二元相图

（Ti 的质量分数在 30% 以内）

家标准[2]规定了钛铁合金共有 15 个牌号，其中钛含量是 30%~80%，钛含量间隔 10%。表 2-1 是各牌号钛铁的钛含量和杂质含量允许范围。应该注意到，因为钛铁是用铝热法生产的，所以其中铝含量较高，选用钛铁合金炼钢时要根据钢种需求综合考虑。除表 2-1 所列杂质以外，钛铁中还含有少量的钙和氧。国家标准中将钛铁的粒度分为块状、粒状和粉状等 5 个级别。图 2-2 是 Joanne L. Murray 给出的 Ti-Fe 的全组成范围的二元相图[3]。从图 2-2 可以看出，含钛 40% 的钛铁熔点约为 1317℃；含钛 50%~80% 的钛铁熔点较低，均低于 1320℃；其中含钛 68% 的钛铁熔点（共熔点）最低，为 1085℃。

表 2-1 钛铁牌号及成分含量（GB/T 3282—2012）

牌　号	化学成分（质量分数）/%							
	Ti	C	Si	P	S	Al	Mn	Cu
		不大于						
FeTi30-A	25.0~35.0	0.10	4.5	0.05	0.03	8.0	2.5	0.10
FeTi30-B	25.0~35.0	0.20	5.0	0.07	0.04	8.5	2.5	0.20
FeTi40-A	>35.0~45.0	0.10	3.5	0.05	0.03	9.0	2.5	0.20
FeTi40-B	>35.0~45.0	0.20	4.0	0.08	0.04	9.5	3.0	0.40
FeTi50-A	>45.0~55.0	0.10	3.5	0.05	0.03	8.0	2.5	0.20
FeTi50-B	>45.0~55.0	0.20	4.0	0.08	0.04	9.5	3.0	0.40
FeTi60-A	>55.0~65.0	0.10	3.0	0.04	0.03	7.0	1.0	0.20
FeTi60-B	>55.0~65.0	0.20	4.0	0.06	0.04	8.0	1.5	0.20
FeTi60-C	>55.0~65.0	0.30	5.0	0.08	0.04	8.5	2.0	0.20

牌 号	化学成分（质量分数）/%							
	Ti	C	Si	P	S	Al	Mn	Cu
		不大于						
FeTi70-A	>65.0~75.0	0.10	0.50	0.04	0.03	3.0	1.0	0.20
FeTi70-B	>65.0~75.0	0.20	3.5	0.06	0.04	6.0	1.0	0.20
FeTi70-C	>65.0~75.0	0.40	4.0	0.08	0.04	8.0	1.0	0.20
FeTi80-A	>75.0	0.10	0.50	0.04	0.03	3.0	1.0	0.20
FeTi80-B	>75.0	0.20	3.5	0.06	0.04	6.0	1.0	0.20
FeTi80-C	>75.0	0.40	4.0	0.08	0.04	7.0	1.0	0.20

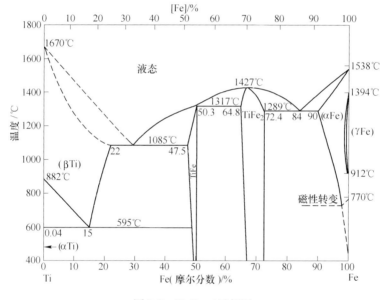

图 2-2　Ti-Fe 二元相图

作为脱氧剂的铁合金加入液态钢中的熔化、溶解过程如图 2-3 所示[4]。第一

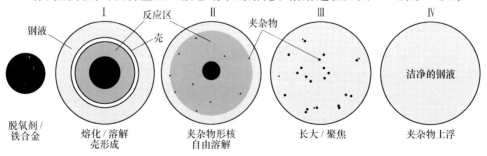

图 2-3　脱氧铁合金在钢液中的熔化、溶解过程

阶段，铁合金刚投入钢液时，取决于铁合金的熔化温度高低，铁合金周边先因局部降温产生一个凝固的钢壳，其后从周边钢液吸收热量，使铁合金熔化或溶解；第二阶段是在铁合金的近旁，脱氧产物（夹杂物）的形核，其取决于局部过饱和程度；第三阶段，液态钢中脱氧产生的夹杂物长大、团聚；第四阶段，这些夹杂物通过上浮等各种机理从钢液中排除。

文献［4］研究了纯钛和 Fe-35%Ti 在总氧含量为 $100 \sim 140ppm$ 的铁液中熔化、溶解的初始过程。纯钛在液态钢中的溶解相对较慢，而在工业生产中一般是向铝脱氧的钢中加钛，钢中一般含有 0.03%~0.06% 的铝，对应的钢中溶解氧是 $4 \sim 6ppm$，这种情况下往往难以生成钛的氧化物夹杂。但是如果溶解的钛碰到氧化铝夹杂，则氧化铝很有可能被钛还原，生成 Ti-Al-O 夹杂物，因为氧化铝夹杂周边的 Ti/Al 质量分数比很容易大于 10，这种条件下根据热力学计算钛是可以还原氧化铝的。由于熔点低，Fe-70%Ti 比纯钛在钢中的溶解快得多。一旦 Fe-Ti 合金溶解于铁液中，在溶解的 Fe-Ti 合金或钛周边，如果氧浓度较高，满足热力学条件，即可形成氧化物夹杂。一般 Fe-70%Ti 中含有 Al，实际炼钢中加入钛铁合金时，热力学上一般满足形成 Ti-Al-O 夹杂物的条件。另外，Ca 也是 Fe-70%Ti 铁合金中的杂质元素，所以，还会有 Al-Ti-Ca-O 夹杂物生成。Fe-35%Ti 的钛铁合金是用铝热法生产的，该种铁合金内部含有较高的总氧，其中一部分是氧化铝夹杂。Fe-35%Ti 在铁液中溶解初期会在铁液与铁合金界面形成一个氧化物壳层，而且该壳层厚度会随时间增加到一定程度。这层氧化物来自于 Fe-35%Ti 合金中 Ti、Al 的氧化以及合金自身所含氧化铝夹杂的聚集。其后随着铁合金的溶解，观察到这些氧化铝夹杂的粒度随时间减小，因为高浓度的钛会把这些 Fe-35%Ti 合金中自带的氧化铝夹杂还原，形成 Al-Ti-O 夹杂物。对 Fe-35%Ti 合金在工业应用的数据的统计分析也有同样的结论[5]。

2.2 Ti 在铁液中的热力学

2.2.1 铁液中的 Ti-O 平衡

热化学数据对炼钢反应的热力学计算非常重要，这些热力学计算都是基于 C. Wagner 建立的稀溶液理论。1988 年日本学术振兴会出版了《炼钢过程热化学数据手册》英文版[6]，在该书中对炼钢过程热化学数据进行了优化并给出了推荐值。2010 年，日本东北大学日野教授和早稻田大学伊藤教授出版了英文版《炼钢热力学数据》[7]，收录了《炼钢过程热化学数据手册》出版之后的热力学数据，但是这些新的数据没有进行评估优化，读者可以适当选择使用。该书给出的 Fe-［Ti］-［O］体系中平衡常数和活度相互作用系数见表 2-2。

表 2-2　Fe-[Ti]-[O] 体系中平衡常数和活度相互作用系数的比较[6,8~11]

文献	1873K 的热力学数据			平衡氧化物	确 定 方 法
	e_O^{Ti}	$\log K$	$\log K - T$ （K）		
[6]	−1.12	−16.1	−30349/T + 10.39	Ti_3O_5	0.013% < [Ti] < 0.25%
[8]		−5.81		Ti_2O_3	根据标准生成自由能估算
[9]		−6.06		Ti_2O_3	根据标准生成自由能估算
[10]	−1.0	−19.26	−91034/T + 29.34	Ti_3O_5	根据各种数据估算，[Ti] < 0.4%
	−0.42	−11.69	−55751/T + 18.08	Ti_2O_3	根据各种数据估算，0.4% < [Ti] < 8.8%
[11]	−0.34	−16.86		Ti_3O_5	根据用 Ti_3O_5 坩埚的实验数据和其他数据，0.0004% < [Ti] < 0.36%
	−0.34	−10.17		Ti_2O_3	根据用 Ti_3O_5 坩埚的实验数据和其他数据，0.5% < [Ti] < 6.2%

钛在铁液中与 Ti_3O_5 的平衡的脱氧反应为：

$$Ti_3O_5(s) \Longleftrightarrow 3[Ti] + 5[O] \tag{2-1}$$

$$\log K = \log(a_{Ti}^3 \times a_O^5) = 3\log a_{Ti} + 5\log a_O = \log K' + 3\log f_{Ti} + 5\log f_O \tag{2-2}$$

$$\log K' = \log([Ti]^3[O]^5) \tag{2-3}$$

式 2-1 中，方括号内的元素符号表示溶解于液态铁中的状态，且该元素在铁液中的浓度为质量百分数，下同。

钛在铁液中与 Ti_2O_3 的平衡的脱氧反应为：

$$Ti_2O_3(s) \Longleftrightarrow 2[Ti] + 3[O] \tag{2-4}$$

$$\log K = \log(a_{Ti}^2 \times a_O^3) = 2\log a_{Ti} + 3\log a_O = \log K' + 2\log f_{Ti} + 3\log f_O \tag{2-5}$$

$$\log K' = \log([Ti]^2[O]^3) \tag{2-6}$$

铁液中 Ti、O 之间的活度相互作用系数见表 2-3。根据表 2-2 和表 2-3 的热力学数据，可以计算得到 1873K 铁液中 Ti-O 的平衡关系，如图 2-4 所示。

表 2-3　Fe 液中 Ti、O 之间的活度相互作用系数 （1873 K）[6,10~12]

e_O^{Ti}	e_{Ti}^O	e_{Ti}^{Ti}	e_O^O	r_O^{Ti}	文献
−1.12	−3.36	0.042	−0.17	—	[6]
−1.0	0	0.013	0	—	[10]
−0.42	0	0.013	0.026	—	[10]
−0.34	−1.0261	0.042	−0.17	—	[11]
−0.6	−1.8	0.013	−0.20	0.031	[12]

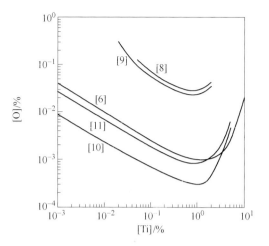

图 2-4　1873K 铁液中 Ti-O 的平衡关系[7]

Cha W Y[11]发表了铁液中 Ti 与'Ti_3O_5'或Ti_2O_3共存的脱氧平衡的温度依存关系[13]。此处'Ti_3O_5'及其后的'TiO'的单引号用来表示非化学计量的化合物，即 Ti/O 的原子比并非严格地与引号内的化学式中的原子比一致。

对于式 2-1 有：

$$\log K_{'Ti_3O_5'} = -\frac{68280}{T} + 19.95 \quad (1823K < T < 1923K)$$

$$= \begin{cases} -17.50, 0.01\% < [Ti] < 0.28\%, 1823K \\ -16.52, 0.006\% < [Ti] < 0.40\%, 1873K \\ -15.56, 0.0045\% < [Ti] < 0.52\%, 1923K \end{cases} \quad (2-7)$$

对于式 2-4 有：

$$\log K_{Ti_2O_3} = -\frac{42940}{T} + 12.94 \quad (1823K < T < 1923K)$$

$$= \begin{cases} -10.61, 0.28\% < [Ti] < 4.89\%, 1823K \\ -9.99, 0.40\% < [Ti] < 6.22\%, 1873K \\ -9.39, 0.52\% < [Ti] < 2.79\%, 1923K \end{cases} \quad (2-8)$$

Ti 在铁液中与 O 的活度相互作用系数为：

$$e_O^{Ti} = \frac{1701}{T} + 0.0344 \quad (1823K < T < 1923K) \quad (2-9)$$

$$e_{Ti}^{Ti} = \frac{212}{T} - 0.0640 \quad (1823K < T < 1923K) \quad (2-10)$$

图 2-5 给出了 1823K、1873K、1923K 时铁液中 Ti-O 平衡关系。图 2-5 中虚线是按照式 2-2、式 2-5 的 Wagner 公式回归的结果，实线是按照 Redlich-Kister 多项式的二次式回归的结果[14~17]，二者规律很好地相符。注意图中与钛含量相关的脱氧产物'Ti_3O_5'、Ti_2O_3或'TiO'是根据实验所得平衡脱氧产物的电子背散

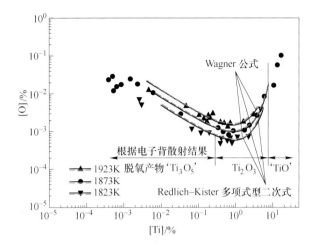

图 2-5　1823K、1873K、1923K 铁液中 Ti-O 平衡关系[13]

射花样确定的。

2.2.2　铁液中的 Al、Si 与 Ti 的活度相互作用系数

文献 [6，18，19] 给出了 1873K 铁液中三个不同的 e_{Ti}^{Si} 值，即 2.1、1.43、

-0.0256。其中文献 [18] 采用的是 Fe-Si-Ti 合金与液态 Ag 平衡的方法，文献 [19] 采用的是 Fe-Si-Ti 合金与 TiN 坩埚在控制的 N_2 分压下平衡的方法，可见所得结果差别较大。采用式 2-4 的平衡常数 $\log K = -6.059$ [9]，$e_O^{Si} = -0.066$ [6]，e_{Ti}^{Si} 分别取文献 [6] 和 [18] 的值，即 2.1 和 1.43，其余活度相互作用系数采用表 2-3 中的数据，计算得到 1873K 铁液中硅含量为 0、1%、2% 时，Ti-O 的平衡关系曲线如图 2-6 所示。

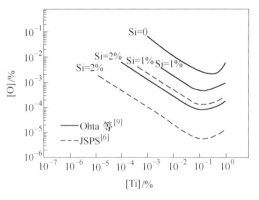

图 2-6　1873K 铁液中硅含量为 0、1%、2% 时，
Ti-O 的平衡关系曲线[7]

利用同文献 [18] 中相同的方法，K. Morita 等通过实验得到了 1873K 铁液中铝对钛的活度相互作用系数 $e_{Ti}^{Al} = 0.024$、$e_{Al}^{Ti} = 0.016$ [20]。当 $a_{Al_2O_3} = 1$ 时，Al 的脱氧平衡常数的对数为[6]：

$$\log K = \log \left(\frac{a_{Al}^2 a_O^3}{a_{Al_2O_3}} \right) = -13.591 \qquad (2-11)$$

对反应 $Ti_2O_3(s) = 2[Ti] + 3[O]$，$e_O^{Ti}$、$e_{Ti}^O$、$e_{Ti}^{Ti}$、$e_O^O$ 均采用表 2-3 中文献 [6]

的数据，可计算得到含 0.5% Ti 和 1.0% Ti 的铁液中 O-Al 的平衡关系曲线，如图 2-7 所示[7]。图 2-7 中的水平线表明铁中 O 是由钛与 Ti_2O_3 平衡而不是 Al 与 Al_2O_3 平衡确定的。

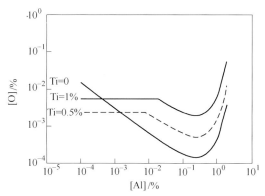

图 2-7　含 0.5% Ti 和 1.0% Ti 的铁液中 O-Al 的平衡关系曲线[7]

2.2.3　铁液中的 Ti-Al-O 平衡

微合金钢是一种特殊质量的钢，要求严格控制杂质元素含量，降低非金属夹杂物数量，调整硫化物的形态和分布。微合金钢的冶炼类似于低碳钢，所不同的是更要注意钢的脱氧和脱硫，研究合金料的加入顺序，以提高收得率。微合金钢的精炼工序是不可缺少的，根据不同的成分要求和钢材品种，选用合适的精炼条件的组合，尤其是要防止钢水二次氧化和连铸过程产生的各种缺陷。钛微合金钢中钛的主要作用是利用其碳、氮化物的沉淀强化，使钢的强度提高。同时细小的钛的氮化物及含钛的复合氧化物还可以起到显著的细化晶粒的作用，可以改善钢的强韧性及焊接性能。因此，钛微合金钢的脱氧既要有效利用钛生成一部分细小的含钛氧化物夹杂，发挥其氧化物冶金的作用，也要注意避免钛的过度氧化，提高钛的收得率，充分发挥钛的沉淀强化作用。

相对而言，钛还是比较贵重的稀有金属，所以含钛钢不论是微合金钢，还是 IF 钢、不锈钢，钛消耗在脱氧上是应该避免的。一般都是先用铝脱氧或 Si-Mn-Al 复合脱氧，也有的结合 RH 真空下用碳脱氧，因为铝相对廉价易得，且有很好的脱氧效果，当钢液中的溶解铝与氧化铝平衡时，钢液中的溶解氧可以低至数个 ppm。

通常含较多固体夹杂物的钢液在连铸时会发生水口堵塞现象，生产实践中铝镇静钢、硅镇静钢都会发生水口堵塞，钢液中钛的存在会使铝镇静钢发生水口堵塞的趋势增加[21,22]。Kimura[21] 等认为水口堵塞频繁发生的可能原因是钢液中溶解的钛与浸入式水口耐火材料发生反应，而使其表面质量发生改变，导致氧化铝夹杂与浸入式水口耐火材料内壁易于黏结。Kawashima 等认为是由多种原因造成水口堵塞的频繁发生：

（1）浇注过程中因再氧化形成液态 Al-Ti-O 氧化物作为氧化铝夹杂的黏结剂；

（2）钛改善了水口耐火材料与钢液之间的润湿性，导致水口材料中的氧化硅被钢液中的铝加速还原，进而改变了水口材料的表面质量；

（3）熔体中氧活度的降低致使氧化铝夹杂分解，产生了众多细小的氧化铝夹杂颗粒。

实际上，引起问题的夹杂物并不是热力学上稳定的初始的铝脱氧产物氧化铝，而是热力学上不能稳定存在的局部过饱和的钛与最初的脱氧产物作用而产生的过渡状态的复合夹杂物[23]。

一些实验室研究表明，钛脱氧生成球状的钛氧化物，在钛脱氧后的钢中加入铝，先生成的钛的氧化物夹杂可被铝还原生成氧化铝夹杂，这些氧化铝进一步形成簇状。实验表明，Ti-Al 脱氧的钢中既存在 Ti-Al-O 复合氧化物，也存在由氧化铝和氧化钛颗粒组成的双相氧化物夹杂。

目前为止，钢液中的 Ti-Al-O 体系的热力学描述还不是尽善尽美，其原因在于：钛有多种氧化物，而且某些氧化物之间有较宽浓度范围，因此，尚不能定量确定其固溶度；Ti-Al-O 体系中可能存在的复合氧化物仍然未知，现有文献的报道尚不一致。Ruby-Meyer 等[24] 计算的 1793K Ti-Al-O 平衡相图预测在 Ti_2O_3 和 Al_2O_3 稳定区域内可能存在一个液相区。Jung 等[25] 利用 FactSage 计算的 1873K Fe-Ti-Al-O 平衡相图预测到 Ti_3O_5 固相的存在，而该固相在 Ruby-Meyer 等计算的相图中不存在。当时 Jung 等也没有发现液相区。

Matsuura 等根据表 2-4 所列热力学数据和表 2-5 的活度相互作用系数，计算了铁液中 Al-Ti-O 体系夹杂物稳定存在的区域图及这些区域随钢中溶解的铝、钛浓度的变化，如图 2-8 所示。

表 2-4　Fe-Al-Ti-O 体系的反应及标准自由能变化

反　　应	$\Delta G^{\ominus}/\mathrm{J} \cdot \mathrm{mol}^{-1}$	文　献
$Al_2O_3(s) = 2[Al] + 3[O]$	$867300 - 222.5T$	[26]
$Ti_2O_3(s) = 2[Ti] + 3[O]$	$822100 - 247.8T$	[13]
$Ti_3O_5(s) = 3[Ti] + 5[O]$	$1307000 - 381.8T$	[13]
$Al_2TiO_5(s) = 2[Al] + [Ti] + 5[O]$	$1435000 - 400.5T$	[6, 13, 27]

表 2-5　铁液中 Al、Ti、O 之间的活度相互作用系数[13,26]

$e_i^j(j \rightarrow)$	Al	Ti	O
Al	$\dfrac{80.5}{T}$ [6]	0.0040[28]	$-\dfrac{9720}{T} + 3.21$
Ti	0.0037[28]	$\dfrac{212.2}{T} - 0.064$	$2.9925\, e_O^{Ti} - 0.00864745$[29]
O	$-\dfrac{5750}{T} + 1.90$	$-\dfrac{701}{T} + 0.0344$	$-\dfrac{1750}{T} + 0.76$ [6]

1873K 温度下 Al_2O_3、Ti_2O_3 之间的固溶度分别是 4.5% Ti_2O_3（摩尔分数）固溶于 Al_2O_3 和 4.5% Al_2O_3（摩尔分数）固溶于 Ti_2O_3[31]。因为 Al_2O_3、Ti_2O_3 晶体结构相同，Al、Ti 的价态也相同，认为 Al_2O_3 在 Ti_2O_3 固溶体中的活度系数与 Ti_2O_3 在 Al_2O_3 固溶体中的活度系数相近，因而 Al_2O_3 与 Ti_2O_3 的活度之比近似为 1。Ti_3O_5 在 Ti_2O_3 中的固溶度也有报道[32]，但是不确定。假定 Ti_3O_5 为单纯的化合物，Ti_3O_5 的生成自由能也

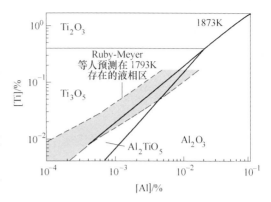

图 2-8　1873K 铁液中 Al-Ti-O 体系夹杂物稳定存在的区域图[30]

有报道[13]。上述计算中假定 Ti_3O_5 为单纯的化合物，与 Ti_2O_3 共存。尽管文献 [24] 提到液相区的存在，但是没有热力学数据支持，所以 Matsuura 等的计算没有考虑这个液相区，但是在图 2-8 中用阴影标出了这个 1793K 下的液相区域。从图 2-8 可知，一般的 IF 钢、钛微合金钢的钢液中，在溶解铝和溶解钛的浓度范围内，稳定存在的夹杂物是 Al_2O_3，但对低酸溶铝的钢，Ti 含量较高或局部有过饱和的溶解钛（例如加入钛铁合金时），则会产生 Ti_3O_5 或 Ti_2O_3。

Matsuura 等的实验表明，铝脱氧很可能在铝加入钢中 2min 内就能完成，生成以球状氧化铝为主的夹杂。而铝、钛同时加入钢中，则先生成氧化铝夹杂，氧化钛稍后在氧化铝表面生成，最后几乎蜕变成氧化铝，但其中含有 20% 的 Ti（摩尔分数），具体含量取决于钛含量。即便所有的实验都在氧化铝稳定的区间进行，总会有些钛的氧化物生成，由于氧化铝粒子的生长使局部铝浓度下降，熔体成分移动到 Al_2TiO_5 或钛的氧化物稳定的区域。钛的氧化物还会被钢液中的铝还原，导致夹杂物形貌从球形变为多边形，由于这些过渡反应产生的夹杂物形状的变化增加了夹杂物团聚的机会，可能引起后续水口堵塞。

图 2-8 中液相区域的存在与否一直是一个悬而未决的问题，主要困难是缺少 Al-Ti-O（Al_2O_3-Ti_2O_3-TiO_2）体系的平衡热力学数据，尤其是低氧分压条件下的平衡热力学数据。Jung I H 等[33]对现有的热力学和相图数据进行了评估和优化，优化的对象包括 Al_2O_3-TiO_2、Al_2O_3-Ti_2O_3 及 Al_2O_3-Ti_2O_3-TiO_2 体系的液态渣和所有的固相，温度从 298K 到液相温度以上，压力为 0.1MPa，对液态氧化物相他们使用了修正的准化学模型。他们预测在钢的二次精炼条件下，Al_2O_3-Ti_2O_3-TiO_2 体系有一个液相区存在，如图 2-9 所示。

因为钛的变价特性，含钛的氧化物的化学计量比是随体系的氧分压变化的。

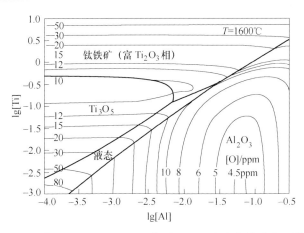

图 2-9　计算得出的 Fe-Al-Ti-O 体系 1600℃的夹杂物稳定区域[33]

液态铁与'Fe_tO'在 1600℃的平衡氧分压是 5.0×10^{-4} Pa，正常的铝脱氧钢液在 1600℃的平衡氧分压是 5.0×10^{-10} Pa（溶解铝浓度 0.05%）。Jung I H 等根据现有的热力学数据评估后得出，Al_2O_3-Ti_2O_3-TiO_2 体系中在 Al-Ti 脱氧的铁液中氧分压为 10^{-10}Pa 的条件下，Al_2TiO_5 并不存在，根据他们的计算，Al_2TiO_5 在较高的氧分压（例如 10^{-7}Pa 以上）、1264 ~ 1271K 以上的一段温度区间内稳定存在，而在 1264 ~ 1271K（取决于氧分压）以下会分解为 Al_2O_3 和 TiO_2。与图 2-8 及 Jung I H 等 2004 年的结果不同，在图 2-9 中存在一个液相区，可以看出这个液相区随着钢中溶解铝、钛的含量降低而扩大，这是因为铁液中氧浓度增加，这一液态氧化物中会溶解一部分 FeO，最多可达 10%（摩尔分数）。当 lg[Ti] > -0.3 且 lg[Al] > -1.5，这个液相区就消失了，因为此时钢液中的平衡氧分压低于 10^{-10} Pa，不会有液相氧化物存在。

　　Basu 等[34]以及 Park 等[35]的实验观察认为，含钛钢的水口堵塞经常是因为二次氧化产生的以氧化铝为核的 Ti-Al-O 夹杂物引起的。Jung I H 等据此推测，这些以氧化铝为核的 Ti-Al-O 夹杂物，很可能是与作为核的固态氧化铝共存的氧化铝饱和液相，正是这种固液共存的夹杂物导致含钛钢的水口堵塞。

　　Van Ende M A 和 Guo M X 等[36]在感应炉内氩气氛下研究了钢在 RH 精炼的铝脱氧和钛合金化过程中（1600 ~ 1650℃），钢中夹杂物的形成和演化。实验所用的感应炉可以在不破坏炉内气氛的情况下取钢样，并可以用氧化锆探头实时测量溶解氧。

　　在铝/钛脱氧实验中，钢液中初始溶解氧是 817ppm，向钢液加入 0.2% Al 后，氧活度（与溶解氧相同）很快降低到 1.5ppm。铝加入 3min 后，525ppm 的钛加入钢中，其后钢中氧活度几乎不变，溶解铝浓度逐渐下降，溶解钛仅损失了 45ppm。溶解铝的损失是被氩气氛中的残氧所氧化，实验中钢液表面没有渣覆盖，如图 2-10 所示。该实验结果表明，在铝充分脱氧的情况下，钛合金化的效率是非常高的，在该实验的钢样中只观察到纯的氧化铝夹杂。

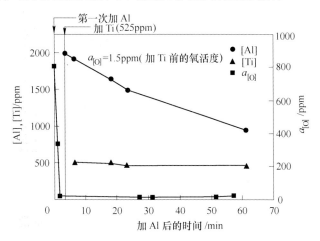

图 2-10　钢液中添加 Al、Ti 后溶解 Al、Ti 浓度和氧活度的变化[36]

在铝脱氧、钛合金化后的钢液中再次加铝进行二次强脱氧后，他们发现随时间变化，钢中溶解铝浓度逐渐降低而溶解钛浓度逐渐升高。含钛氧化物夹杂中的氧化钛随之被铝还原，但是钛完全从 Ti-Al-O 夹杂物中还原出来耗时较长。钢中钛、铝含量都高的情况下，还原出来的溶解钛的含量也高。铝还原钛氧化物主要有如下的反应：

$$Ti_3O_5(s) + 10/3[Al] \Longrightarrow 5/3 Al_2O_3(s) + 3[Ti] \tag{2-12}$$

$$Ti_2O_3(s) + 2[Al] \Longrightarrow Al_2O_3(s) + 2[Ti] \tag{2-13}$$

图 2-11 给出了在铝脱氧钢中加钛、再加铝的实验过程中，钢液里溶解铝、钛和氧活度及夹杂物的变化。在铝脱氧钢中加钛时，图中 A 点落在 $Ti_3O_5(s)$ 稳定区域内，A 点到 B 点之间钛脱氧生成 $Ti_3O_5(s)$，氧活度降低，B 点到 C 点间钛被氩气流中的残余氧继续氧化，钢中溶解钛含量不断下降，氧活度升高，溶解铝含量变化不大，这是因为钢液成分处于 $Ti_3O_5(s)$ 稳定区域，只有钛的氧化会发生。C 点是 $Ti_3O_5(s)$ 和 $Al_2O_3 \cdot TiO_2$ 的相界，其后铝、钛都被氧化，钢液成分到达 D 点（$Al_2O_3 \cdot TiO_2$ 稳定区域）。从 A 点到 D 点经过了 20min。再次添加铝，则钢中溶解铝、钛浓度回升，钢液脱氧和 $Al_2O_3 \cdot TiO_2$ 被还原的反应同时发生，稳定夹杂物为氧化铝，氧活度下降，钢液成分变化到 E 点。随着含钛氧化物的还原，溶解铝减少，钛浓度回升至 F 点。

上述实验的结论是：

（1）钛合金化前用铝强脱氧的钢液中只观察到氧化铝夹杂，而钛合金化前部分脱氧（$a_{[O]} = 140 \sim 280$ppm）的情况下，钛也参与脱氧，除了尺寸较大的簇状氧化铝夹杂，也有较小的 Ti-Al 复合氧化物夹杂分布于钢液中。第二次加铝后，

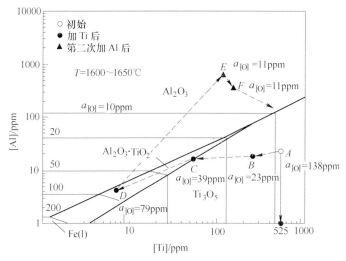

图 2-11　在铝脱氧钢中加钛、再加铝过程中，钢液里溶解铝、钛和
氧活度及计算的（1620℃）夹杂物稳定区域

由于铝的还原作用，仅有簇状氧化铝和少量剩余的 Ti-Al 复合氧化物夹杂。

（2）钛脱氧的程度随钛合金化前氧活度的增加而增加，钛合金化前氧活度低的情况下钛脱氧不会发生。另一方面，即使钛含量高至0.15%，对钛脱氧也没有显著的影响。

（3）钛氧化物被二次加入的铝还原，这一点已由对夹杂物的观察和钢液成分分析证实，钛合金化后尽早加铝会促进这一还原反应。

（4）实验和热力学计算都表明，为防止钛氧化，加入钛合金之前要用铝对钢预脱氧，钢中溶解铝至少要保持在0.02%以上，钛才不至于氧化。

王敏等[37]考察了含钛 IF 钢的初始（铝脱氧前）氧活度、铝与加钛铁（FeTi70）时间间隔、RH 精炼结束时钢中酸溶铝含量等因素对钛收得率的影响。该钢种要求钢中总铝0.03%，钛0.07%。采用 BOF（210t）—RH—CC 流程生产，出钢留氧操作，RH 真空循环法自然脱碳，脱碳结束后根据定氧结果加铝脱氧，加铝后 2～5min 采用 FeTi70（钛质量分数为70%）对钢液进行合金化，之后保持高真空度循环 4～6min，循环结束后 RH 破真空，精炼结束。

图 2-12 给出了不同初始氧活度及铝、钛添加时间间隔下，钛收得率与溶解铝含量（[Al]）的关系，可见钢液初始氧活度低、铝含量相同，钛在铝脱氧后间隔 3～5min 加入的情况下，钛的收得率更高些。实际上，钢中溶解的铝、钛浓度之间的关系可以根据反应 2-12 或反应 2-13 及相应的热力学数据预测。一般 lg[Ti]与 lg[Al]呈线性关系，斜率与反应式中铝、钛元素的系数之比相近[38]。

王敏等[37]对比分析了钛合金化前后夹杂物的物相变化及夹杂物的去除效果。控制氧活度 $a_{[O]}$ <0.035%，铝、钛合金加入时间间隔大于3min，可以保证钛收

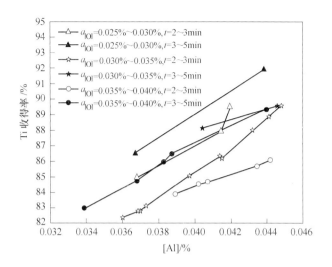

图 2-12 不同初始氧活度及铝、钛添加时间间隔下，钛收得率与
溶解铝含量（[Al]）的关系[37]

得率高于 85%；当氧活度 $a_{[O]} > 0.035\%$ 时，需控制铝、钛合金加入时间间隔为 5min 以上。相同 [O] 和 [Al] 情况下，延长铝、钛加入时间间隔可以有效提高钛收得率。RH 处理过程中，钢包内当量直径大于 $200\mu m$ 的 Al_2O_3 夹杂物在 5min 内基本可以上浮去除，但相同尺寸的 Al-Ti-O 复合夹杂的去除时间要比 Al_2O_3 长 $1\sim2min$。钛合金加入后，Al_2O_3 夹杂物周围会形成 Al-Ti-O 的复合夹杂，这些夹杂物的形成降低了钛的收得率。

2.3 含 Ti 钢液与熔渣及耐火材料之间的反应

2.3.1 含 Ti 钢液与熔渣之间的反应

钢的精炼过程中渣-钢之间的反应对钢液成分与夹杂物的控制是非常重要的。含钛钢由于钛的变价氧化物的存在，使得渣-钢之间的反应及夹杂物成分变得复杂。关于含氧化钛渣的文献主要涉及渣-金属相或渣-气相的相图和平衡实验。这些实验通过对不同组分和不同实验条件的渣进行研究，主要是不同的氧势条件，而这使得鉴别不同结果的一致性变得困难。此外，这些实验仅仅是部分地覆盖了炼钢者所关心的成分范围和氧活度条件。Ruby-Meyer 等[39]应用以 IRSID 渣模型为基础的 CEQCSI 多相平衡程序，对钛脱氧钢中非金属夹杂物的析出进行了分析。借助相关可靠的文献和对不同钢种经过工业验证的结果，把 IRSID 渣模型扩展到了含钛氧化物体系，应用到含钛钢精炼过程的渣-金反应。

图 2-13 是 Ruby-Meyer 等计算的精炼渣与钢液间钛的平衡分配比与钢液中铝

活度的关系。模型计算时考虑了 Ti^{3+}、Ti^{4+}，但氧化钛的含量还是换算成 TiO_2 表示的。为把不锈钢和碳钢的数据统一起来，钢液的属性以钛和铝活度表示，对碳钢而言，钛和铝的活度实际上近似等于其各自的质量分数；但是在不锈钢中，对不同成分的不锈钢而言，$a_{Al} = (3 \sim 4) \times [Al]$，$a_{Ti} = (7 \sim 8) \times [Ti]$。图中直线是在 1500℃ 和 1600℃ 下渣成分为 5%、10% 的 TiO_2，10% 的 MgO，%CaO/%Al_2O_3 = 1.4 的模型计算结果，对应的工业数据点分布于直线周边，略有分散。从图

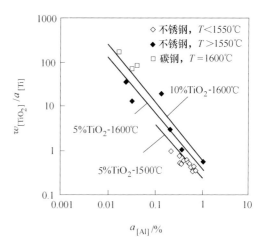

图 2-13   精炼渣与钢液间 Ti 的平衡分配比与钢液中 Al 活度的关系[39]

2-13 可以看出，温度升高，铝含量降低，渣中 TiO_2 量增加，都导致钛在渣-金之间平衡分配比增大。

2.3.2　含 Ti 钢液与耐火材料之间的反应

Ruby-Meyer 等还实验研究了 Al-Ti 脱氧钢与以 MgO 为主要成分的耐火材料之间的作用[39]。实验通过对 Al-Ti 脱氧钢中氧化物夹杂及钢液成分的变化进行测量，研究了以 MgO 为主的耐火材料的还原对其产生的影响。在烧结的 MgO 坩埚中熔化了多炉含 0.12% Mn 和 0.03% Si 的 1kg 的钢液，在密封的感应炉中1580℃吹氩保持 20min 到 1h。坩埚材料成分为：95% MgO、3.5% SiO_2、1.5% CaO。从对钢中最初铝和钛的含量调整后开始计时，用石英管每 2～5min 抽取金属试样并快冷，然后对试样进行成分分析，对夹杂物进行观察和微观分析。观察到的预先存在于液态金属中的夹杂物大致为一微米到几微米，而在试样凝固过程中形成的夹杂物则小得多。在第一个试样中这些夹杂物的数量比其他晚取出的试样中的要多很多。

钢的成分和夹杂物性质的变化取决于铝和钛的初始含量。对于两个极端情况，结果如下：

(1) 对于初始含量为 0.03% Al 和 0.04% Ti，仅铝浓度持续降低，当铝含量达到 0.006% 时，钛的含量才开始下降；夹杂物有氧化铝和尖晶石，反应期间尖晶石的比例有所增长。

(2) 对于初始含 0.006% Al 和 0.08% Ti，铝和钛的含量在实验期间全部降低，此时观察到两种夹杂物，即尖晶石与一个富含 Al_2O_3 和 TiO_2 的相。

在两个实验中，钢中硅的含量有所增加，镁的含量也有轻微增加，镁集中在尖晶石夹杂物中。物料平衡表明钢液的二次氧化绝大多数是由坩埚中的氧化硅引起的，另外气相也能引起非常小的二次氧化。

图 2-14 中，在用渣模型计算的 1580℃ 时 Fe-0.12% Mn-0.03% Si-Al-Ti-O 相图上标出了金属成分的变化路径，图像表明形成何种氧化物是钢中溶解铝和钛的含量决定的，图中还标明了这些氧化物同金属平衡的氧活度值。

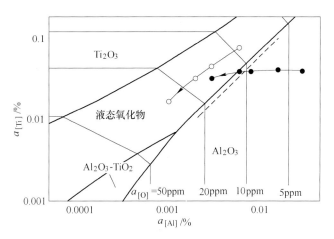

图 2-14　渣模型计算的 1580℃ 时 Fe-0.12% Mn-0.03% Si-Al-Ti-O 相图及实验中

Al 和 Ti 含量的变化[39]

－ － －液态区域和尖晶石区域、氧化铝和尖晶石区域（含 0.5ppm Mg 的钢液）的界限；

●—含 0.03% 铝和 0.04% 钛的实验；○—含 0.006% 铝和 0.08% 钛的实验

当把痕量的镁加到钢液中，计算表明氧达到饱和时，先形成尖晶石 (Mg, Mn)O-Al$_2$O$_3$，它们与 Al$_2$O$_3$ 或者液态氧化物共存。图 2-14 中的虚线说明了钢中含 0.5ppm 镁时这两个区域的界限。当向氧饱和的金属液中提供过饱和的氧时，铝含量开始降低，越来越多的镁被固定在液态氧化物中，导致尖晶石含量减少，甚至可能消失；反之，在 Al$_2$O$_3$ 的稳定区间里，尖晶石相总会存在。

2.4　钛微合金钢中氧化物夹杂的控制及其在氧化物冶金中的应用

钛微合金钢中的钛除了以 TiC、TiN 的沉淀强化作用提高钢的强度以外，尺寸和数量适当的含钛氧化物夹杂，对热轧过程奥氏体晶粒细化、奥氏体—铁素体转变时促进针状铁素体形核都有很好的作用，可使钛微合金钢的强韧性和焊接性能得到显著提高。研究发现，相对于钛的碳、氮化物而言，钛的氧化物非常稳定，在较高的温度下不溶解，细小的氧化物一方面能钉扎奥氏体，使晶粒细小，另一方面可以诱导形貌为针状的铁素体形核，将晶粒分割为若干个亚晶粒，从而使组织细小，对于焊接热影响区的性能有着明显的改善作用。早在 20 世纪 60 年代，就有研究发现有形状为球形的夹杂物存在于焊缝金属中，这种夹杂物的尺寸达到几十纳米至几微米[40,41]。Harrison 等[42]发现这类球形的氧化物夹杂上可生长出铁素体，使焊缝的强韧性增加。1990 年，日本学者借鉴这种球形氧化物的有益作用提出了"氧化物冶金"的概念，即在钢中控制生成细小的、弥散的，且具有高熔点的氧化物类的夹杂，在其上会生长出针状铁素体，可提高钢的强韧性及可焊性[43]。

2.4.1　Al-Ti-Mg 复合脱氧对钢中夹杂物及其对组织的影响

在钢中先添加钛后再加镁进行处理，由于钛脱氧产物的数量大，镁的脱氧产物细小分散，且长大速度慢，而钛镁复合作用则可以综合这两个优点。由于 Ti-Mg-Al-O 系夹杂物类型多且反应复杂，钢液中铝、钛含量变化直接影响复合夹杂物的种类、数量、尺寸等特征。宋宇等[44]研究了 Al-Ti-Mg 复合脱氧对钢中夹杂物及其对组织的影响。表 2-6 是 Al-Ti-Mg 复合脱氧实验钢样的最终成分。

表 2-6　Al-Ti-Mg 复合脱氧实验钢样的最终成分

序号	脱氧剂种类及初始加入量/%					实验后各试样的化学成分/%						
	Mn	Fe-Si	Al	Ni-Mg	Ti-Fe	Mn	Si	Al	Ti	Mg	O	N
1			0.670		0.30		0.010	0.210	0.034	0.0017	0.0056	0.0012
2	0.65	0.30	0.056			0.36	0.013	0.045	0.0017	0.0017	0.0071	0.0012
3	0.65	0.29			0.60	0.35	0.012	0.025	0.100	0.0017	0.0067	0.0062
4	0.60		0.056			0.32	0.045	0.057	0.0017	0.0096	0.0051	
5	0.56	0.24	0.056	0.06	0.30	0.35	0.011	0.032	0.063	0.0021	0.0093	0.0032
6	0.57	0.23	0.056	0.06		0.33	0.011	0.032		0.0018	0.0066	0.0051
7	1.16			0.06	0.30	0.46	0.008	0.027	0.050	0.0020	0.0094	0.0060

1 号样采用 Al-Ti 复合脱氧，铝含量高达 0.219%，从前面的图 2-11 中可以看出，其浓度点的稳定脱氧产物为 Al_2O_3，扫描电镜也未观察到钛的氧化物夹杂。为了得到更多钛的氧化物夹杂，必须降低钢中铝含量，甚至不用铝脱氧。3 号试样中未加铝直接采用钛脱氧，钛含量为全铝含量的 4 倍（工业纯铁原料中含有少量铝），扫描电镜观察中发现了大量的 Ti_3O_5 夹杂。由于分析的铝、钛含量是包含夹杂物的总铝、总钛，而且脱氧剂最初加入钢液时局部存在过饱和，夹杂物组成随时间变化，而该实验因坩埚小，保温时间不够长，所以夹杂物的组成可能与热力学平衡计算不一致。这些试样中的一些典型夹杂物的扫描电镜照片如图 2-15 所示。

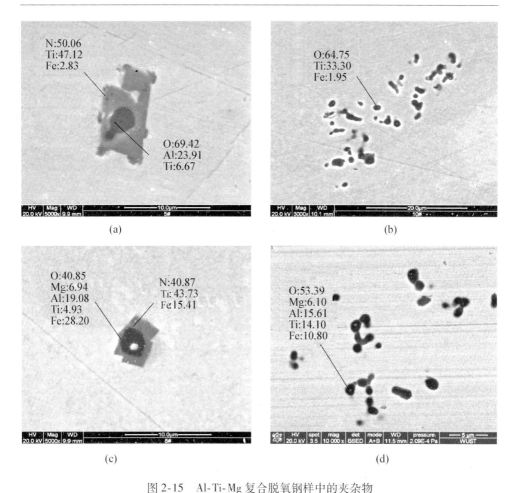

图 2-15　Al-Ti-Mg 复合脱氧钢样中的夹杂物

（a）1 号试样中 TiN 包裹着 Al_2O_3 的复合夹杂；（b）3 号试样中的单个 Ti_2O_3 夹杂；

（c）5 号试样中 TiN 与 $Al_2O_3 \cdot MgO$ 的复合夹杂物；（d）5 号试样中钛氧化物和 $Al_2O_3 \cdot MgO$ 的复合夹杂物

图 2-15（a）为 1 号试样中观察到的 TiN 包裹着 Al_2O_3 的复合夹杂，图中元素后的数字为 X 射线能谱（EDS）结果中得到的该元素在夹杂物中的原子比，其他各图与此相同。图 2-15（b）为 3 号试样中观察到的钛的氧化物夹杂。将 1 号、3 号试样的扫描电镜观察结果进行对比分析发现：加铝脱氧后试样中仅存在 TiN 的夹杂以及其与 Al_2O_3 的复合夹杂；而钛脱氧的钢中（铝含量 0.025%，其他合金带入），观察到大量单独的钛的氧化物夹杂，EDS 表明其中钛的原子比 33.30%，O 占 64.75%，可知该夹杂物组成接近 Ti_3O_5，这是由于采用 Ti-Al 复合脱氧时，不同的脱氧产物有相应的稳定存在区域，试样中也有 TiN 夹杂存在。图 2-15（c）为 TiN 与 $Al_2O_3 \cdot MgO$ 的复合夹杂物。图 2-15（d）为 5 号试样钛的氧化物和 $Al_2O_3 \cdot MgO$ 的复合夹杂物，该试样经铝脱氧后又经 Ti-Mg 复合处理。采用 Ti-Mg

复合脱氧的试样中不仅有单个的 TiN、Ti_3O_5 以及 MgO 夹杂，而且有大量 Ti_3O_5 和 Al_2O_3·MgO 以及 TiN 与 Al_2O_3·MgO 的复合夹杂物，这类复合夹杂物均以 Al_2O_3·MgO 为核心，说明含铝钢液中加入镁可以形成大量细小的 Al_2O_3·MgO，为分散氧化物、氮化物夹杂提供了条件。图 2-16 是铝、钛、镁以不同组合方式脱氧的钢样中夹杂物尺寸分布对比。

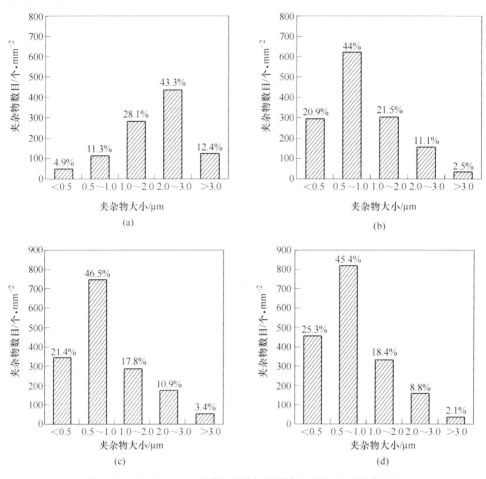

图 2-16　Al、Ti、Mg 不同方式脱氧钢样中夹杂物尺寸分布对比
（a）Al 脱氧试样夹杂物粒度分布；（b）Al-Ti 脱氧试样夹杂物粒度分布；
（c）Al-Mg 脱氧试样夹杂物粒度分布；（d）Ti-Mg 脱氧试样夹杂物粒度分布

图 2-16（a）是 Al 单独脱氧钢，其中尺寸较大的夹杂物数量最多，与氧化铝夹杂易团聚成簇状有关。图 2-16（b）、（c）分别是 Al-Ti、Al-Mg 脱氧钢，其中夹杂物尺寸分布则有较大变化，1μm 以下的夹杂物数量大幅度提高，Ti-Mg 脱氧钢中小尺寸夹杂物数量最大，大尺寸夹杂物所占比例最小，这是因为 Ti 脱氧产

物数量多，Mg 脱氧产物不易长大。图 2-16（c）显示 6 号试样中 1μm 以下的夹杂物占了夹杂物总数的 67.9%，其中 0.5~1μm 占 46.5%，Al_2O_3·MgO 较多；3μm 的夹杂也存在，但仅占夹杂物总数的 3.4%。图 2-16（d）显示 7 号试样中小于 1μm 的夹杂物所占的比例为 70.7%，与 6 号样相近，但其夹杂物总量比 6 号样多。对比发现，在钛处理后再用镁微处理，钢中氧化物夹杂的数量比 Al-Mg 脱氧多，粒度分布更加集中，夹杂物颗粒的直径大部分都在 1μm 以下。其主要原因是由于钛脱氧产物数量相对较大；镁的脱氧产物长大较慢，颗粒细小而且较分散；Ti-Mg 复合作用则可以综合两个优点[45,46]。由此可见利用钛脱氧可以在钢液中制造大量分散的微细氧化物夹杂，在钛脱氧的基础上采用 Ni-Mg 合金进行进一步的镁处理，可以产生更多有益于晶内铁素体形成的复合夹杂物。该实验采用的是单位面积夹杂物总数分析法，得到的夹杂物总数为 1000~2000 个/mm²，与 Suito 等[47]分析的数据相近。

2.4.2　Ti-Mg 复合脱氧对奥氏体粗化的影响

在炼钢过程中，去除或减少各种非金属夹杂物是最令人关心的问题之一。然而，非金属夹杂物有二重性，换一个角度，如将残余夹杂物的尺寸控制在某一临界尺寸以下，它不仅无害，还可以对组织与性能产生积极的影响，如阻止晶粒长大、提高钢的强韧性等。要避免过度追求钢的纯净度以生产夹杂物含量极低的钢材这种十分困难而又很不经济的做法，而在冶炼过程中积极主动地设法形成和巧妙利用如超细氧化物颗粒那样的夹杂物来改善钢材性能，是一个值得努力的方向。钛、镁脱氧后形成的高熔点氧化物颗粒，在钢的再加热过程中可以作为第二相质点阻止奥氏体晶粒长大，也可以在钢冷却过程中作为非均匀形核质点，在奥氏体晶粒内部诱发针状铁素体组织，将原奥氏体分割成多个针状铁素体晶粒，进一步起到细化钢组织的效果。

为此，通过共聚焦高温激光显微镜（CLSM）实验，研究了添加钛、镁对钢在 1200℃ 保温时奥氏体晶粒粗化的影响。将脱氧实验中 a、b 试样作为实验对象，其中 a 试样采用锰、硅、铝脱氧，b 试样采用锰、硅、铝、钛、镁脱氧。将试样切成高 4mm 直径 8mm 的小圆柱，然后进行抛光处理，放置于共聚焦高温激光显微镜内的坩埚中按图 2-17 的升降温方式对试样进行热处理，在线观察晶

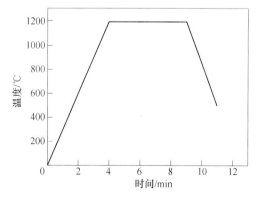

图 2-17　共聚焦高温激光显微镜在线观察的升降温曲线

粒长大情况，然后测量试样的晶粒大小随时间的变化情况。试样的成分见表2-7。

表 2-7　共聚焦高温激光显微镜在线观察的试样成分　　　　　　（%）

试样	Mn	Si	Al	Ti	Mg	O	N
a	0.732	0.102	0.045	0	0.0020	0.0071	0.0012
b	0.855	0.171	0.024	0.236	0.0029	0.0040	0.0038

奥氏体晶粒长大不仅与时间相关，而且也与温度相关。随着加热温度的提高，原子扩散速度呈指数递增，奥氏体晶粒会急剧长大。钢中存在的各种合金如钛、锆、钒、铝、铌等，都会强烈阻止奥氏体晶粒的长大，并提高奥氏体粗化温度。晶粒长大呈现两种情况，即均匀分布的晶粒组织和异常长大的晶粒组织。在等温条件下，晶粒逐渐长大，晶界的总面积逐渐减小，同时能量也逐步降低。假设瞬时的晶粒长大速率与单位体积的晶界能成正比，则可以建立晶粒长大的动力学方程。式 2-14 为 Arrhenious 晶粒长大公式[48]：

$$D^{\frac{1}{n}} - D_0^{\frac{1}{n}} = Kt \cdot \exp\left(-\frac{Q}{RT}\right) \tag{2-14}$$

式中　D_0——初始晶粒直径，μm；

　　　D——晶粒直径，μm；

　　　Q——晶粒长大激活能，J/mol；

　　　t——时间，s；

　　　T——温度，K；

　　　R——气体常数，$R = 8.314$J/(K·mol)；

　　　n——晶粒长大指数，$T > 1273$K 时，n 的上限值为 2；

　　　K——比例常数。

式 2-14 表明，加热温度对奥氏体晶粒长大有决定性影响。恒温时，温度越高，奥氏体晶粒长大越迅速。恒温时奥氏体晶粒尺寸随加热时间变化的关系可以用下式来表示[49]：

$$D = K't^n \tag{2-15}$$

式中　K'——比例常数。

钢中的夹杂物等二相粒子的存在，在保温阶段会阻碍晶界的迁移，当弥散分布的夹杂物粒子的阻力和晶粒的长大驱动力达到平衡时，晶粒就会停止长大。Zener 对此进行了分析，并提出了弥散分布的第二相粒子钉扎奥氏体晶粒的公式[50]：

$$D = \frac{4}{3} \times \frac{r}{V_f} \tag{2-16}$$

式中　D——晶粒直径，μm；

　　　r——第二相颗粒半径，μm；

　　　V_f——第二相的体积分数。

由式 2-16 可以看出，夹杂物粒子的直径越小，体积分数越大，即钢中的细小弥散的夹杂物总量越多，则晶粒的直径会越细小，抑制奥氏体晶粒长大的效果越显著。实验主要研究了添加 Ti-Mg 对 1200℃时保温试样奥氏体晶粒长大的影响，如前所述（见图 2-16（d）），添加 Ti-Mg 可以显著增加钢中的第二相粒子的数量和体积分数，而且相比于 Mn、Si 脱氧，钢中可以起到钉扎奥氏体晶界的有效第二相粒子的数目也会明显增多。图 2-18 为 a 和 b 试样在 1200℃保温时，奥氏体晶粒随时间变化的过程。

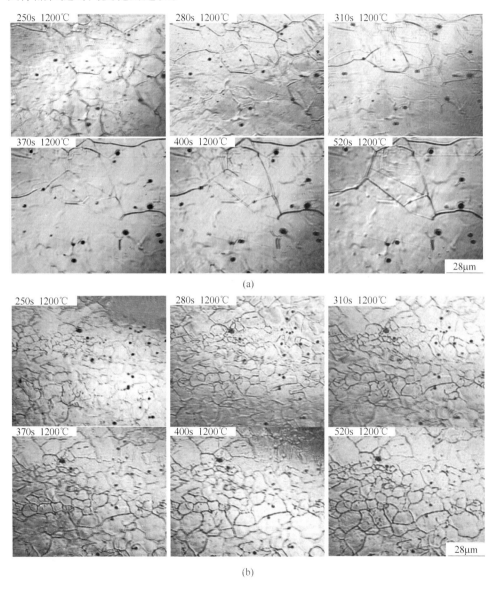

图 2-18　1200℃保温时奥氏体晶粒随时间的变化

（a）a 试样奥氏体晶粒长大过程；（b）b 试样奥氏体晶粒长大过程

　　测量图 2-18 中奥氏体晶粒的尺寸，绘制奥氏体晶粒尺寸随时间变化的关系曲线，如图 2-19 所示。从图 2-19 中可以看出，a 试样的奥氏体晶粒随时间变化长大趋势明显。随着时间的推移，a 试样的奥氏体晶粒逐步长大，大晶粒吞噬小晶粒。保温开始时，a 试样的奥氏体晶粒大小为 23μm；保温 270s 后视场中仅剩下一个完整的晶粒，奥氏体晶粒的平均尺寸为 68.4μm，是保温开

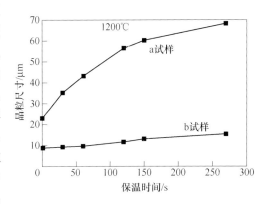

图 2-19　a 和 b 试样奥氏体晶粒随时间变化

始时晶粒尺寸的 3 倍多。相比之下，b 试样的晶粒明显细小很多。保温开始时，b 试样的奥氏体晶粒大小仅为 8.8μm；保温 270s 后试样的晶粒尺寸也只有 15.5μm，仅增加了 6.7μm。

　　大量研究表明，弥散分布的第二相粒子颗粒对于析出强化和晶粒细化有很好的作用。而 Ti-Mg 脱氧在钢中形成大量的第二相粒子，在 1200℃ 保温时，这些粒子可以起到钉扎奥氏体晶粒、阻碍晶粒长大的作用。由式 2-16 可以看出，钢中第二相粒子的体积分数越大能得到的晶粒尺寸更小，第二相粒子的平均直径越小，得到的奥氏体晶粒尺寸也越小。a 试样中，夹杂物的平均直径约为 1.039μm，高温激光显微镜图像显示，a 试样的奥氏体晶粒在 1200℃ 保温 5min 后，晶粒较为均匀，但非常粗大，晶粒不均匀系数为 1；b 试样中，夹杂物的平均直径约为 0.673μm，在 1200℃ 保温 5min 后，试样的晶粒不均匀系数约为 1.3，a 试样和 b 试样的夹杂物体积分数分别为 0.304%、0.415%。应用式 2-16 计算可得，a 试样的临界晶粒尺寸为 89μm，b 试样的临界晶粒尺寸为 62μm。a 试样在 1200℃ 保温 5min 之后，晶粒的大小长大到了 68.4μm，接近但仍小于临界晶粒尺寸 D_{C}，若继续保温或者升高保温温度晶粒还将继续长大；b 试样在 1200℃ 保温 5min 后，晶粒的大小仅为 15.5μm，远远小于临界晶粒尺寸，夹杂物粒子和析出物等第二相粒子对奥氏体晶粒的钉扎作用明显。由此可以看出，Ti-Mg 复合脱氧对奥氏体细化晶粒有很好的作用。

　　图 2-20 为表 2-6 中部分试样经 3% 的硝酸酒精腐蚀过的铸态组织光学显微镜照片。

　　图 2-20（a）为表 2-6 中（下同）2 号试样放大 25 倍观察到的组织，可以看出试样的组织主要为珠光体和块状的铁素体组织，晶粒粗大；图 2-20（b）为 3 号试样放大 100 倍观察到的组织，可以看出铁素体组织已经细化，呈典型的针状铁素体分布，晶粒细小；图 2-20（c）为 5 号试样放大 100 倍观察到的组织，可

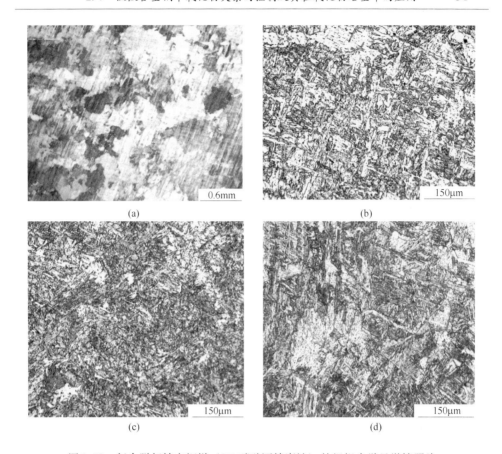

图 2-20 复合脱氧铸态钢样（3% 硝酸酒精腐蚀）的组织光学显微镜照片

以看出其晶粒更加细小，组织主要为珠光体和细小的针状铁素体；图 2-20 （d）
为 7 号试样放大 100 倍观察到的组织，其组织中块状的铁素体比 3 号试样的组织
多，组织比 2 号试样更细小，组织主要为珠光体和铁素体。

图 2-20 （a）中的组织粗大，铁素体以及渗碳体都呈块状分布。从图 2-20
（b）~（d）与图 2-20 （a）的对比中可以看出，添加钛可以明显细化钢的微观组
织，这是由于加入钛可以形成细小的 Ti_3O_5、TiN 或者其他细小的复合氧化物夹
杂，促进针状铁素体的形核，从而细化钢的组织。可以看出图 2-20（b）~（d）中
形成的大量的针状铁素体组织，针状组织互相咬合，组织均匀细小。图 2-20
（b）和（d）中的组织较为接近，但是（d）中的铁素体分布不如（b）中分散，
这是因为（d）中未加入锰，而锰可以增加珠光体的相对量，所以锰含量的降低
会使钢中铁素体含量相对增加并使之聚集。图 2-20 （c）中的组织最为细小，这
一方面是由于加入了钛，另一方面是由于在钛脱氧后配合使用了镁进行微处理，
使得钢组织中利用针状铁素体形核的夹杂物数目增多，更利于针状铁素体形成，
使得钢的组织更加细密。图 2-21 是在 Al- Ti- Mg 脱氧钢实验中观察到的附着在

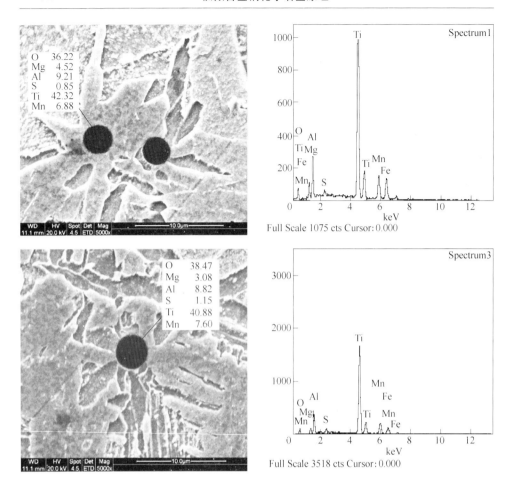

图 2-21　附着在 $MgO\text{-}Al_2O_3\text{-}TiO_x$ 及 MnS 的复合夹杂物上生长的针状铁素体及
夹杂物的能谱

$MgO\text{-}Al_2O_3\text{-}TiO_x$ 及 MnS 的复合夹杂物上生长的针状铁素体及夹杂物的能谱，夹杂物照片上元素符号旁标的数字是该元素在夹杂物中的原子百分数。可见 $MgO\text{-}Al_2O_3\text{-}TiO_x$ 与 MnS 的复合夹杂物适合针状铁素体形核。

　　前述的钢中碳含量很低（0.003%），钢中氧含量较高，加入钛铁时很容易形成含钛的氧化物夹杂。然而中高碳钢则不然，经铝充分脱氧的中高碳钢，钢液中氧含量较低，钛的氧化物夹杂数量不多，氧化物冶金的作用就难以发挥。李鹏等[51]研究了铝-钛脱氧对非调质钢中 MnS 析出行为及组织的影响。脱氧实验终点钢样的成分见表 2-8。

　　通过观察实验所得最终试样中典型的夹杂物形貌与成分得知，当采用钛替代铝对非调质钢脱氧时（表 2-8 中 3 号），钢中夹杂物成分均为单独析出的 MnS 和以氧化物为核心析出的 MnS。两种情况下（表 2-8 中 3 号与 2 号）夹杂物的尺寸

表 2-8 脱氧实验终点各试样的化学成分 (%)

编号	C	S	Mn	V	Al	Ti	O	N
1	0.34	0.037	1.26	0.09	0.043	0.016	0.0050	0.0068
2	0.37	0.032	1.11	0.08	0.046	—	0.0045	0.0052
3	0.35	0.041	1.10	0.09	0.011	0.070	0.0035	0.0062
4	0.35	0.033	1.35	0.08	0.029	0.170	0.0050	0.0061
5	0.36	0.047	1.12	0.09	0.021	0.080	0.0047	0.0067
6	0.40	0.041	1.13	0.10	0.020	0.110	0.0031	0.0071
7	0.38	0.039	1.08	0.09	0.011	0.037	0.0035	0.0045
8	0.33	0.04	1.14	0.07	0.011	0.040	0.0062	0.0051
9	0.36	0.043	1.41	0.13	0.011	0.018	0.0087	0.0062
10	0.42	0.038	1.09	0.11	0.011	0.062	0.0058	0.0048
11	0.38	0.041	0.94	0.11	0.010	0.009	0.0057	0.0059

大小与夹杂物的形貌差别较大。采用钛脱氧，钢中的夹杂物为尺寸较小的球形；MnS 在氧化物上的析出率也有所不同。采用钛脱氧的试样中，形成的钛的氧化物易于弥散分布，促进了 MnS 在其上析出。

实验所得最终试样中均观察到有单独析出的 MnS，也有以氧化物为核心析出的 MnS 夹杂。但是，各组实验所得试样中由于钢液中 Ti/Al 比的不同，MnS 在氧化物上析出的比例也有所不同。根据扫描电镜放大 1000 倍所拍照片以及能谱分析，统计出不同试样中以氧化物为核心析出的 MnS 所占的比例，绘出其与钢液中 Ti/Al 比的关系，如图 2-22 所示。从图 2-22 可见，随着钢中 Ti/Al 比的增加，MnS 在氧化物上析

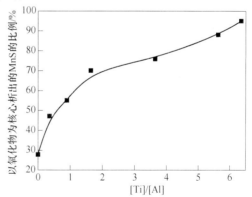

图 2-22 不同钢中 Ti/Al 比对 MnS 在氧化物上析出率的影响

出的比例增大，单独析出的 MnS 减少。当钢中 Ti/Al 比大于 6.5 时，MnS 在氧化物上的析出率在 95% 以上。因此，在非调质钢中，增大钢中 Ti/Al 比有利于 MnS 在氧化物上析出。

图 2-23 给出了夹杂物的粒度分布随钢中 Ti/Al 质量比变化的情况。从图 2-23 中可以看出，随着钢中 Ti/Al 质量比的增加，钢中直径小于 1μm 的夹杂物所占比例有增大的趋势，钢中 Ti/Al 从 0 增加到 0.9 时，直径小于 1μm 的夹杂物所占比

例增幅较大；当钢中 Ti/Al > 1.63
时，其比例相对稳定在 70% ~ 85%
之间；随着钢中 Ti/Al 的增加，钢
中直径在 1 ~ 3μm 的夹杂物所占比
例有减小的趋势，当钢中 Ti/Al >
1.63 时，其比例相对稳定，大都在
20% 以下；随着钢中 Ti/Al 的增加，
钢中直径大于 3μm 的夹杂物所占比
例则有减小的趋势，当钢中 Ti/Al >
1.63 时，其比例基本稳定在小于
5% 的范围内。

　　由于非调质钢中 Mn、S 含量较
高，钢液在凝固过程中会形成大量
MnS 夹杂。各组实验所得最终试样
的 SEM 照片和 EDS 分析也表明，钢
中的夹杂物大部分均为 MnS 夹杂
（或者单独析出或者以氧化物为核心
析出），图 2-23 中对夹杂物粒度分
布的统计数据，可以认为是 MnS 的
粒度分布规律。故可以得出，随着
钢中 Ti/Al 的增加，直径小于 1μm
的 MnS 所占 MnS 总数的比例有增大
的趋势，直径在 1 ~ 3μm 以及大于
3μm 的 MnS 所占比例均有减小的趋
势。当钢中 Ti/Al > 1.63 时，各直
径的 MnS 所占比例趋于稳定。

　　经钛单独处理后，钢中形成大
量针状铁素体，铁素体组织互相咬
合，钢材组织明显细化。Al-Ti-Mg
复合处理后出现大量交叉的针状铁
素体组织，其钢组织比单独加钛的
钢更加细小。钛微合金化是在铝脱
氧基础上进行的，铝脱氧钢一般还

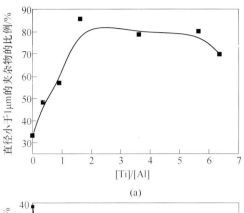

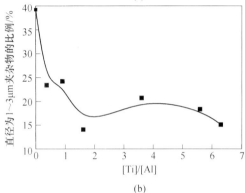

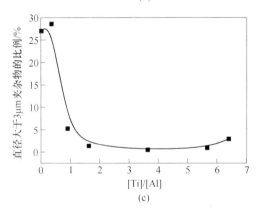

图 2-23　不同钢中 Ti/Al 比下夹杂物的
粒度分布变化

（a）小于 1μm 的夹杂物比例与钢中 Ti/Al 的关系；
（b）1 ~ 3μm 的夹杂物比例与钢中 Ti/Al 的关系；
（c）3μm 以上的夹杂物比例与钢中 Ti/Al 的关系

要经过钙处理，钙处理可以改性氧化铝和硫化物，减少其危害。钢的精炼过程一
般都要接触氧化镁质耐火材料，有的钢利用氧化物冶金技术改善组织、细化晶

粒、提高强韧性，还可能添加少量镁。控制钛脱氧钢中夹杂物数量和成分非常重要的一个因素是钢中 Ti/Al 比，如前面观察到的，夹杂物的粒度分布受钢中 Ti/Al 比影响较大；另一方面，铝含量也是一个重要因素，根据图 2-8、图 2-9、图 2-11、图 2-14，钢中钛、铝浓度不同，会产生不同的夹杂物。实验表明，夹杂物的数量和大小也会变化，最终，形成的复合氧化物以及氧化物-硫化锰复合夹杂物的粒度分布、界面状态都有区别，这对氧化物冶金的效果是有较大影响的。鉴于此，郑万、吴振华等研究了 Ca/Mg 处理的铝-钛脱氧钢中铝含量对夹杂物属性、钢的微观组织的影响[52,53]。

实验在 25kg 真空感应炉内进行，氧化镁坩埚。以镁处理 Ti-Al 脱氧钢为例，实验钢的成分见表 2-9，钢的熔炼步骤如图 2-24 所示。

表 2-9　Ti-Al 复合脱氧、Ca/Mg 处理钢的化学成分　　　　（%）

试样	C	Si	Mn	S	T.O	T.N	Al$_s$	Ti	Ca	Mg
C1	0.03	0.21	1.89	0.0048	0.0072	0.0020	0.0055	0.018	0.0010	—
C2	0.03	0.25	1.87	0.0032	0.0034	0.0020	0.0260	0.022	0.0011	—
M1	0.06	0.17	1.78	0.0045	0.0074	0.0020	0.0056	0.011	—	0.0049
M2	0.03	0.18	1.86	0.0034	0.0045	0.0020	0.0340	0.021	—	0.0050

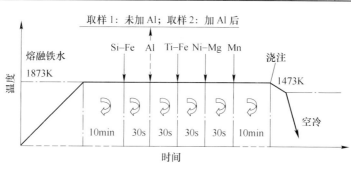

图 2-24　Al-Ti 复合脱氧、Mg 处理钢的熔炼步骤

所得钢锭约 15kg，按图 2-25 所示的条件和步骤再加热、热轧成厚 10mm、长 100mm 的钢板。

图 2-26 比较了 Al-Ti 复合脱氧、Ca/Mg 处理钢铸坯中夹杂物的数量与粒度分布。总体看 Al-Ti 复合脱氧钢中铝含量低的钢中细小夹杂物数量更多，低铝、镁处理钢中 1μm 以下的夹杂物数量最多。这得

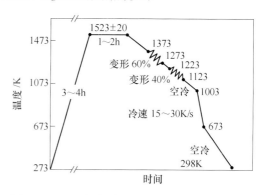

图 2-25　Al-Ti 复合脱氧、Mg 处理钢的热加工步骤

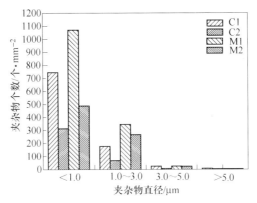

图 2-26　Al-Ti 复合脱氧、Ca/Mg 处理钢铸坯中夹杂物
的数量与粒度分布

益于 Ti-Mg 复合氧化物夹杂数量多、不易长大的特点。

　　这部分实验钢中的夹杂物大部分是氧化物与 MnS 的复合夹杂，MnS 多在氧化物外层析出，热轧时，这部分 MnS 容易变形，MnS 厚度越大，变形越严重。如图 2-27 所示，夹杂物沿钢板横截面变形较小，沿轧向变形大，低铝试样夹杂物变形小。

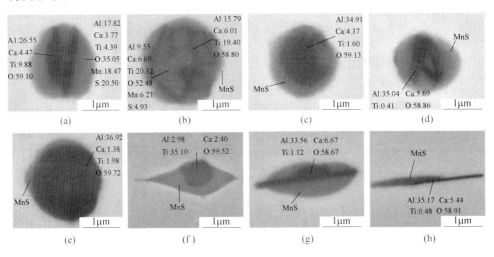

图 2-27　C1、C2 热轧板中横、纵截面的夹杂物
（a），（b）C1 横截面的夹杂物；（c），（d）C2 横截面的夹杂物；
（e），（f）C1 纵截面的夹杂物；（g），（h）C2 纵截面的夹杂物

　　图 2-28 比较了 Al-Ti 复合脱氧、Ca/Mg 处理钢铸坯中氧化物夹杂表面 MnS 的厚度与夹杂物数量，低铝试样中夹杂物数量大，尤其是细小夹杂物数量大，对应的夹杂物表面 MnS 的厚度也小，说明数量众多的细小氧化物作为 MnS 的析出核心分散了 MnS。

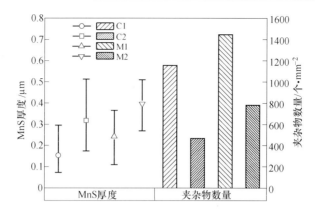

图 2-28　Al-Ti 复合脱氧、Ca/Mg 处理钢铸坯中氧化物夹杂表面
MnS 的厚度与夹杂物数量

夹杂物的变形率可以用其纵横比来衡量，纵横比定义为夹杂物的长度与宽度之比。图 2-29 比较了 Al-Ti 复合脱氧、Ca/Mg 处理钢热轧板中氧化物-MnS 复合夹杂物的长宽比，可见低铝钢无论在钢板的横向或纵向夹杂物的纵横比都比较低，也就是说低铝钢中夹杂物变形小，这也和大量细小氧化物夹杂分散了 MnS，MnS 在复合夹杂物表面厚度较小有关。

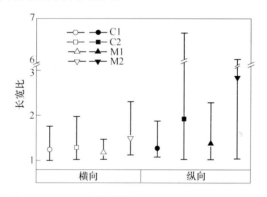

图 2-29　Al-Ti 复合脱氧、Ca/Mg 处理钢热轧板中
氧化物-MnS 复合夹杂物的长宽比

实际上，恰当调整钢中铝、钛、镁、硫含量与脱氧时机，所形成的复合氧化物表面会形成这些氧化物、硫化物之间的多相界面，这些多相界面有利于针状铁素体的形成，提高钢的强度并改善韧性和焊接性能。图 2-30 是针状铁素体在 Al_2O_3-TiO_x-MgO-MnS 复合夹杂物上形成的扫描电镜照片和夹杂物的能谱。针状铁素体都是在夹杂物表面各种氧化物或硫化物之间的相界附近形成并向外长大的。

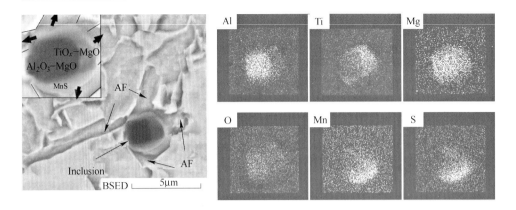

图 2-30　在夹杂物表面形成的针状铁素体及夹杂物的能谱

参 考 文 献

［1］ http：//www. calphad. com/iron-titanium. html.

［2］ 中国钢铁工业协会. GB/T 3282—2012 钛铁 ［S］. 北京：中国标准出版社，2013.

［3］ Joanne L Murray. The Fe-Ti（iron-titanium）system ［J］. Bulletin of Alloy Phase Diagrams，1981，2（3）：320～334.

［4］ Manish Marotrao Pande，Muxing Guo，Bart Blanpain. Inclusion formation and interfacial reactions between FeTi alloys and liquid steel at an early stage ［J］. ISIJ Int. ，2013，53（4）：629～638.

［5］ M M Pande，M Guo，S Devisscher，et al. Influence of ferroalloy impurities and ferroalloy addition sequence on ultra low carbon（ULC）steel cleanliness after RH treatment ［J］. Ironmaking & Steelmaking，2012（39）：519～529.

［6］ The 19th Committee on Steelmaking，The Japan Society for the Promotion of Science. Steelmaking Data Sourcebook ［M］. New York：Gordon and Breach Science Publishers，1988.

［7］ Mitsutaka Hino，Kimihisha Ito Edited. Thermodynamic data for steelmaking ［M］. Sendai，Japan：Tohoku University Press，2010.

［8］ 森岡泰行，森田一樹，月橋文孝，等. チタンマンガン脱酸時における溶鋼-脱酸生成物間の平衡 ［J］. 鉄と鋼，1995，81（1）：40.

［9］ M Ohta，K Morita. Interaction between silicon and titanium in molten steel ［J］. ISIJ Int. ，2003，43（2）：256.

［10］ A Ghosh，G V R Murthy. An assessment of thermodynamic parameters for deoxidation of molten iron by Cr，V，Al，Zr and Ti ［J］. Trans ISIJ，1986，26（7）：629.

［11］ W Y Cha，T Nagasaka，T Miki，et al. Equilibrium between titanium and oxygen in liquid Fe-Ti alloy coexisted with titanium oxides at 1873K ［J］. ISIJ Int. ，2006，46（7）：996.

[12] G K Sigworth, J Elliott. The thermodynamics of liquid dilute iron alloys [J]. Metal. Sci., 1974, 8 (1): 298.

[13] Woo-Yeol Cha, Takahiro Miki, Yasushi Sasaki, et al. Temperature dependence of Ti deoxidation equilibria of liquid iron in coexistence with 'Ti$_3$O$_5$' and Ti$_2$O$_3$ [J]. ISIJ Int., 2008, 48 (6): 729.

[14] W Y Kim, J O Jo, T I Chung, et al. Thermodynamics of titanium, nitrogen and TiN formation in liquid iron [J]. ISIJ Int., 2007, 47 (8): 1082.

[15] T Miki, F Ishii, M Hino. Numerical analysis on Si deoxidation of molten Ni and Ni-Cu alloy by quadratic formalism [J]. Mater. Trans., 2003, 44 (9): 1817.

[16] T Miki, M Hino. Numerical analysis on Si deoxidation of molten Fe-Ni and Ni-Co alloys by quadratic formalism [J]. ISIJ Int., 2004, 44 (11): 1800.

[17] T Miki, M Hino. Numerical analysis on Si deoxidation of molten Fe, Ni, Fe-Ni, Fe-Cr, Fe-Cr-Ni, Ni-Cu and Ni-Co alloys by quadratic formalism [J]. ISIJ Int., 2005, 45 (12): 1848.

[18] M Ohta, K Morita. Interaction between silicon and titanium in molten steel [J]. ISIJ Int., 2003, 43 (2): 256.

[19] J Pak, J Yoo, Y Jeong, et al, ISIJ Int. 45 (2005), 23.

[20] K Morita, M Ohta, A Yamada, et al. Conference Proceedings of the 3rd International Congress on the Science and Technology of Steelmaking, 2005: 15.

[21] 木村秀明. 高純度鋼（IF 鋼）の製造技術の進歩（製鋼＜特集＞）[J]. 新日鉄技報, 1994 (351): 59.

[22] 真目薫, 川島康弘, 永田陽子, 等. Al-Ti 脱酸時のノズル閉塞におよぼすTi 濃度の影響（Al-Ti 脱酸時の介在物挙動-2）[J]. 材料とプロセス, 1991, 4 (1): 1237.

[23] S Basu, S K Choudhary, N U Girase. Nozzle clogging bahaviour of Ti-bearing Al-killed ultra low carbon steel [J]. ISIJ Int., 2004, 44 (10): 1653.

[24] F Ruby-Meyer, J Lehmann, H Gaye. Thermodynamic analysis of inclusions in Ti-deoxidised steels [J]. Scand. J. Metall., 2000, 29 (5): 206.

[25] I Jung, S A Decterov, A D Pelton. Computer applications of thermodynamic databases to inclusion engineering [J]. ISIJ Int., 2004, 44 (3): 527.

[26] H Ito, M Hino, S Ban-ya. Assessment of Al deoxidation equilibrium in liquid iron [J]. Tetsu-to-Hagané, 1997, 83 (12): 773.

[27] E T Turkdogan. Physical chemistry of high temperature technology [M]. New York: Academic Press, 1980.

[28] G Yuanchang, W Changzhen, Y Hualong. Interaction coefficients in the iron-carbon-titanium and titanium-silver systems [J]. Metall. Trans. B, 1990, 21B (3): 543.

[29] C H P Lupis. Chemical thermodynamics of materials [M]. North-Holland: Elsevier Science Ltd, 1983: 255.

[30] Hiroyuki Matsuura, Cong Wang, Guanghua Wen et al. The transient stages of inclusion evolu-

tion during Al and/or Ti additions to molten iron [J]. ISIJ Int., 2007, 47 (9): 1265.

[31] M Ohta, K Morita. Thermodynamics of the Al_2O_3-SiO_2-TiO_x system at 1873K [J]. ISIJ Int., 2002, 42 (5): 474.

[32] M Pajunen, J Kivilahti. Thermodynamic analysis of the titanium-oxygen system [J]. Z. Metallkd., 1992, 83 (1): 17.

[33] In-Ho Jung, Gunnar Eriksson, Ping Wu et al. Thermodynamic modeling of the Al_2O_3-Ti_2O_3-TiO_2 system and its applications to the Fe-Al-Ti-O inclusion diagram [J]. ISIJ Int., 2009, 49 (9): 1290.

[34] S Basu, S K Choudhary, N U Girase. Nozzle clogging bahaviour of Ti-bearing Al-killed ultra low carbon steel [J]. ISIJ Int., 2004, 44 (10): 1653.

[35] D C Park, I H Jung, P C H Rhee et al. Reoxidation of Al-Ti containing steels by CaO-Al_2O_3-MgO-SiO_2 slag [J]. ISIJ Int., 2004, 44 (10): 1669.

[36] Marie-Aline van Ende, Muxing Guo, Rob Dekkers, et al. Formation and evolution of Al-Ti oxide inclusions during secondary steel refining [J]. ISIJ Int., 2009, 49 (8): 1133.

[37] 王敏, 包燕平, 杨荟. 钛合金化过程对钢液洁净度的影响 [J]. 北京科技大学学报, 2013, 35 (6): 725.

[38] Zhang Feng, Li Guang qiang. Control of ultra low titanium in ultra low carbon Al-Si killed steel [J]. Journal of Iron and Steel Research, International. 2013, 20 (4): 20.

[39] Fabienne Ruby-Meyer, Jean Lehmann, Henri Gaye. Thermodynamic analysis of inclusions in Ti-deoxidised steels [J]. Scandinavian Journal of Metallurgy, 2000, 29 (5): 206.

[40] K Gloor. Non-metallic inclusions in weld metal [R]. IIW DOCII-A-106-63, 1963.

[41] K Katoh. Investigation of nonmetallic inclusions in mild steel weld metals [R]. IIW DOC II-A-158-65, 1965.

[42] P L Harrison, R A Farrar. Influence of oxygen-rich inclusions on the $\gamma \rightarrow \alpha$ phase transformation in high-strength low-alloy (HSLA) steel weld metals [J]. Journal of Materials Science, 1981, 16 (8): 2218~2226.

[43] J I Takamura, S Mizoguchi. Role of oxides in steel performance [C] //Proceeding of the Sixth International Iron and Steel Congress, ISIJ, Nagoya, 1990: 591~597.

[44] 宋宇, 李光强, 杨飞. Al-Ti-Mg 复合脱氧对钢中夹杂物及组织的影响 [J]. 北京科技大学学报, 2011, 33 (10): 1214~1219.

[45] Wang C, Noel T N, Seetharaman S. Transient behavior of inclusion chemistry, shape, and structure in Fe-Al-Ti-O melts: Effect of titanium/aluminum ratio [J]. Metallurgical and materials transactions B, 2009, 40B: 1022~1034.

[46] Ohta H, Suito H. Characteristics of particle size distribution of deoxidation products with Mg, Zr, Al, Ca, Si/Mn and Mg/Al in Fe-10mass% Ni alloy [J]. ISIJ Int., 2006, 46 (1): 14~22.

[47] Ohta H, Suito H. Dispersion Behavior of MgO, ZrO_2, Al_2O_3, CaO-Al_2O_3 and MnO-SiO_2 de-

oxidation particles during solidification of Fe-10mass% Ni alloy [J]. ISIJ Int. , 2006, 46 (1): 22 ~ 28.

[48] Akselsen O M, Grong, Ryum N, et al. Modelling of grain growth in metals and alloys [J]. Acta Metallurgy, 1986, 34: 1807 ~ 1811.

[49] Miller O O. Influence of austenitizing time and temperature on austenite grain size of steel [J]. Trans. ASM. 1951, 43: 261 ~ 287.

[50] Zener C. The effect of deformation on grain growth in Zener pinned systems [J]. Acta Metal. , 2001, 49 (8): 1453 ~ 1461.

[51] 李鹏. Al、Ti 复合脱氧对非调质钢中夹杂物及组织的影响 [D]. 武汉: 武汉科技大学, 2013.

[52] Wan Zheng, Zhenhua Wu, Guangqiang Li. Effect of Al content on the characteristics of inclusions in Al-Ti complex deoxidized steel with calcium treatment [J]. ISIJ Int. , 2014, 54 (8): 1755 ~ 1764.

[53] Zhenhua Wu, Wan Zheng, Guangqiang Li, et al. Effect of inclusions' behavior on the microstructure in Al-Ti deoxidized and magnesium-treated steel with different aluminum contents [J]. Metallurgical and Materials Transactions B, 2015, 46B (3): 1226 ~ 1241.

3 钛微合金钢物理冶金原理
——含钛相固溶与析出

微合金第二相的沉淀析出是微合金钢中最重要的问题之一。通过控制微合金第二相在钢中的沉淀析出过程，可以有效控制再加热晶粒粗化过程与再结晶过程，明显促进钢材的晶粒细化，还可以在钢材中获得明显的沉淀强化效果，从而显著地提高钢材强度。控制微合金第二相的沉淀析出行为，进而准确地控制其沉淀析出量以及沉淀析出质点的形状、尺寸及分布，由此可有效地改善钢材的组织和性能，这已成为微合金钢的理论研究和生产实践中的重大问题。

与铌、钒微合金钢相比，钛微合金钢中第二相类型更多，析出温度范围更宽，因此控制难度更大。在冶炼过程中有 Ti_2O_3 和液态 TiN 的析出，尺寸相对较大（微米级），在控制铸态组织方面起到一定作用[1,2]；在铸坯冷却过程有固态析出 TiN 和 $Ti_4S_2C_2$，尺寸在几十纳米到几百纳米，在控制均热奥氏体和粗轧后再结晶奥氏体晶粒长大方面起到一定作用；在热轧过程有形变诱导 TiC 析出，尺寸为几纳米到几十纳米，对推迟奥氏体回复和再结晶起到重要作用；在快速冷却和卷取过程中有 TiC 的相间析出和过饱和析出等，尺寸在 10nm 以下，能够产生显著的沉淀强化效果[1]。如图 3-1 所示为薄板坯连铸连轧过程中不同阶段的含钛相。

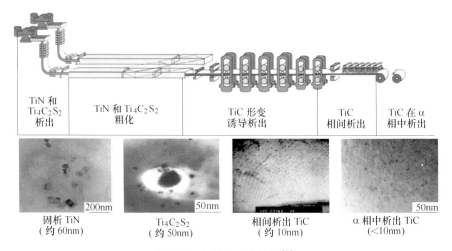

| TiN 和 $Ti_4C_2S_2$ 析出 | TiN 和 $Ti_4C_2S_2$ 粗化 | TiC 形变诱导析出 | TiC 相间析出 | TiC 在 α 相中析出 |

| 固析 TiN（约 60nm） | $Ti_4C_2S_2$（约 50nm） | 相间析出 TiC（约 10nm） | α 相中析出 TiC（<10nm） |

图 3-1 含钛相析出阶段[1]

为了能够正确地进行钛微合金钢化学成分设计和工艺设计，由此控制含钛相的沉淀析出过程，从而达到所需要的控制要求，必须首先了解和掌握含钛相的沉淀析出规律及其影响因素。本章首先介绍钛在钢中的存在形式及固溶度积公式，然后阐述含钛相沉淀析出动力学理论并给出若干计算实例，接下来讨论锰、钼等合金元素对 TiC 形变诱导析出的重要影响，最后介绍含钛相的 Ostwald 熟化规律。

3.1　钛在钢中的存在形式及固溶度积公式

钛在钢中的存在形态主要为：微量固溶于铁基体中，形成各种含钛的第二相，包括 TiO_x、TiS、$Ti_4C_2S_4$ 及 Ti（C，N）等。钛的存在形式不同，其作用原理及效果也就不同，很多情况下其作用还可能大相径庭。因此，首先必须确切掌握钛在钢中的存在形式及其存在量，再根据不同的存在形式进行深入分析讨论。

Fe-Ti 平衡相图如图 2-1 所示。钛属于封闭 γ 相区形成 γ 相圈的铁素体形成元素，钛的加入使铁的 A_4 点下降，A_3 点上升，在约 1100℃ 时汇合而使 γ 相区封闭，钛在奥氏体中的最大固溶度为 0.69%（1157℃）；而由于中间相 Fe_2Ti 的出现限制了钛在铁素体中的固溶，钛与铁只能形成有限固溶体，在 1289℃ 存在由液相转变为铁素体和 Fe_2Ti 的共晶相变，该温度下钛在铁素体中的最大固溶度为 8.7%[3]。

根据该相图及 Thermo-Calc 的相关数据，可以推导出 Fe_2Ti 在铁素体中的固溶度公式如下[4]：

$$\log[Ti]_\alpha = 2.458 - 2392/T \quad （Fe_2Ti 在顺磁 α 铁中, 850 \sim 1560.2K） \quad (3-1)$$
$$\log[Ti]_\alpha = 1.074 - 1284/T \quad （Fe_2Ti 在铁磁 α 铁中, 300 \sim 800K） \quad (3-2)$$

其中式 3-1 的准确度和可信度较高，而式 3-2 稍差（图 2-1 中采用虚线表示固溶度限）。

由相关热力学数据[5]可得到 Fe_2Ti 的形成自由能随温度的变化规律为：

$$\Delta G = -103548 + 30.403T \quad （800 \sim 1600K） \quad (3-3)$$

由此可推导得到纯钛在铁素体中的固溶度公式为：

$$\log[Ti]_\alpha = 0.8700 + 3017/T \quad (3-4)$$

由 Fe-Ti 相图及上述固溶度公式可知，在纯的 Fe-Ti 合金中，钛在铁基体中具有较大的固溶度，通常加入量的钛将主要以固溶状态存在。

然而，实际工业生产应用的钛微合金钢中必然存在一定量的碳和氮元素，而钛与碳或氮有非常强的化学亲和力，很容易形成 TiC、TiN 或 Ti（C，N），而一旦形成碳氮化物后将显著改变钛在钢中的固溶度，因而通常更关注的是 TiC、TiN 在铁基体中的固溶情况。

目前可以得到的 TiC、TiN 在铁基体中的固溶度积公式有[6~20]：

$$\log([Ti][C])_\gamma = 5.33 - 10475/T^{[6]} \tag{3-5}$$

$$\log([Ti][C])_\gamma = 5.54 - 11300/T^{[6]} \tag{3-6}$$

$$\log([Ti][C])_\gamma = 2.75 - 7000/T^{[7]} \tag{3-7}$$

$$\log([Ti][C])_\gamma = 4.37 - 10580/T^{[8]} \tag{3-8}$$

$$\log([Ti][C])_\gamma = 2.97 - 6780/T^{[9]} \tag{3-9}$$

$$\log([Ti][C])_\gamma = 3.23 - 7430/T + [C](-0.03 + 1300/T)^{[10]} \tag{3-10}$$

$$\log([Ti][C])_\gamma = 3.21 - 7480/T^{[11]} \tag{3-11}$$

$$\log([Ti][N])_\gamma = 0.322 - 8000/T^{[12]} \tag{3-12}$$

$$\log([Ti][N])_\gamma = 6.75 - 19740/T^{[13]} \tag{3-13}$$

$$\log([Ti][N])_\gamma = 2.00 - 20790/T^{[14]} \tag{3-14}$$

$$\log([Ti][N])_\gamma = 3.82 - 15020/T^{[7]} \tag{3-15}$$

$$\log([Ti][N])_\gamma = 5.19 - 15490/T^{[15]} \tag{3-16}$$

$$\log([Ti][N])_\gamma = 4.22 - 14200/T^{[11]} \tag{3-17}$$

$$\log([Ti][N])_\gamma = 4.94 - 14400/T^{[16]} \tag{3-18}$$

$$\log([Ti][N])_\gamma = 5.40 - 15790/T^{[17]} \tag{3-19}$$

$$\log([Ti][N])_\gamma = 4.35 - 14890/T^{[18]} \tag{3-20}$$

$$\log([Ti][N])_\gamma = 3.94 - 15190/T^{[6]} \tag{3-21}$$

$$\log([Ti][C])_\alpha = 4.40 - 9575/T^{[19]} \tag{3-22}$$

$$\log([Ti][C])_\alpha = 5.02 - 10800/T^{[20]} \tag{3-23}$$

$$\log([Ti][N])_\alpha = 4.65 - 16310/T^{[18]} \tag{3-24}$$

$$\log([Ti][N])_\alpha = 5.89 - 16750/T^{[20]} \tag{3-25}$$

根据相关热力学数据推导，首先得到元素钛和碳、氮在铁素体中的平衡固溶度公式，同时考虑钛和碳化合生成 TiC 以及钛和氮化合生成 TiN 的形成自由能随温度的变化关系式，推导出 TiC 和 TiN 在铁素体中的平衡固溶度积公式分别为：

$$\log([Ti][C])_\alpha = 5.286 - 12154/T \tag{3-26}$$

$$\log([Ti][N])_\alpha = 4.179 - 15776/T \tag{3-27}$$

此外，TiN 在液态铁水中的溶度积也比较小，容易从液态铁水中液态析出 TiN，其对钢材性能有较大的不利影响。这时，还必须考虑 TiN 在液态铁水中的溶度积公式，相关公式为：

$$\log([Ti][N])_L = 4.46 - 13500/T^{[18]} \tag{3-28}$$

$$\log([Ti][N])_L = 5.922 - 16066/T^{[21]} \tag{3-29}$$

$$\log([Ti][N])_L = 5.90 - 16586/T^{[6]} \tag{3-30}$$

图 3-2 为 TiC 在奥氏体中的不同固溶度积公式的比较，TiC 在奥氏体中的固溶度积大多为实验测定结果，1200℃时的实测固溶度积主要集中在 $10^{-1.9} \sim 10^{-2.0}$

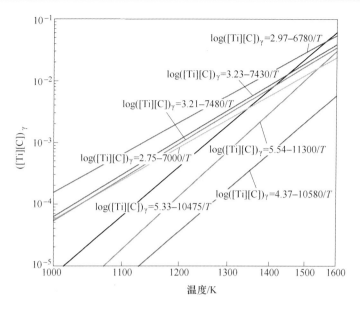

图 3-2 TiC 在奥氏体中的固溶度积

之间。可以看出，根据式 3-8 计算得到的固溶度积明显偏小，这很可能与钢中氮含量的影响有关，因为 TiN 的固溶度积显著小于 TiC，若试样中氮含量的影响未能扣除，则得到的固溶度积将明显偏小。本书相关计算将采用式 3-7。

图 3-3 为 TiN 在奥氏体中不同固溶度积公式的比较，TiN 在奥氏体中的固溶度积非常小，故主要通过热力学推导得出。显然，式 3-14 显著偏离通常的结果，

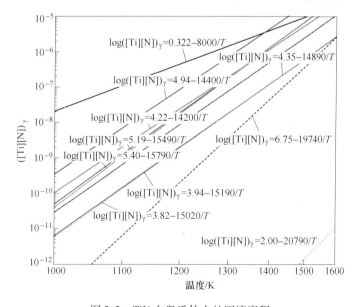

图 3-3 TiN 在奥氏体中的固溶度积

式 3-12 的斜率也明显偏离通常的数值，可信度较差。相比较而言，式 3-17、式 3-19 及式 3-16 较为可信，式 3-20 为参考了大量前期工作得到的较新理论推导结果，也有较高可信度。此外，比较图 3-2 和图 3-3 可知，1200℃时 TiN 在奥氏体中的固溶度积比 TiC 的要低 3.5 个数量级以上；而 727℃时 TiN 在奥氏体中的固溶度积比 TiC 的要低 6 个数量级以上。由于 TiC 和 TiN 通常完全互溶而形成 $Ti(C_xN_{1-x})$，而 TiC 与 TiN 的固溶度积相差非常显著的这种特征，将使碳氮化钛的化学式系数 x 在一定的温度范围内变化非常明显，导致其沉淀析出的动力学曲线由"C"曲线变为"ε"曲线，甚至完全分离为高温 TiN 析出曲线和低温富碳的 Ti（C，N）析出曲线。

　　图 3-4 为 TiC 在铁素体中不同固溶度积公式的比较，由于 TiC 在铁素体中的固溶度积非常小，很难通过实验测定，因而目前可得到的固溶度积公式都是热力学推导的结果。本书相关计算主要采用式 3-23。

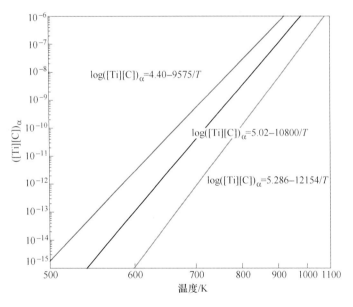

图 3-4　TiC 在铁素体中的固溶度积

　　图 3-5 为 TiN 在铁素体中的不同固溶度积公式的比较，由于 TiN 在铁素体中的固溶度积比 TiC 小得多，因而目前的固溶度积公式也是基于热力学推导的结果，三个公式非常接近。比较图 3-4 和图 3-5 可知，727℃时 TiN 在铁素体中的固溶度积比 TiC 的要低约 5 个数量级；400℃时 TiN 在铁素体中的固溶度积比 TiC 的要低约 7 个数量级，固溶度积差别也非常大。

　　图 3-6 为 TiN 在液态铁中不同溶度积的比较，TiN 在液态铁中的溶度积可以直接测定，故相关公式的准确性较高。本书相关计算主要采用式 3-28。

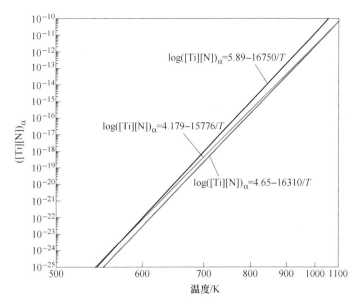

图 3-5　TiN 在铁素体中的固溶度积

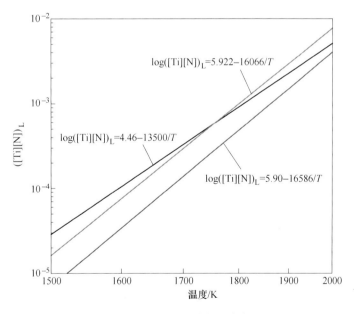

图 3-6　TiN 在液态铁中的溶度积

　　将上述相对较为可信的溶度积公式绘制于图 3-7 中，可以分析比较 TiC 或 TiN 在不同铁基体中的溶度积，可以看出，TiC 或 TiN 在高温相中的溶度积均明显大于在低温相中的溶度积，因而在发生凝固相变及奥氏体—铁素体相变时，其溶度积将出现跳跃性降低，TiC 或 TiN 将有可能伴随基体相变而沉淀析出。

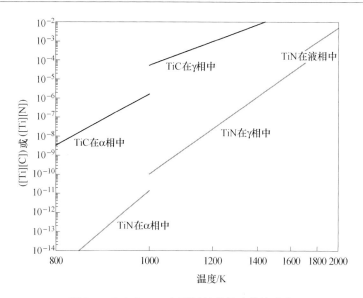

图 3-7 TiC 和 TiN 在不同铁基体中的溶度积

由上述固溶度积公式还可看出，由于钛与碳、氮的化学亲和力很强，很容易形成 TiC 或 TiN，且 TiC 或 TiN 的平衡固溶度积均非常小，因此，实际钢中钛的主要存在形式是形成各种钛的化合物如 TiC 或 TiN 等，而以固溶状态平衡存在的钛非常少。

此外，钛在钢中还可能以氧化物、硫化物或硫碳化物形式存在，由于这些相通常属于有害相，应尽量避免析出，因此还必须考虑它们在高温奥氏体中的固溶度积公式。相关的固溶度积公式主要有[18,22~31]：

$$\log\left(\left[\mathrm{Ti}\right]\left[\mathrm{O}\right]\right)_{\gamma} = 2.03 - 14440/T \quad [18] \tag{3-31}$$

$$\log\left(\left[\mathrm{Ti}\right]\left[\mathrm{S}\right]\right)_{\gamma} = 8.20 - 17640/T \quad [22] \tag{3-32}$$

$$\log\left(\left[\mathrm{Ti}\right]\left[\mathrm{S}\right]\right)_{\gamma} = 6.24 - 14559/T \quad [23] \tag{3-33}$$

$$\log\left(\left[\mathrm{Ti}\right]\left[\mathrm{S}\right]\right)_{\gamma} = 6.75 - 16550/T \quad [24] \tag{3-34}$$

$$\log\left(\left[\mathrm{Ti}\right]\left[\mathrm{S}\right]\right)_{\gamma} = -2.01 - 3252/T \quad [25] \tag{3-35}$$

$$\log\left(\left[\mathrm{Ti}\right]\left[\mathrm{S}\right]\right)_{\gamma} = 5.43 - 13975/T \quad [26] \tag{3-36}$$

$$\log\left(\left[\mathrm{Ti}\right]\left[\mathrm{S}\right]\right)_{\gamma} = 6.92 - 16550/T \quad [27] \tag{3-37}$$

$$\log\left(\left[\mathrm{Ti}\right]\left[\mathrm{S}\right]\right)_{\gamma} = 4.28 - 12587/T \quad [28] \tag{3-38}$$

$$\log\left(\left[\mathrm{Ti}\right]\left[\mathrm{S}\right]\right)_{\gamma} = 7.74 - 17820/T \quad [30] \tag{3-39}$$

$$\log\left(\left[\mathrm{Ti}\right]\left[\mathrm{C}\right]^{0.5}\left[\mathrm{S}\right]^{0.5}\right)_{\gamma} = 6.50 - 15600/T \quad [22] \tag{3-40}$$

$$\log\left(\left[\mathrm{Ti}\right]\left[\mathrm{C}\right]^{0.5}\left[\mathrm{S}\right]^{0.5}\right)_{\gamma} = 6.03 - 15310/T \quad [23] \tag{3-41}$$

$$\log\left(\left[\mathrm{Ti}\right]\left[\mathrm{C}\right]^{0.5}\left[\mathrm{S}\right]^{0.5}\right)_{\gamma} = -0.78 - 5208/T \quad [25] \tag{3-42}$$

$$\log\left(\left[\mathrm{Ti}\right]\left[\mathrm{C}\right]^{0.5}\left[\mathrm{S}\right]^{0.5}\right)_{\gamma} = 7.90 - 17045/T \quad [26] \tag{3-43}$$

$$\log\left(\left[\text{Ti}\right]\left[\text{C}\right]^{0.5}\left[\text{S}\right]^{0.5}\right)_\gamma = 6.32 - 15350/T^{[27]} \tag{3-44}$$

$$\log\left(\left[\text{Ti}\right]\left[\text{C}\right]^{0.5}\left[\text{S}\right]^{0.5}\right)_\gamma = 4.093 - 12590/T^{[28]} \tag{3-45}$$

$$\log\left(\left[\text{Ti}\right]\left[\text{C}\right]^{0.5}\left[\text{S}\right]^{0.5}\right)_\gamma = 5.51 - 14646/T^{[29]} \tag{3-46}$$

$$\log\left(\left[\text{Ti}\right]\left[\text{C}\right]^{0.5}\left[\text{S}\right]^{0.5}\right)_\gamma = 7.313 - 15125/T^{[30,31]} \tag{3-47}$$

$$\log\left(\left[\text{Ti}\right]\left[\text{C}\right]^{0.5}\left[\text{S}\right]^{0.5}\right)_\gamma = 0.392 - 7004/T - \left(4.783 - 7401/T\right)\left[\text{Mn}\right]^{[31]} \tag{3-48}$$

这些公式大多为实验测定结果，也有个别为热力学计算结果。文献［31］深入讨论了锰对 TiS 的固溶度积公式的影响，由于 MnS 与 TiS 存在相互竞争析出的问题，因而锰的影响十分显著。来源于文献［25］的式 3-35 和式 3-42 所采用的钢中 Mn 含量仅为 0.006%~0.01%，故与其他公式存在非常显著的差别，温度变化的影响很小。此外，文献［29］是在不锈钢中进行的测试工作，而其他文献则主要为超低碳 IF 钢中的测试结果。

图 3-8 为 TiS 在奥氏体中不同固溶度积公式的比较。相对而言，式 3-36 为充分考虑前期工作后得到的较为准确的实验测定结果，且与最新的热力学推导计算结果式 3-38 非常接近，在低碳超低碳钢中可优先采用。

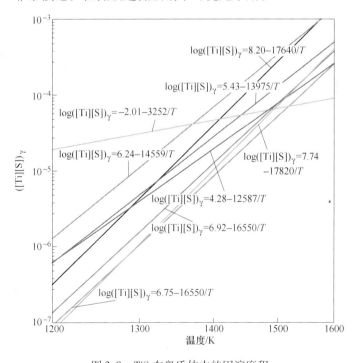

图 3-8 TiS 在奥氏体中的固溶度积

图 3-9 为 $\text{Ti}_4\text{C}_2\text{S}_2$（为进行比较，根据钛的摩尔分数归一化为 $\text{TiC}_{0.5}\text{S}_{0.5}$）在奥氏体中不同固溶度积公式的比较。在低碳超低碳钢中可优先采用式 3-44 及式 3-41。

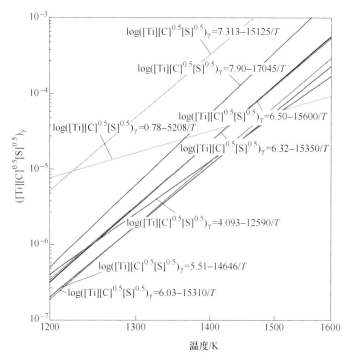

图 3-9 $Ti_4C_2S_2$ 在奥氏体中的固溶度积

　　将 TiO、TiN、TiS、$Ti_4C_2S_2$ 和 TiC 在奥氏体中的固溶度积公式绘制于图 3-10 中，可以粗略分析其析出次序。由图 3-10 可见，TiO 由于固溶度积特别低，只要钢中存在有非常微量的氧就将其首先析出，而其次析出的是 TiN（事实上，由于固溶度积非常低，二者如果可能发生固态析出，则均是在凝固过程中就发生）；大致在 1250 ~ 1300℃ 以上的温度，TiS 将先于 $Ti_4C_2S_2$ 析出，而低于该温度范围时，则 $Ti_4C_2S_2$ 的析出占优势；只有在钢中还存在更多的钛时，才会在较低的温度析出 TiC。事实上，在超低碳的 IF 钢中，由于钢中硫含量与碳含量相当接近，图 3-10 可以很好地解释其析出次序，通常观测到的析出次序为 TiN→TiS→$Ti_4C_2S_2$；而在高强度低合金钢中，采用图 3-10 进行分析时还必须考虑钢中相关元素的含量的影响，这时，由于碳含量显著大于硫含量，TiS 的析出将受到明显的抑制，故通常观测到的析出次序为 TiN→$Ti_4C_2S_2$→TiC。

　　为了深入分析 TiS、MnS 及 $Ti_4C_2S_2$ 在高强度低合金钢中的竞争析出问题，将相关的固溶度积公式绘制于图 3-11 中。同样，除了固溶度积大小之外，还必须考虑相关元素在钢中的含量的影响。尽管在图 3-11 中 MnS 的固溶度积最大，似乎不容易析出，但若考虑到钢中相关元素的具体含量，则情况就有所不同。当低碳钢的凝固温度约为 1763K（1490℃）时，TiS、MnS 及 $Ti_4C_2S_2$ 在奥氏体中的固溶积分别为 0.003185、0.005136、0.004104，若钢中锰含量为 1%，碳含量为

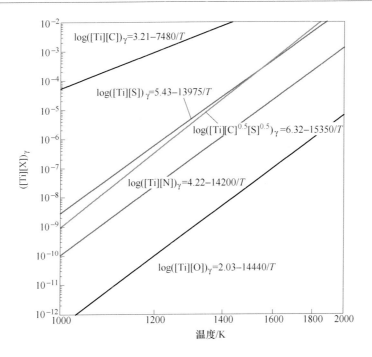

图 3-10　各种含钛相在奥氏体中的固溶度积

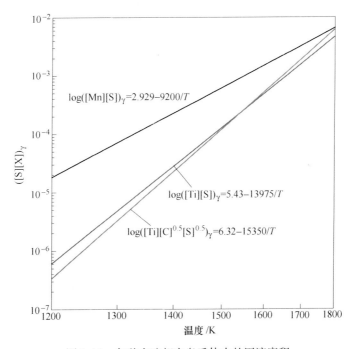

图 3-11　各种含硫相在奥氏体中的固溶度积

0.1%，则在微钛处理（钛含量0.02%）钢中当硫含量大于0.16%时才可能析出 TiS，当硫含量大于0.0051%时就可能析出 MnS，当硫含量大于0.42%时才可能析出 Ti_2CS，析出次序为 MnS→TiS→$Ti_4C_2S_2$，即 MnS 非常明显地优先析出，从而抑制 TiS 及 $Ti_4C_2S_2$的析出；而在钛含量为0.1%的钛微合金钢中，当硫含量大于0.032%时可能析出 TiS，当硫含量大于0.0051%时就可能析出 MnS，当硫含量大于0.017%时可能析出 $Ti_4C_2S_2$，析出次序为 MnS→$Ti_4C_2S_2$→TiS，即 MnS 仍然优先析出，但其优势已明显减弱。

$Ti_4C_2S_2$尺寸一般较粗大，对钢材性能不利，而其析出将占用部分 Ti 和 C，从而明显影响后续 TiC 的沉淀析出行为。这是较高钛含量的钛微合金钢中很容易遇到的问题。适当提高钢中锰含量有利于 MnS 的析出，适当降低钢中碳含量可降低 $Ti_4C_2S_2$析出的可能，而在化学成分调整不能有效抑制 $Ti_4C_2S_2$析出时，还必须从沉淀析出动力学方面进行控制。

最后，将各种微合金碳氮化物的固溶度积公式进行比较，可以分析解释种类不同的微合金钢的强韧化特点。图 3-12 为各种微合金碳化物和氮化物在奥氏体中的固溶度积公式的比较，可以看出，TiN 具有最小的固溶度积，因而在高温下阻止奥氏体晶粒长大的作用最强；TiC 的固溶度积略大于 NbC 和 VN，在形变诱导析出阻止形变奥氏体再结晶方面的作用小于 NbC 和 VN，但明显大于 VC，即

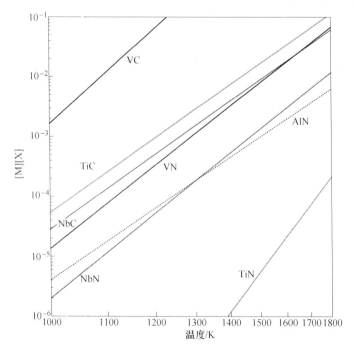

图 3-12　各种微合金碳/氮化物在奥氏体中的固溶度积

具有一定的阻止形变奥氏体晶粒再结晶作用。另一方面，TiN 与 TiC 的固溶度积相差最大（相差 3~4 个数量级，若考虑到钢中 C 含量与 N 含量的差别，则二者的沉淀析出行为的差异更大），因而钛的析出明显可分为两个部分：高温时析出几乎完全纯的 TiN，而较低温度时析出 TiC（当钢中氮含量被 TiN 耗尽时）或非常接近于 TiC 的 Ti（C，N）（当还存在部分氮时）。相对而言，由于 NbN 与 NbC 的固溶度积相差很小，铌微合金钢中将主要以"C"曲线形式沉淀析出 Nb（C，N），且 Nb（C，N）的化学式系数随析出温度的变化很小；VN 与 VC 的固溶度积相差两个数量级左右，因而钒的沉淀析出 PTT 曲线由"C"曲线形式改变为"ε"曲线形式，高温时析出相当数量富氮的 V（C，N），而较低温度时则析出富碳的 V（C，N）（由于该段析出过程的温度已低于奥氏体温度区域，故很难实际观测到），即 V（C，N）的化学式系数随温度而显著变化。图 3-13 则为各种微合金碳化物和氮化物在铁素体中的固溶度积公式的比较，微合金碳氮化物在铁素体中的固溶度积均很小，平衡条件下微合金元素将几乎完全沉淀析出，由于钛微合金钢中的氮在奥氏体区就已基本以 TiN 形式析出，故钛微合金钢中在铁素体区域主要析出 TiC；铌微合金钢中在铁素体区域主要析出较为富碳的 Nb（C，N），钒微合金钢中在铁素体区域主要析出较为富碳的 V（C，N）；钒氮微合金钢中在铁素体区域主要析出较为富氮的 V（C，N）。此外，NbC 的固溶度积明显大于 TiC 的固溶

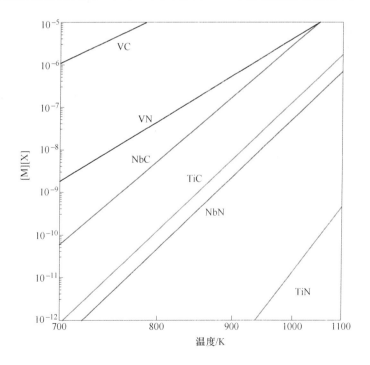

图 3-13　各种微合金碳/氮化物在铁素体中的固溶度积

度积，因而在 BH 钢中加入 Nb，可通过退火时 NbC 的适当回溶释放数 ppm 的碳原子，以产生烘烤硬化作用。

由固溶度积公式可以计算出不同温度下相关元素在铁基体中的平衡固溶度和平衡析出的第二相的质量分数。当仅可能平衡析出一种第二相 MX 时，可通过该第二相的固溶度积公式与该第二相的理想化学配比式联立来计算确定温度下的平衡固溶量：

$$\log([M][X]) = A - B/T \tag{3-49}$$

$$\frac{w_M - [M]}{w_X - [X]} = \frac{A_M}{A_X} \tag{3-50}$$

式中 A，B——MX 在铁基体中的固溶度积公式的相应常数；

w_M，w_X——分别为 M、X 元素在钢中的含量（质量百分数）；

A_M，A_X——分别为 M、X 元素的相对原子质量。

由下式可得到平衡未溶或平衡析出的 MX 相的质量百分数：

$$w_{MX} = (w_M + w_X) - ([M] + [X]) \tag{3-51}$$

而由下式可计算出该第二相 MX 的全固溶温度 T_{AS}：

$$T_{AS} = \frac{B}{A - \log(w_M w_X)} \tag{3-52}$$

温度 T 时 MX 相沉淀析出的摩尔化学自由能 ΔG_M 则可由下式计算：

$$\Delta G_M = -19.1446B + 19.1446T\{A - \log([M]_H[X]_H)\} \tag{3-53}$$

式中，$[M]_H$、$[X]_H$ 分别为 M、X 元素在高温均热温度 T_H 下的平衡固溶量，若均热温度 T_H 大于其全固溶温度 T_{AS}，则可用 w_M、w_X 分别替代 $[M]_H$、$[X]_H$。

对于涉及三个元素的 $Ti_4C_2S_2$ 相，则可由固溶度积公式和两个理想化学配比式联立来计算平衡固溶量：

$$\log([Ti][C]^{0.5}[S]^{0.5}) = A - B/T \tag{3-54}$$

$$\frac{w_{Ti} - [Ti]}{w_C - [C]} = \frac{2A_{Ti}}{A_C} \tag{3-55}$$

$$\frac{w_{Ti} - [Ti]}{w_S - [S]} = \frac{2A_{Ti}}{A_S} \tag{3-56}$$

式中 w_{Ti}，w_C，w_S——分别为钛、碳、硫元素在钢中的含量（质量百分数）；

A_{Ti}，A_C，A_S——分别为钛、碳、硫元素的相对原子质量。

由下式可得到平衡未溶或平衡析出的 $Ti_4C_2S_2$ 相的质量百分数：

$$w_{Ti_2CS} = (w_{Ti} + w_C + w_S) - ([M] + [C] + [S]) \tag{3-57}$$

而由下式可计算出 $Ti_4C_2S_2$ 的全固溶温度 T_{AS}：

$$T_{AS} = \frac{B}{A - \log(w_{Ti} w_C^{0.5} w_S^{0.5})} \tag{3-58}$$

温度 T 时 $Ti_4C_2S_2$ 相沉淀析出的摩尔化学自由能 ΔG_M 则可由下式计算：

$$\Delta G_{\mathrm{M}} = -19.1446B + 19.1446T[A - \log([\mathrm{Ti}]_{\mathrm{H}}[\mathrm{C}]_{\mathrm{H}}^{0.5}[\mathrm{S}]_{\mathrm{H}}^{0.5})] \quad (3\text{-}59)$$

式中，$[\mathrm{Ti}]_{\mathrm{H}}$，$[\mathrm{C}]_{\mathrm{H}}$，$[\mathrm{S}]_{\mathrm{H}}$ 分别为钛、碳、硫元素在高温均热温度 T_{H} 下的平衡固溶量，若均热温度 T_{H} 大于其全固溶温度 T_{AS}，则可用 w_{Ti}、w_{C}、w_{S} 分别替代 $[\mathrm{Ti}]_{\mathrm{H}}$、$[\mathrm{C}]_{\mathrm{H}}$、$[\mathrm{S}]_{\mathrm{H}}$。

TiC 和 TiN 具有相同的晶体结构且点阵常数相差较小，因而在钢中同时存在碳和氮的情况下，二者将相互完全互溶而形成碳氮化物 $\mathrm{Ti}(\mathrm{C}_x\mathrm{N}_{1-x})$，由 TiC 和 TiN 在铁基体中的固溶度积公式及 $\mathrm{Ti}(\mathrm{C}_x\mathrm{N}_{1-x})$ 中钛与碳、钛与氮必须保持理想化学配比这四个式子联立，可计算出确定温度下钛、碳、氮元素的平衡固溶量 $[\mathrm{Ti}]$、$[\mathrm{C}]$、$[\mathrm{N}]$ 及 $\mathrm{Ti}(\mathrm{C}_x\mathrm{N}_{1-x})$ 的化学式系数 x：

$$\log\left(\frac{[\mathrm{Ti}][\mathrm{C}]}{x}\right) = A_1 - B_1/T \quad (3\text{-}60)$$

$$\log\left(\frac{[\mathrm{Ti}][\mathrm{N}]}{1-x}\right) = A_2 - B_2/T \quad (3\text{-}61)$$

$$\frac{w_{\mathrm{Ti}} - [\mathrm{Ti}]}{w_{\mathrm{C}} - [\mathrm{C}]} = \frac{A_{\mathrm{Ti}}}{xA_{\mathrm{C}}} \quad (3\text{-}62)$$

$$\frac{w_{\mathrm{Ti}} - [\mathrm{Ti}]}{w_{\mathrm{N}} - [\mathrm{N}]} = \frac{A_{\mathrm{Ti}}}{(1-x)A_{\mathrm{N}}} \quad (3\text{-}63)$$

式中 A_1，B_1，A_2，B_2——分别为 TiC 和 TiN 在铁基体中的固溶度积公式的相应常数；

w_{Ti}，w_{C}，w_{N}——分别为钛、碳、氮元素在钢中的含量（质量百分数）；

A_{Ti}，A_{C}，A_{N}——分别为钛、碳、氮元素的相对原子质量。

由下式可得到平衡未溶或平衡析出的 $\mathrm{Ti}(\mathrm{C}_x\mathrm{N}_{1-x})$ 相的质量百分数：

$$w_{\mathrm{TiCN}} = (w_{\mathrm{Ti}} + w_{\mathrm{C}} + w_{\mathrm{N}}) - ([\mathrm{Ti}] + [\mathrm{C}] + [\mathrm{N}]) \quad (3\text{-}64)$$

$\mathrm{Ti}(\mathrm{C}_x\mathrm{N}_{1-x})$ 的全固溶温度 T_{AS} 的计算略为复杂，可由下式计算：

$$w_{\mathrm{Ti}} \times w_{\mathrm{C}} \times 10^{-A_1 + B_1/T_{\mathrm{AS}}} + w_{\mathrm{Ti}} \times w_{\mathrm{N}} \times 10^{-A_2 + B_2/T_{\mathrm{AS}}} = 1 \quad (3\text{-}65)$$

温度 T 时 $\mathrm{Ti}(\mathrm{C}_x\mathrm{N}_{1-x})$ 相沉淀析出的摩尔化学自由能 ΔG_{M} 则可由下式计算：

$$\Delta G_{\mathrm{M}} = -19.1446\{xB_1 + (1-x)B_2\} + 19.1446T\{xA_1 +$$
$$(1-x)A_2 - \log([\mathrm{Ti}]_{\mathrm{H}}[\mathrm{C}]_{\mathrm{H}}^x[\mathrm{N}]_{\mathrm{H}}^{1-x})\} \quad (3\text{-}66)$$

式中，$[\mathrm{Ti}]_{\mathrm{H}}$、$[\mathrm{C}]_{\mathrm{H}}$、$[\mathrm{N}]_{\mathrm{H}}$ 分别为钛、碳、氮元素在高温均热温度 T_{H} 下的平衡固溶量，若均热温度 T_{H} 大于其全固溶温度 T_{AS}，则可用 w_{Ti}、w_{C}、w_{N} 分别替代 $[\mathrm{Ti}]_{\mathrm{H}}$、$[\mathrm{C}]_{\mathrm{H}}$、$[\mathrm{N}]_{\mathrm{H}}$。必须注意的是，式中的 x 是沉淀温度 T 时的化学式系数，它随温度变化而不断变化。

3.2 钛及含钛相在钢中的基础数据

为了深入研究钛在钢中的作用及控制技术，除了从热力学平衡方面考虑钛在钢中的存在形式外，还必须深入研究分析各种含钛相固溶与沉淀析出动力学过程，促使有益的含钛相在合适温度范围内沉淀析出，同时抑制有害含钛相的沉淀析出，并在含钛相存在的温度范围内尽量抑制其粗化过程，这些都必须首先掌握钛及各种含钛相的基础数据。

用扩散偶实验和 Matano-Boltzmann 分析方法得到的钛在γ铁中的扩散系数（单位 cm^2/s）为[32]：

$$D = 0.15\exp\left(-\frac{251000}{RT}\right) \quad （含 0～0.7\% \ Ti（原子分数），1075～1225℃）$$

$$(3-67)$$

用同一方法获得的钛在 α 铁中的扩散系数（单位 cm^2/s）为[32]：

$$D = 3.15\exp\left(-\frac{248000}{RT}\right) \quad （含 0.7\%～3.0\% \ Ti（原子分数），1075～1225℃）$$

$$(3-68)$$

用薄层残留放射性方法得到的钛在 γ 铁中的扩散系数（单位 cm^2/s）则为[33]：

$$D = 2.8\exp\left(-\frac{242000}{RT}\right) \quad （含 2\% \ Ti（原子分数），900～1200℃） \quad (3-69)$$

α-Ti 的自扩散系数的放射性元素示踪法测定结果（单位 cm^2/s）为[34]：

$$D = 8.6×10^{-6}\exp\left(-\frac{150000}{RT}\right) \quad （690～880℃） \quad (3-70)$$

β-Ti 的自扩散系数的放射性元素示踪法测定结果（单位 cm^2/s）则为[35]：

$$D = 1.9×10^{-3}\exp\left(-\frac{153000±2100}{RT}\right) \quad （900～1580℃） \quad (3-71)$$

钛是相当强烈的碳氮化物形成元素，在含钛钢中钛将主要以碳氮化物的形态存在并发挥重要作用。同时，钛还很容易形成 TiS 和 $Ti_4C_2S_2$ 等有害相。

碳、氮原子半径与钛原子半径的比值分别约为 0.53 和 0.50，均小于 0.59，因此，钛的碳化物和氮化物均为简单点阵结构的间隙相。钢中通常存在的碳化钛和氮化钛为 NaCl（B1）型面心立方结构的间隙相如图 3-14 所示，其中的间隙原子会发生一定程度的缺位，但因缺位甚少，故通常情况下可认为是完整的。

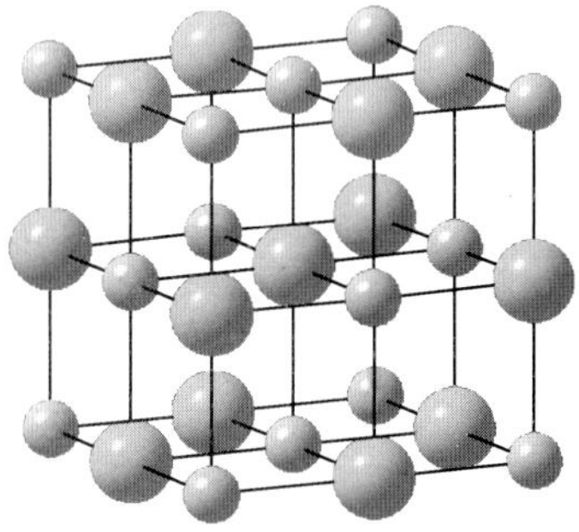

室温下，TiC 的点阵常数为 0.43176nm，摩尔体积为 $1.212×10^{-5} \ m^3/mol$，理论密度为

图 3-14　TiC 和 TiN 的晶体结构

$4.944g/cm^3$，线胀系数为 $7.86×10^{-6}/K$（12～270℃），熔点为 3017℃，室温正弹性模量 E 为 $4.51×10^5 MPa$，显微硬度 HV3200。定压比热 $C_p = 49.957 + 0.962 × 10^{-3}T - 14.770×10^5 T^{-2} + 1.883×10^{-6}T^2$ J/（K·mol）（298～3290K），298K 时的

形成热 ΔH 为 -184.096kJ/mol[5]。

室温下，TiN 的点阵常数为 0.4239nm，摩尔体积为 1.147×10^{-5}m³/mol，理论密度为 5.398g/cm³，线胀系数为 9.35×10^{-6}/K（25 ~ 1100℃），熔点为 2950℃，室温正弹性模量 E 为 3.17×10^5MPa，室温显微硬度 HV2450。定压比热 $C_p = 49.831 + 3.933 \times 10^{-3} T - 12.385 \times 10^5 T^{-2}$J/（K·mol）（298 ~ 3223K），298K 时的形成热 ΔH 为 -337.858kJ/mol[5]。

TiC 和 TiN 具有相同的基体结构且点阵常数相差很小，因而可完全互溶，碳原子和氮原子可以任意比例互换，形成化学式为 TiC_xN_{1-x}（$0 \leq x \leq 1$）的微合金碳氮化物，其点阵常数及相关物理性质随 x 值而变化，通常可采用线性内插法估算其点阵常数。

TiS 具有六方晶体结构，属于 NiAs 型（见图 3-15，钛 2a（0；0；0），硫 2c（1/3；2/3；1/4）），室温点阵常数为 $a = 0.341$nm，$c = 0.570$nm，摩尔体积为 1.728×10^{-5}m³/mol，理论密度为 4.625g/cm³，熔点为 1927℃。定压比热 $C_p = 45.898 + 7.364 \times 10^{-3} T$J/（K·mol）（298 ~ 3223K），298K 时的形成热 ΔH 为 -271.960kJ/mol[5]。

$Ti_4C_2S_2$ 具有六方晶体结构[36]，属于 $Ti_4C_2S_2$ 型（见图 3-16，钛 4e（0；0；z），$z = 0.1$，碳 2a（0；0；0），硫 2d（1/3；2/3；3/4）），室温点阵常数为 $a = 0.3209$nm，$c = 1.1210$nm，摩尔体积为 3.0102×10^{-5}m³/mol，理论密度为 4.644g/cm³，线胀系数为：a 方向 8.55×10^{-6}/K（25 ~ 949℃），c 方向 8.82×10^{-6}/K（25 ~ 949℃）。

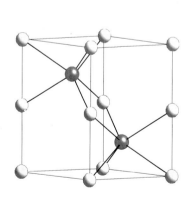

图 3-15 TiS 的晶体结构

（白色为 Ti 原子，黑色为 S 原子）

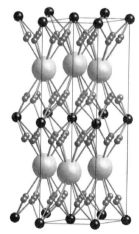

图 3-16 $Ti_4C_2S_2$ 的晶体结构

（黑色为 C 原子，浅色为 S 原子，深色为 Ti 原子）

微合金碳化物、氮化物及碳氮化物在钢中沉淀析出时，与铁基体之间具有确定的位向关系，与奥氏体之间存在平行位向关系[37]，而与铁素体之间存在 Baker-

Nutting位向关系[38]，碳化钛、氮化钛及碳氮化钛也具有同样的位向关系，即：

$$(100)_{MCN} // (100)_{\gamma}, \qquad [010]_{MCN} // [010]_{\gamma}$$

$$(100)_{MCN} // (100)_{\alpha}, \qquad [011]_{MCN} // [010]_{\alpha}$$

由此，根据错配位错理论，可以由界面错配位错的能量计算出碳化钛、氮化钛与奥氏体之间的半共格界面比界面能[39]。由于平行位向关系且 TiC、TiN 和奥氏体均为立方晶体，因此 TiC 或 TiN 与奥氏体在各个方向的错配度均相同，这导致各个方向的比界面能相同。位错的能量正比于基体的弹性模量，而奥氏体的弹性模量随温度的变化具有严格的线性关系（温度升高弹性模量降低），因而微合金碳氮化物与奥氏体的界面能具有随温度升高而线性减小的特点。由此，可得到 TiC 或 TiN 与奥氏体的比界面能的计算式：

$$\sigma_{TiC-\gamma}(J/m^2) = 1.2360 - 0.5570 \times 10^{-3} T \text{ (K)} \qquad (3-72)$$

$$\sigma_{TiN-\gamma}(J/m^2) = 1.1803 - 0.5318 \times 10^{-3} T \text{ (K)} \qquad (3-73)$$

由于各方向的比界面能相同，因而 TiC 或 TiN 在奥氏体中沉淀析出时，将呈球形或立方形的形状，高温析出的 TiN 通常为立方形，而较低温度下析出的 Ti(C, N) 或 TiC 则为球形。同时，由于微合金碳化物的点阵常数略大于相应的微合金氮化物的点阵常数，其与奥氏体的错配度相应也略大，因而 TiC 与奥氏体的界面能略大于 TiN 与奥氏体的界面能。

表 3-1 为各种微合金碳化物和氮化物与奥氏体之间的比界面能的计算数值。可以看出，由于奥氏体的弹性模量随温度升高明显减小，因而比界面能数值随温度升高不断减小，且变化幅度相当大，很多文献中将比界面能视为与温度无关的恒定值显然是不合适的；在对沉淀析出动力学、Ostwald 熟化过程等进行理论分析计算时，若不考虑界面能随温度的变化必然会得到明显不合理的结果。此外，

表 3-1　微合金碳氮化物与奥氏体之间的半共格界面比界面能的计算结果　（J/m²）

温　度	VC	TiC	NbC	VN	TiN	NbN
850℃	0.5578	0.6105	0.6636	0.5374	0.5831	0.6420
900℃	0.5324	0.5826	0.6334	0.5129	0.5565	0.6128
950℃	0.5069	0.5548	0.6031	0.4884	0.5299	0.5835
1000℃	0.4815	0.5269	0.5728	0.4639	0.5033	0.5542
1050℃	0.4561	0.4991	0.5426	0.4394	0.4767	0.5249
1100℃	0.4306	0.4712	0.5123	0.4149	0.4501	0.4956
1150℃	0.4052	0.4434	0.4820	0.3903	0.4235	0.4663
1200℃	0.3797	0.4155	0.4517	0.3658	0.3970	0.4370
1250℃	0.3543	0.3877	0.4215	0.3413	0.3704	0.4077
1300℃	0.3289	0.3598	0.3912	0.3168	0.3438	0.3784

各种微合金碳化物和氮化物与奥氏体之间的比界面能在0.3~0.7J/m²之间，这与通常对半共格界面的比界面能的估计值吻合而略偏上限，这与微合金碳化物和氮化物与奥氏体之间的晶面间距错配度较大有关。此外，同一元素的碳化物比氮化物的比界面能略大，这是因为碳化物的点阵常数略大于相应的氮化物的点阵常数，因而与奥氏体的错配度较大有关。通过不同微合金元素之间的比较可看出，钒的碳化物或氮化物与奥氏体的比界面能最小，钛次之，而铌最大，这也与它们的点阵常数大小有关。最后，1100℃时奥氏体的大角度晶界能的测定值为0.756J/m²，而各种微合金碳化物和氮化物与奥氏体之间的比界面能大致为该测定值的55%~68%，符合一般的估值范围。

TiC 和 TiN 与铁素体之间的半共格界面能，也可用类似的理论计算方法进行计算[40]。这时，由于各方向上的错配度不同，因而各方向的比界面能也不同，由此导致在铁素体中沉淀析出的碳化钛、氮化钛呈圆片状，其底面为 (100)$_{MCN}$ // (100)$_{\alpha}$ 面且其径厚比以及侧面比界面能与底面比界面能的比值基本固定不变，对碳化钛而言为 1.816，对氮化钛而言为 2.049。在进行透射电镜实验观测时，通过适当的倾转，使圆片的侧面垂直于观测平面，就可清楚观测到这种形状特征并可测定其径厚比，实际观测结果与理论预测良好吻合。利用这种形状特征的差异，可以有效区分微合金碳氮化物是在奥氏体中还是在铁素体中析出的。

此外，铁素体的弹性模量随温度的变化情况较为复杂，在发生铁磁性转变的温度范围将明显偏离线性，为此，可在铁素体的弹性模量随温度基本为线性变化的温度区域内，得到 TiC 和 TiN 与铁素体的比界面能的简单计算式：

$$\sigma_{1TiC-\alpha} = 0.7487 - 0.2488 \times 10^{-3} T \quad (293 \sim 856K) \quad (3-74)$$

$$\sigma_{2TiC-\alpha} = 1.3593 - 0.4517 \times 10^{-3} T \quad (293 \sim 856K) \quad (3-75)$$

$$\sigma_{1TiN-\alpha} = 0.6160 - 0.2047 \times 10^{-3} T \quad (293 \sim 856K) \quad (3-76)$$

$$\sigma_{2TiN-\alpha} = 1.2623 - 0.4195 \times 10^{-3} T \quad (293 \sim 856K) \quad (3-77)$$

式中 σ_1——圆片底面的比界面能；

σ_2——圆片侧面的比界面能。

由于 σ_2 大于 σ_1，为降低能量，TiC 和 TiN 析出相将沿底面展开而得到直径大于厚度的圆片形状。至于更高温度区间内的比界面能，则可根据相应温度下铁素体的弹性模量进行具体计算。

表 3-2 为各种微合金碳化物和氮化物与铁素体之间的比界面能的计算数值，其中550℃以下为根据上述计算式计算的结果，而600℃及以上温度则根据实际的弹性模量线性内插值计算而得。由计算结果可看出，同一元素的碳化物比氮化物的比界面能略大，这是因为碳化物的点阵常数略大于相应的氮化物的点阵常数，因而与铁素体的错配度较大有关。不同微合金元素之间的比较可看出，钒的碳化物或氮化物与铁素体的比界面能最小，钛次之，而铌最大，这也与它们的点

阵常数大小有关。此外，在550~800℃温度范围内比界面能随温度的变化幅度明显加大，而该温度范围正好是微合金碳氮化物沉淀析出的有效温度范围，这使得由界面能随温度变化引起的微合金碳氮化物沉淀析出行为的改变较为显著。最后，表3-2中的计算结果也符合通常对半共格界面能的估值范围。

表 3-2　微合金碳氮化物与铁素体之间的半共格界面比界面能的计算结果　（J/m²）

项　　目		VC	TiC	NbC	VN	TiN	NbN
20℃	σ_1	0.4453	0.6758	0.8443	0.3330	0.5560	0.7682
	σ_2	1.0637	1.2269	1.3637	0.9910	1.1394	1.2997
100℃	σ_1	0.4322	0.6558	0.8195	0.3232	0.5396	0.7455
	σ_2	1.0323	1.1908	1.3235	0.9618	1.1058	1.2614
200℃	σ_1	0.4158	0.6310	0.7884	0.3109	0.5192	0.7173
	σ_2	0.9932	1.1456	1.2733	0.9253	1.0638	1.2135
300℃	σ_1	0.3994	0.6061	0.7573	0.2986	0.4987	0.6890
	σ_2	0.9540	1.1005	1.2231	0.8888	1.0219	1.1657
400℃	σ_1	0.3830	0.5812	0.7262	0.2864	0.4782	0.6607
	σ_2	0.9149	1.0553	1.1729	0.8523	0.9800	1.1178
500℃	σ_1	0.3666	0.5563	0.6951	0.2741	0.4578	0.6324
	σ_2	0.8757	1.0101	1.1227	0.8158	0.9380	1.0700
550℃	σ_1	0.3584	0.5439	0.6796	0.2680	0.4475	0.6183
	σ_2	0.8561	0.9875	1.0976	0.7976	0.9170	1.0461
600℃	σ_1	0.3448	0.5233	0.6539	0.2579	0.4306	0.5949
	σ_2	0.8237	0.9502	1.0561	0.7674	0.8824	1.0065
650℃	σ_1	0.3177	0.4821	0.6023	0.2376	0.3967	0.5480
	σ_2	0.7588	0.8753	0.9728	0.7069	0.8128	0.9272
700℃	σ_1	0.2905	0.4408	0.5508	0.2172	0.3627	0.5011
	σ_2	0.6939	0.8004	0.8896	0.6464	0.7432	0.8478
750℃	σ_1	0.2633	0.3996	0.4992	0.1969	0.3288	0.4542
	σ_2	0.6289	0.7255	0.8063	0.5859	0.6737	0.7685
800℃	σ_1	0.2384	0.3619	0.4521	0.1783	0.2977	0.4114
	σ_2	0.5696	0.6570	0.7302	0.5307	0.6101	0.6960
850℃	σ_1	0.2276	0.3454	0.4316	0.1702	0.2842	0.3926
	σ_2	0.5437	0.6272	0.6970	0.5065	0.5824	0.6643
900℃	σ_1	0.2168	0.4110	0.3382	0.1621	0.2707	0.3739
	σ_2	0.5178	0.6638	0.5463	0.4824	0.5546	0.6327

Ti(C，N) 与奥氏体和铁素体之间的比界面能则可根据其化学式系数，通过点阵常数线性内插法计算求得。

TiS 和 Ti$_4$C$_2$S$_2$只在奥氏体中可能析出，由于二者均为六方晶体结构，与奥氏体的位向关系难于准确测定，故目前尚未见有关的报道。为此，它们与奥氏体之间的半共格界面能将很难进行定量估算。在后面进行的沉淀析出动力学计算时，我们按 1000℃时的比界面能为 0.5J/m^{2}来考虑，同时认为比界面能正比于奥氏体的弹性模量，并由此考虑温度对比界面能的影响。

3.3 含 Ti 相沉淀析出动力学分析

3.3.1 沉淀析出相变的动力学理论

根据经典的形核长大理论，均匀形核时球形核心的临界核心尺寸 d^* 为：

$$d^* = - \frac{4\sigma}{\Delta G_V + \Delta G_{EV}} \tag{3-78}$$

临界形核功 ΔG^* 为：

$$\Delta G^* = \frac{16\pi\sigma^3}{3 \left(\Delta G_V + \Delta G_{EV} \right)^2} \tag{3-79}$$

式中　ΔG_V——单位体积的相变自由能；

　　　ΔG_{EV}——新相形成时造成的单位体积弹性应变能；

　　　σ——新相与母相界面的比界面能。

单位体积中的均匀形核率 I 为：

$$I = n_v a^* p\nu\exp\left(- \frac{\Delta G^*}{kT} \right)\exp\left(- \frac{Q}{kT} \right) \tag{3-80}$$

式中　n_V——单位体积中的形核位置数目；

　　　a^*——系数，正比于临界核心的表面积 A^*，因而正比于临界核心尺寸的平方 d^{*2}，$a^* = ad^{*2}$；

　　　ν——控制性原子的振动频率常数；

　　　Q——控制性原子的扩散激活能；

　　　p——母相原子跳动到临界核心的概率与核心中的原子不跳回母相的概率的乘积；

　　　k——玻耳兹曼常数；

　　　T——相变温度。

将所有与温度基本无关的项全部归结于一个常数 K 中，$K = n_V ap\nu$，则形核率可表示为：

$$I = Kd^{*2}\exp\left(- \frac{\Delta G^* + Q}{kT} \right) \tag{3-81}$$

相变动力学曲线通常可由 Avrami 提出的经验方程式来表述：

$$X = 1 - \exp(-Bt^n) \tag{3-82}$$

式中　t——时间；

　　　B——与形核率和核心长大速率有关的系数；

　　　n——时间指数。

当形核率及核心长大速率均恒定且与时间无关时，$n = 4$，这就得到 Johnson-Mehl 方程。当形核率迅速衰减为 0 时，时间指数将降低至 1。对于扩散型相变，由于单向尺寸正比于时间的二分之一次方，长大速率则反比于时间的二分之一次方，每一维的扩散影响时间指数为 0.5。当形核率恒定时，均匀形核过程的时间指数 n 在长大维数为三维时为 2.5，长大维数降低一维则时间指数降低为 0.5。当形核率迅速衰减为 0 时，均匀形核过程的时间指数 n 在长大维数为三维时为 1.5，长大维数降低一维则时间指数降低 0.5。

新相在晶界上非均匀形核时，临界形核功可显著减小，微合金碳氮化物的沉淀析出过程的初期往往以晶界形核的方式发生。这时：

$$\Delta G_g^* = A_1 \Delta G^* = \frac{1}{2}(2 - 3\cos\theta + \cos^3\theta)\Delta G^* \tag{3-83}$$

$$\cos\theta = \frac{1}{2} \cdot \frac{\sigma_B}{\sigma} \tag{3-84}$$

式中　下标 g——晶界上形核；

　　　θ——双凸透镜形新相核心与母相晶界的接触角；

　　　σ_B——母相晶界的比晶界能；

　　　σ——新相与母相的比界面能。

令晶界厚度为 δ 而晶粒平均尺寸为 L，则晶界在母相中所占体积分数大致为 (δ/L)，由此可得晶界上形核率 I_g 为：

$$I_g = n_v a^* p\nu \frac{\delta}{L} \exp\left(-\frac{Q_g}{kT}\right) \exp\left(-\frac{A_1 \Delta G^*}{kT}\right) = K d^{*2} \frac{\delta}{L} \exp\left(-\frac{A_1 \Delta G^*}{kT}\right) \exp\left(-\frac{Q_g}{kT}\right) \tag{3-85}$$

式中，Q_g 为控制性原子沿晶界的扩散激活能，通常情况下可假设晶界上的扩散激活能等于体扩散激活能的一半。由此可得：

$$I_g/K = \frac{\delta}{L} d^{*2} \exp\left(-\frac{Q}{2kT}\right) \exp\left(-\frac{A_1 \Delta G^*}{kT}\right) \tag{3-86}$$

微合金碳氮化物在铁基体中沉淀析出时，主要以位错线上形核的方式进行，根据我们对 Cahn 的位错线上形核理论的修正[41]，可得到：

$$d_d^* = -\frac{2\sigma}{\Delta G_V}[1 + (1 + \beta)^{1/2}] \tag{3-87}$$

$$\Delta G_d^* = (1 + \beta)^{3/2} \Delta G^* \tag{3-88}$$

$$\beta = \frac{A\Delta G_V}{2\pi\sigma^2} = \frac{1}{4}\alpha \tag{3-89}$$

式中　下标 d——位错线上形核；

　　　　β——引入的一个位错线形核参量，以代替 Cahn 理论中的 α 参量，$\beta = -1 \sim 0$；

　　　　A——系数，$A = Gb^2/[4\pi(1-\nu)]$（刃位错）或 $A = Gb^2/(4\pi)$（螺位错）；

　　　　G——基体切变弹性模量；

　　　　ν——泊松比；

　　　　b——位错伯格斯矢量。

当 $\beta = 0$ 时，就是均匀形核；当 $\beta \leqslant -1$ 时，取 $\beta = -1$，临界核心尺寸降低为均匀形核的一半，而临界形核功为零，即自发形核。

令位错密度为 ρ，位错核心管道直径为 $2b$，则位错在母相中所占体积分数大致为 $(\pi\rho b^2)$，由此可得位错线上形核率 I_d 为：

$$
\begin{aligned}
I_d &= n_V a_d^* p\nu \cdot \pi\rho b^2 \exp\left(-\frac{Q_d}{kT}\right)\exp\left[-\frac{(1+\beta)^{3/2}\Delta G^*}{kT}\right] \\
&= K\pi\rho b^2 d_d^{*2}\exp\left(-\frac{Q_d}{kT}\right)\exp\left[-\frac{(1+\beta)^{3/2}\Delta G^*}{kT}\right]
\end{aligned} \tag{3-90}
$$

式中，Q_d 为控制性原子沿位错线的扩散激活能，通常情况下可假设位错线上的扩散激活能等于体扩散激活能的 2/3。由此可得：

$$I_d/K = \pi\rho b^2 d_d^{*2}\exp\left(-\frac{2Q}{3kT}\right)\exp\left[-\frac{(1+\beta)^{3/2}\Delta G^*}{kT}\right] \tag{3-91}$$

将式 3-82 取重对数，并规定相转变量 X 为 5% 时为相变开始时间 $t_{0.05}$，则可得：

$$\log t_{0.05} = \frac{1}{n}(-1.28994 - \log B) \tag{3-92}$$

新相在基体均匀形核且形核率恒定的情况下，核心长大维数为三维时，$n = 2.5$，而：

$$B = \frac{8\pi}{15}I\lambda^3 D^{3/2} = \frac{8\pi}{15}KD_0^{3/2}\left[\frac{2(C_0-C_M)}{C_N-C_M}\right]^{3/2}d^{*2}\exp\left(-\frac{\Delta G^* + 2.5Q}{kT}\right) \tag{3-93}$$

$$\log t_{0.05} = \frac{2}{5}\left(-1.28994 - \log C - 2\log d^* + \frac{1}{\ln 10}\frac{\Delta G^* + 2.5Q}{kT}\right) \tag{3-94}$$

式中　λ——比例系数，$\lambda = (-k)^{1/2} = \left[\frac{2(C_0-C_M)}{C_N-C_M}\right]^{1/2}$；

　　　　C_0——溶质的平均原子浓度；

C_M，C_N——分别为相界面处溶质原子在母相和析出相中的原子浓度；

　　D——溶质原子在基体中的扩散系数；

　　D_0——扩散系数中与温度无关的常数；

　　C——与温度大致无关的常量（溶质过饱和度函数假设与温度基本无关），

$$C = \frac{8\pi}{15}KD_0^{3/2}\left[\frac{2(C_0 - C_M)}{C_N - C_M}\right]^{3/2}。$$

若令 $\log t_0 = \frac{2}{5}\log C$，则可得：

$$\log \frac{t_{0.05}}{t_0} = \frac{2}{5}\left(-1.28994 - 2\log d^* + \frac{1}{\ln 10}\frac{\Delta G^* + 2.5Q}{kT}\right) \tag{3-95}$$

新相在基体中均匀形核且形核率迅速衰减为 0 的情况下，时间指数下降至 1，$n = 1.5$，而：

$$B_a = \frac{4\pi}{3}I\tau_1\lambda^3 D^{3/2} = \frac{4\pi}{3}KD_0^{3/2}\left[\frac{2(C_0 - C_M)}{C_N - C_M}\right]^{3/2}\tau_1 d^{*2}\exp\left(-\frac{\Delta G^* + 2.5Q}{kT}\right)$$

$$\tag{3-96}$$

式中　下标 a——形核率衰减为 0 的情况；

　　　τ_1——有效形核时间，目前尚不能准确计算。

令 $\log t_{0a} = \frac{2}{3}\log C + \frac{2}{3}\log\frac{5\tau_1}{2}$，可得：

$$\log \frac{t_{0.05a}}{t_{0a}} = \frac{2}{3}\left(-1.28994 - 2\log d^* + \frac{1}{\ln 10}\frac{\Delta G^* + 2.5Q}{kT}\right) \tag{3-97}$$

新相在晶界形核且形核率恒定的情况下，核心长大时溶质原子的控制扩散过程为基体中的溶质原子向晶界的扩散，核心长大维数为一维，$n = 1.5$，而：

$$B_g = \frac{4}{3}I_g A\lambda_1 D^{1/2} = \frac{4}{3}KAD_0^{1/2}\left[\frac{2(C_0 - C_M)}{\pi^{1/2}(C_N - C_M)}\right]\frac{\delta}{L}d^{*2}$$

$$\exp\left(-\frac{A_1\Delta G^* + Q_g + 0.5Q}{kT}\right) \tag{3-98}$$

式中　λ_1——比例系数，$\lambda_1 = -k/\pi^{1/2} = \frac{2(C_0 - C_M)}{\pi^{1/2}(C_N - C_M)}$；

　　　A——晶界面积。

假设溶质沿晶界的扩散激活能 Q_g 为基体中扩散激活能 Q 的 1/2，由此，若令 $\log t_{0g} = \frac{2}{3}\log C + \frac{2}{3}\log\dfrac{5A\delta}{2\pi^{3/2}LD_0\left[\dfrac{2(C_0 - C_M)}{C_N - C_M}\right]^{1/2}}$，则可得：

$$\log \frac{t_{0.05g}}{t_{0g}} = \frac{2}{3}\left(-1.28994 - 2\log d^* + \frac{1}{\ln 10}\frac{A_1\Delta G^* + Q}{kT}\right) \tag{3-99}$$

新相在晶界形核且形核率迅速衰减为 0 的情况下，时间指数下降 1，$n = 0.5$，而：

$$B_{ga} = 2I_g\tau_1 A\lambda D^{1/2} = 2K\tau_{1g}AD_0^{1/2}\left[\frac{2(C_0 - C_M)}{\pi^{1/2}(C_N - C_M)}\right]\frac{\delta}{L}d^{*2}\exp\left(-\frac{A_1\Delta G^* + Q}{kT}\right)$$

$$(3\text{-}100)$$

令 $\log t_{0ga} = 2\log C + 2\log\dfrac{15A\delta\tau_{1g}}{4\pi^{3/2}LD_0\left[\dfrac{2(C_0 - C_M)}{C_N - C_M}\right]^{1/2}}$，则可得：

$$\log\frac{t_{0.05ga}}{t_{0ga}} = 2\left(-1.28994 - 2\log d^* + \frac{1}{\ln 10}\frac{A_1\Delta G^* + Q}{kT}\right) \qquad (3\text{-}101)$$

新相在位错线上形核且形核率恒定的情况下，核心长大时溶质原子的控制扩散过程为基体中的溶质原子向位错线上的扩散，核心长大维数为二维，故 $n = 2$，而：

$$B_d = \frac{\pi}{2}I_d l\lambda_2^2 D = \frac{\pi^2}{2}K\rho b^2 D_0 l\lambda_2^2 d_d^{*2}\exp\left[-\frac{(1+\beta)^{3/2}\Delta G^* + Q_d + Q}{kT}\right]$$

$$(3\text{-}102)$$

式中　l——位错线长度；

　　　λ_2——二维长大时的比例系数（与过饱和溶质浓度有关，但与 λ 和 λ_1 的表述式有一定差别）。

若假设位错线上扩散激活能等于体扩散激活能的 $2/3$，且令：

$$\log t_{0d} = \frac{1}{2}\log C + \frac{1}{2}\log\frac{15\pi\rho b^2 l\lambda_2^2}{16D_0^{1/2}\lambda^3}$$

可得：

$$\log\frac{t_{0.05d}}{t_{0d}} = \frac{1}{2}\left[-1.28994 - 2\log d_d^* + \frac{1}{\ln 10}\frac{(1+\beta)^{3/2}\Delta G^* + \dfrac{5}{3}Q}{kT}\right]$$

$$(3\text{-}103)$$

第二相在位错线上形核且形核率迅速衰减为 0 的情况下，核心长大维数仍为二维，$n = 1$，而：

$$B_{da} = \pi I_d\tau_1 l\lambda_2^2 D = \pi^2 K\rho b^2 D_0 l\lambda_2^2 d_d^{*2}\exp\left[-\frac{(1+\beta)^{3/2}\Delta G^* + Q_d + Q}{kT}\right]$$

$$(3\text{-}104)$$

式中　下标 a——形核率衰减为 0 的情况；

　　　τ_1——有效形核时间，且与均匀形核时和晶界形核时的有效形核时间有明显的差别，目前也不能准确计算。

同样，令：

$$\log t_{0da} = \log C - \log \frac{15\pi\tau_1\rho b^2 l\lambda_2^2}{8D_0^{1/2}\lambda^3}$$

可得：

$$\log \frac{t_{0.05da}}{t_{0da}} = -1.28994 - 2\log d_d^* + \frac{1}{\ln 10} \frac{(1+\beta)^{3/2}\Delta G^* + \frac{5}{3}Q}{kT} \qquad (3-105)$$

钢中各种含钛相的沉淀析出过程为：首先发生晶界形核沉淀且形核率迅速衰减为 0，但由于晶界上及晶界附近的溶质原子相当有限，故晶界形核只能部分进行；其后则主要发生在位错线上形核且形核率迅速衰减为 0；均匀形核基本不会发生。因此，我们采用式 3-91 计算不同含钛相在不同温度下的相对形核率，将各温度下的相对形核率连线就可得到其沉淀析出的形核率随温度变化的曲线（NrT 曲线）；采用式 3-105 可以计算其在不同温度下的相对相变开始时间，将各温度的相变开始时间连线就可得到其沉淀析出的 PTT 曲线。如有必要，还可采用式 3-86 计算晶界沉淀的相对形核率和 NrT 曲线，采用式 3-101 计算晶界沉淀的相对相变开始时间和 PTT 曲线。

位错线上形核且形核率迅速衰减为 0 条件下，沉淀相变完成时沉淀相的平均尺寸反比于形核率的 $1/(2n)$ 次方，即：

$$\overline{d_f} \propto I_d^{\frac{1}{2n}} \qquad （形核率迅速衰减） \qquad (3-106)$$

由此，若沉淀相变一旦完成就开始冷却或尚未完全完成就开始冷却，则在相对形核率最大时（即在 NrT 曲线的鼻子点温度）保温，使沉淀相变完成，可得到最为细小的沉淀相尺寸。微合金碳氮化物在轧制过程中或在卷取过程中沉淀析出时，由于有效沉淀时间相对较短，不容易达到完全平衡沉淀，就属于这样的情况。因此，如果工艺条件允许，最好在形核率最大温度（即在 NrT 曲线的鼻子点温度）下让其有效沉淀析出。

TiN 或富氮的 Ti（C，N）的有效沉淀析出温度很高，原子扩散很快，沉淀析出过程很容易完成，而沉淀相在其后的持续高温保持过程中还将不断长大，因此，最终得到的沉淀相尺寸将与实际沉淀析出温度有关，温度越高，沉淀相尺寸越大。这时，适当加快冷却速度使 TiN 或富氮的 Ti（C，N）的实际沉淀析出温度降低，对于获得较为细小的析出相尺寸是非常重要的。

3.3.2　含钛相沉淀析出动力学计算与分析

对 0.10% C-0.02% Ti-0.004% N 及 0.10% C-0.02% Ti-0.008% N 的微钛处理钢进行计算，由于钛含量很低，TiS、Ti$_4$C$_2$S$_2$ 基本不会出现，故主要考虑 Ti（C，N）的沉淀析出行为。固溶度积公式采用式 3-7 和式 3-17，首先可计算出两种成分的钢中 Ti（C，N）的全固溶温度分别为 1438℃ 和 1501℃，由固溶度积公式和理想化学配比式可计算得到 Ti（C，N）的化学式系数随温度的变化规律，如图 3-17

所示。当钛/氮比值高于理想化学配比时，Ti（C，N）的化学式系数随温度升高而下降，温度较高接近于全固溶温度时，x 值很小而相当接近于 TiN；当钛/氮比值低于理想化学配比时，Ti（C，N）的化学式系数 x 值很小，并随温度升高而增大，在整个温度范围内均非常接近 TiN。因此，微钛处理钢中高温析出的 Ti（C，N）实际上很接近于 TiN。图 3-18 则为沉淀析出的 PTT 曲线，氮含量 0.004% 和 0.008% 钢的鼻子点温度分别约为 1272℃ 和 1353℃，分别比全固溶温度低 166℃ 和 148℃，且氮含量 0.008% 钢的沉淀开始时间比氮含量的 0.004% 钢提前约 0.835 个时间数量级。

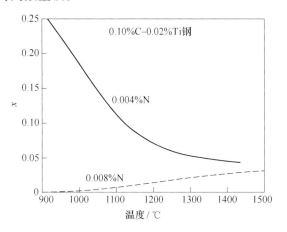

图 3-17 微钛处理钢 Ti（C，N）化学式系数随温度的变化

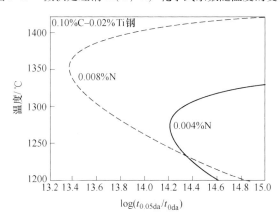

图 3-18 微钛处理钢 Ti（C，N）沉淀 PTT 曲线

较高钛含量的钛微合金钢中的情况较为复杂[42]，以 0.10% C-0.08% Ti-0.004% N 及 0.10% C-0.08% Ti-0.008% N 钢为例进行相关计算。首先可计算出两种成分的钢中 Ti（C，N）的全固溶温度分别为 1577℃ 和 1650℃，由固溶度积公式和理想化学配比式可计算得到 Ti（C，N）的化学式系数随温度的变化规律，如图 3-19 所

示。由于钛/氮比值均大于理想化学配比,故化学式系数随温度升高而单调减小,接近于全固溶温度时 x 值小于 0.06,即析出相相当富氮而接近于 TiN。图 3-20 则为 Ti(C,N) 沉淀析出的 PTT 曲线,氮含量 0.004% 和 0.008% 钢的鼻子点温度(即最快沉淀温度)分别约为 1443℃ 和 1544℃,分别比全固溶温度低 134℃ 和 106℃,且氮含量 0.008% 钢的最快沉淀开始时间比氮含量 0.004% 钢提前约 0.898 个时间数量级。此外,与上述微钛处理钢相比,最快沉淀开始时间提前 1.6 个时间数量级左右,即钛微合金钢中 Ti(C,N) 将非常快地析出。显然,由于高温沉淀析出的 Ti(C,N) 的尺寸主要与沉淀温度有关,因而钛微合金钢中高温沉淀的 Ti(C,N) 的尺寸比微钛处理钢要大得多。

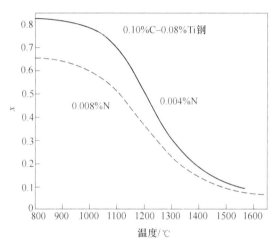

图 3-19　钛微合金钢 Ti(C,N) 化学式系数随温度的变化

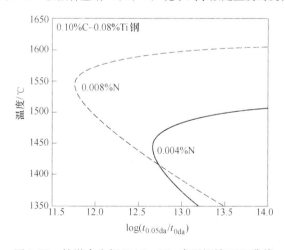

图 3-20　钛微合金钢 Ti(C,N) 高温沉淀 PTT 曲线

钛微合金钢通常在 1250℃ 左右均热后再进行轧制,均热过程中 Ti(C,N)

与基体可基本达到平衡，由式 3-60 ~ 式 3-63 联立可计算出平衡固溶的 [Ti]、[C]、[N] 及平衡沉淀的 Ti(C, N) 的量。对 0.10% C-0.08% Ti-0.004% N 及 0.10% C-0.08% Ti-0.008% N 钢，1250℃平衡固溶的 [Ti]、[C]、[N] 分别为 0.05780703、0.0977908、0.000082195 和 0.04222654、0.0972680、0.000132754，可作为后续轧制过程中沉淀析出的初始含量。

氮含量 0.004% 和 0.008% 钢 1250℃时平衡沉淀或未溶的 Ti(C, N) 的质量分数分别为 0.02472%、0.04117%，尽管其由于有效沉淀温度较高而尺寸比微钛处理钢要大，但由于体积分数比微钛处理钢也要大，因而在均热时也可有效阻止奥氏体晶粒长大。

以 1250℃均热过程时的钛、碳、氮元素的平衡固溶量作为初始成分进行计算，可得到后续冷却或轧制过程中，沉淀的 Ti(C, N) 的化学式系数随温度的变化规律，如图 3-21 所示，可以看出，1000℃以下温度沉淀的 Ti(C, N) 的平衡 x 值均大于 0.98，因此，通常认为后续轧制过程中沉淀的就是纯 TiC。

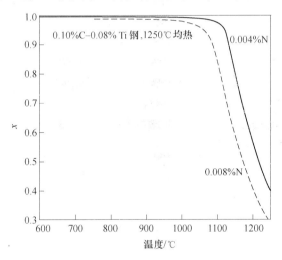

图 3-21 钛微合金钢 1250℃均热后冷却过程中，
Ti(C, N) 化学式系数随温度的变化

图 3-22 为 0.10% C-0.08% Ti-0.004% N 及 0.10% C-0.08% Ti-0.008% N 钢经 1250℃均热后，在随后的冷却及轧制过程中，Ti(C, N) 沉淀析出的 PTT 曲线。由于 1250℃以上温度时，氮含量 0.008% 钢沉淀的钛较多而固溶钛量较低，因而在后续冷却过程中 Ti(C, N) 沉淀析出的动力学过程反而较慢，最快沉淀开始时间比氮含量 0.004% 钢延后约 1.052 个时间数量级，且鼻子点温度也相对较低，氮含量 0.004% 和 0.008% 钢的鼻子点温度分别约为 725℃和 692℃。显然，两种钢中 Ti(C, N) 在位错线上沉淀析出的有效温度范围均已低于基体奥氏体的存在温度范围，因而实际上将不可能在奥氏体中沉淀析出。这一特征与铌微合金钢明

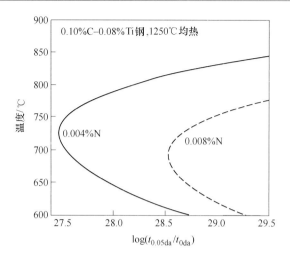

图 3-22 钛微合金钢 1250℃ 均热后冷却过程中，
Ti(C, N) 在位错线上沉淀的 PTT 曲线

显不同，而与钒微合金钢类似。

然而，相关实验研究结果[42]表明在钛含量低于 0.08% 的钛微合金钢中，在 900℃ 以上仍可观测到一些 Ti(C, N) 沉淀相的存在，推测这很可能与 Ti(C, N) 的晶界沉淀析出有关。为此，对上述钢种同时进行了 Ti(C, N) 在奥氏体晶界沉淀的 PTT 曲线的计算，结果如图 3-23 所示。同样，由于高温沉淀量的影响，氮含量 0.004% 钢相对较快析出，而氮含量 0.004% 和 0.008% 钢的鼻子点温度分别约为 943℃ 和 910℃，即在 900℃ 以上仍有一定量的 Ti(C, N) 在晶界上沉淀。此外，轧制过程中形变奥氏体基体中存在一定的形变储能，不仅可使沉淀析出过程

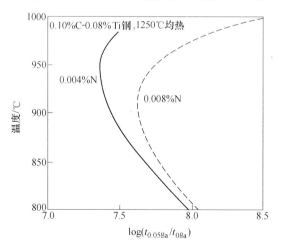

图 3-23 钛微合金钢 1250℃ 均热后冷却过程中，
Ti(C, N) 在晶界沉淀的 PTT 曲线

加速，还可使位错线上沉淀及晶界沉淀的 PTT 曲线鼻子点温度提高数十摄氏度，这也是在 900℃ 以上温度范围仍可观测到一定量的 Ti（C，N）沉淀的原因。

实验结果表明[42]，在较高钛含量钢中可观测到大量 Ti（C，N）在奥氏体中沉淀析出，且在晶粒内分布非常均匀，即 Ti（C，N）应该有相当一部分是在基体中位错线上沉淀析出的。为此，进行了氮含量 0.004% 不同钛含量（0.08%、0.12%、0.16%、0.20%、0.24%）钢经 1250℃ 再加热后，钢中 Ti（C，N）在奥氏体中位错线上沉淀的 PTT 曲线的理论计算。首先可得到各化学成分的钢在 1250℃ 时平衡固溶的氮含量［N］分别为 0.000082195、0.000037452、0.000019902、0.000011956、0.000007950，均低于 0.0001%，而实际测定的 TiC 在奥氏体中的固溶度积公式是在含有 0.0001% 数量级氮的钢中进行的，已包含了这么微量的钛的影响，因而后续的相关计算完全可按纯 TiC 的沉淀析出过程来考虑。采用固溶度积公式 3-7 与理想化学配比关系式联立，可计算得到不同钛含量的钢中 1250℃ 平衡固溶的［Ti］、［C］（%）分别为 0.08、0.10；0.12、0.10；0.147219、0.0967929；0.158888、0.0896841；0.171878、0.0829065。显然，钛含量 0.08% 和 0.12% 钢中 TiC 的全固溶温度低于 1250℃，因而 1250℃ 的平衡固溶量就是钢中钛、碳元素的含量。1250℃ 均热后冷却过程中，TiC 在位错线上沉淀析出的 PTT 曲线计算结果如图 3-24 所示。在晶界沉淀析出的 PTT 曲线计算结果如图 3-25 所示。当 TiC 的全固溶温度高于 1250℃ 时，由于沉淀析出相变的自由能相同，因而钛含量 0.16%、0.20%、0.24% 钢的 PTT 曲线完全一致，位错线上沉淀时鼻子点温度为 855℃，晶界上沉淀时鼻子点温度为 1072℃。钛含量 0.12% 和 0.08% 钢沉淀相变的自由能数值明显减小，故 PTT 曲线明显向长时间

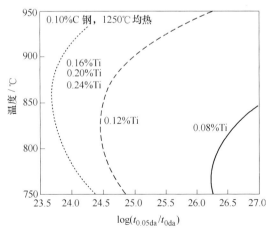

图 3-24　不同钛含量钢 1250℃ 均热后冷却过程中，
TiC 在位错线沉淀的 PTT 曲线

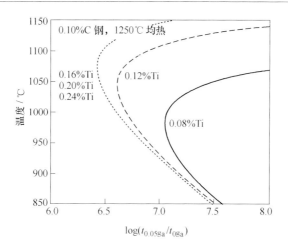

图 3-25　不同钛含量钢 1250℃均热后冷却过程中，
TiC 在晶界沉淀的 PTT 曲线

方向和低温方向移动，位错线上沉淀的鼻子点温度依次降低至 827℃和 765℃，最快沉淀开始时间比未全固溶的钢减慢约 0.76、2.55 个时间数量级；而晶界沉淀的鼻子点温度依次降低至 1044℃和 983℃，最快沉淀开始时间比未全固溶的钢减慢约 0.185、0.622 个时间数量级。轧制形变过程中，奥氏体基体中存在一定的形变储能，钛微合金钢中形变储能略小于铌微合金钢，这里按微区形变储能为 3000J/mol 计算，可得到 1250℃均热后冷却轧制过程中，TiC 在位错线上沉淀析出及在晶界沉淀析出的 PTT 曲线，如图 3-26 和图 3-27 所示。同样，全固溶温度高于 1250℃的钛含量 0.16%、0.20%、0.24% 钢的 PTT 曲线完全一致，位错线

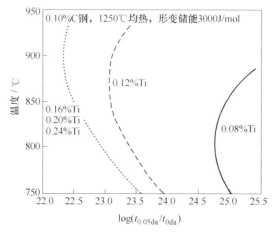

图 3-26　不同钛含量钢 1250℃均热后轧制过程中，
TiC 在位错线沉淀的 PTT 曲线（考虑形变储能）

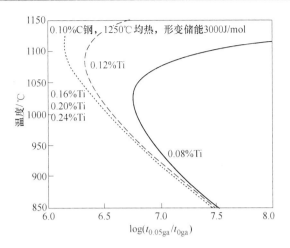

图 3-27 不同钛含量钢 1250℃ 均热后轧制过程中，
TiC 在晶界沉淀的 PTT 曲线（考虑形变储能）

上沉淀时鼻子点温度为 902℃，晶界上沉淀时鼻子点温度为 1115℃。钛含量
0.12% 和 0.08% 钢沉淀相变的自由能数值明显减小，导致 PTT 曲线向长时间方
向和低温方向移动，位错线上沉淀的鼻子点温度依次降低至 872℃ 和 807℃，最
快沉淀开始时间比未全固溶的钢减慢约 0.725、2.43 个时间数量级；而晶界沉淀
的鼻子点温度依次降低至 1086℃ 和 1022℃，最快沉淀开始时间比未全固溶的钢
减慢约 0.180、0.603 个时间数量级。

由计算结果可看出，形变储能对 TiC 的沉淀析出行为有明显影响，对钛含量
0.16% 以上的钢，位错线上沉淀和晶界沉淀的 PTT 曲线鼻子点温度分别升高
47℃ 和 43℃，最快沉淀开始时间分别提前 1.35 和 0.18 个时间数量级。对钛含量
0.12% 和 0.08% 钢，位错线上沉淀和晶界沉淀的 PTT 曲线鼻子点温度分别升高
45℃、42℃ 和 42℃、39℃，最快沉淀开始时间分别提前 1.39、0.29 和 1.47、
0.30 个时间数量级。

对参考文献中大量报道的实验研究及生产实际结果和上述理论计算结果进行
深入分析，可得到含钛钢中 Ti(C, N) 在奥氏体中沉淀析出的一些规律与控制技
术要点：

（1）微钛处理钢中钛主要以 TiN 或非常富氮的 Ti(C, N) 形式在 1250 ～
1400℃ 温度范围沉淀析出，适当增大冷却速度，降低实际沉淀温度，可使沉淀相
尺寸细化，从而保证获得有效阻止均热态奥氏体晶粒长大的效果。

（2）钛微合金钢凝固至均热保温过程中有部分钛以 TiN 或非常富氮的
Ti(C, N) 形式沉淀析出，并在均热时阻止奥氏体晶粒粗化，由于钛的过饱和度
明显大于微钛处理钢，故平衡沉淀温度较高且沉淀开始时间较短，需要较为快速
的冷却才能保证沉淀相适当细化。

（3）钛微合金钢均热后冷却及轧制过程中，钛主要以 TiC 形式沉淀析出。

（4）钛、碳含量较高使得 TiC 的全固溶温度高于均热固溶温度时，随后冷却及轧制过程中，TiC 的沉淀析出行为基本完全相同，钛含量的进一步升高对 TiC 的沉淀析出行为基本无影响。

（5）钛、碳含量较高使得 TiC 的全固溶温度高于均热固溶温度时，TiC 在奥氏体中可有效沉淀析出，轧制形变条件下，在位错线上的最快沉淀温度在 900℃ 以上，可产生一定的阻止形变奥氏体再结晶作用或阻止再结晶晶粒长大的作用。

（6）钛、碳含量较高使得 TiC 的全固溶温度高于均热固溶温度时，TiC 的有效沉淀温度范围低于铌微合金钢中 Nb（C，N）的有效沉淀温度，而高于钒氮微合金钢中 V（C，N）的有效沉淀温度。因此，钛阻止形变奥氏体再结晶的 Zener 作用小于铌而大于钒。

（7）钛、碳含量较低使得 TiC 的全固溶温度低于均热固溶温度时，TiC 的沉淀析出行为明显受到钛、碳含量的影响。随着钢中钛、碳含量的降低，TiC 的有效沉淀温度范围明显降低甚至低于奥氏体存在的温度范围，最快沉淀开始时间显著延长。当钛、碳含量较低时，除了在晶界沉淀少部分 TiC 外，TiC 基本不能在奥氏体晶粒内沉淀析出。

（8）形变将明显促进 TiC 在奥氏体中的沉淀析出过程，使 PTT 曲线的鼻子点温度明显提高且使最快沉淀开始时间明显提前。形变促进 TiC 在位错线上沉淀的作用明显大于其促进 TiC 在晶界沉淀的作用。

由于轧制过程时间较短，TiC 在奥氏体中的沉淀过程往往不能达到平衡，而在较低钛含量的钢中甚至基本不发生 TiC 的晶内沉淀过程，因而相当一部分的钛将在后续卷取保温阶段在铁素体中沉淀析出。铁素体中沉淀析出的 TiC 的尺寸通常为几纳米，可以产生非常强烈的沉淀强化效果。因此，必须深入了解和掌握 TiC 在铁素体中的沉淀析出行为。

钛微合金钢轧后冷却过程中往往首先发生珠光体相变，故铁素体中固溶的碳含量基本固定，可按 0.0218% 来考虑。对不同剩余钛含量（0.02%、0.04%、0.06%、0.08%）的钢进行了理论计算，固溶度积公式选用式 3-23，TiC 在铁素体中主要为在位错线上沉淀析出，计算得到的 PTT 曲线如图 3-28 所示。随着固溶钛含量的增加（即随着溶质过饱和度的增大），PTT 曲线鼻子点温度依次为 633℃、668℃、690℃、705℃，大致规律为溶质过饱和度增大一倍，TiC 最快沉淀温度升高 35℃。此外，沉淀开始时间则随着固溶钛含量的增大而提前，大致规律为溶质过饱和度增大一倍，最快沉淀开始时间提前 0.85 个时间数量级。

对在铁素体区发生一定程度形变的钢中的 TiC 沉淀析出的 PTT 曲线也进行了理论计算，微区形变储能仍按 3000J/mol 计算（低温下变形抗力增大但累积形变量减小），不同剩余钛含量（0.02%、0.04%、0.06%、0.08%）钢的

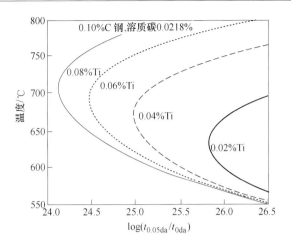

图 3-28 不同剩余钛含量钢 TiC 在铁素体中位错线
沉淀的 PTT 曲线（无形变储能）

PTT 曲线如图 3-29 所示。随着固溶钛含量的增加（即随着溶质过饱和度的增大），PTT 曲线鼻子点温度依次为 651℃、686℃、708℃、724℃，大致规律仍为溶质过饱和度增大一倍，TiC 最快沉淀温度升高 35℃。同样，沉淀开始时间则随固溶钛含量的增大而提前，大致规律为溶质过饱和度增大一倍，最快沉淀开始时间提前 0.83 个时间数量级。而与无形变储能的钢相比，3000J/mol 的形变储能使 TiC 沉淀析出 PTT 曲线的鼻子点温度大致提高了 18℃，最快沉淀开始时间大致提前了 0.44 ~ 0.48 个时间数量级，显然，形变储能对 TiC 的沉淀析出具有重要的促进作用；但与奥氏体中的沉淀析出行为相比，相同形变储能的作用效果明显减小。

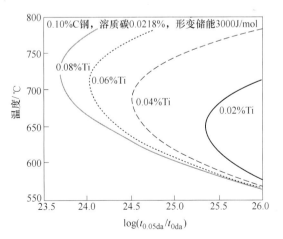

图 3-29 不同钛含量钢 TiC 在铁素体中位错线
沉淀的 PTT 曲线（考虑形变储能）

对参考文献中大量报道的实验研究及生产实际结果和上述理论计算结果进行深入分析，可得到钛微合金钢中 Ti(C，N) 在铁素体中沉淀析出的一些规律与控制技术要点：

（1）钛微合金钢中钛主要以 TiC 形式在 650～750℃温度范围内沉淀析出，沉淀方式主要为在位错线上形核沉淀。

（2）铁素体中沉淀析出的 TiC 的尺寸通常为几纳米，在铁素体晶粒内均匀分布，可以产生强烈的沉淀强化效果。

（3）铁素体中沉淀析出的 TiC 的体积分数主要受钢中剩余钛含量和碳含量的影响，因而与钢材在奥氏体区的热历史和形变历史有非常明显的关系。

（4）钢中剩余钛含量和碳含量对 TiC 在铁素体中沉淀析出的 PTT 曲线有非常显著的影响，大致规律为溶质过饱和度增大一倍，TiC 最快沉淀温度升高约 35℃，最快沉淀开始时间提前约 0.85 个时间数量级。这是钛微合金钢性能波动较大的主要原因之一。实际生产中必须根据钢中剩余钛含量和碳含量来调整卷取温度，才能得到稳定的沉淀强化增量乃至稳定的力学性能。

（5）形变将明显促进 TiC 在铁素体中的沉淀析出过程，使其 PTT 曲线的鼻子点温度提高且使其最快沉淀开始时间明显提前。但相同形变储能条件下应变诱导沉淀的效果小于在奥氏体区的作用效果。

3.4　锰和钼对 TiC 形变诱导析出的影响

TiC 粒子形变诱导析出可以显著影响变形奥氏体的回复和再结晶，这对细化晶粒是有利的。然而形变诱导析出量也影响接下来的低温析出，包括相间析出和铁素体区过饱和析出。形变诱导 TiC 析出相的尺寸一般在几十纳米，而相间析出和铁素体区析出则更为细小，一般在 10nm 以下[43]。根据 Orowan 机制，沉淀强化增量大致与析出相的尺寸呈反比[4]，即细化析出相为原来尺寸的 1/2，沉淀强化增量就会增加一倍。因此，如何通过控制形变诱导析出来获得较多的低温析出相是提高基体强度的可行途径之一。前面几节主要讨论了钢中钛、碳、氮等析出相形成元素含量对沉淀析出动力学的影响规律，本节将介绍锰、钼等合金元素对 TiC 析出动力学影响的最新研究成果。该研究成果对于丰富 TiC 析出调节方式，进一步提高钛微合金钢性能具有重要的指导意义。

3.4.1　锰对 TiC 形变诱导析出的影响

3.4.1.1　实验研究

A　软化动力学曲线与析出-时间-温度（PTT）图

采用双道次压缩变形法测定了普碳钢（0.4% Mn）与不同锰含量钛微合金钢

的软化动力学曲线，并通过分析该曲线获得了 TiC 析出开始与结束时间。由图 3-30 所示的实验钢的软化动力学曲线可见，普碳钢（0.4% Mn）曲线在整个温度范围内均呈现"S"形，而钛微合金钢在较低温度下的软化曲线出现平台，表明析出的发生。定义平台开始与结束时间为析出的开始与完成时间，可以得到析出-时间-温度（PTT）图，如图 3-31 所示。由图 3-31 可见，随着锰含量的增加，析出动力学"C"曲线的上半部分向较长时间及较低温度方向移动。0.5% Mn-0.1% Ti 钢的鼻子点位于 900 ~ 925℃（10s），1.5% Mn-0.1% Ti 钢的鼻子点为 900℃（10s），而 5.0% Mn-0.1% Ti 钢的位于 825 ~ 850℃（30s）。然而，锰对析出的推迟作用随着温度的降低而减弱。当锰含量从 0.5% 提高到 1.5% 时，950℃ 下

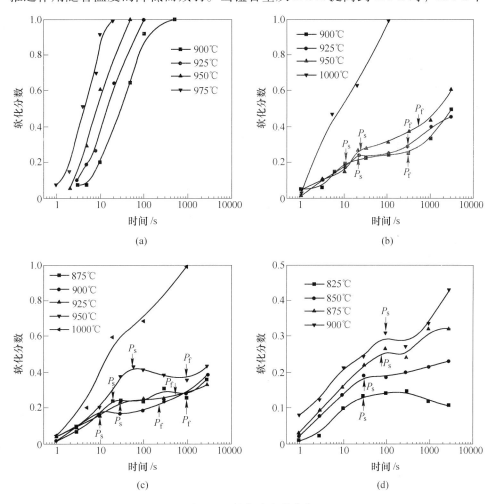

图 3-30　软化动力学曲线

（a）0.4% Mn；（b）0.5% Mn-0.1% Ti；

（c）1.5% Mn-0.1% Ti；（d）5.0% Mn-0.1% Ti

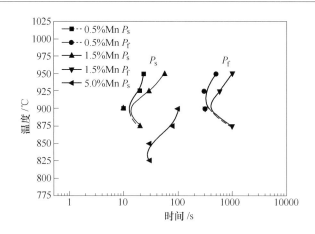

图 3-31　不同锰含量钛微合金钢的形变诱导析出 - 时间 - 温度图

的析出孕育期被推迟约 0.4 个时间数量级；而当温度降到 925℃时，析出孕育期仅被推迟了 0.2 个时间数量级，甚至在 900℃，几乎没有推迟作用。当锰含量进一步从 1.5% 增加到 5.0%，900℃下的析出孕育期被推迟了 1 个时间数量级；当温度降到 875℃时，析出孕育期被推迟的时间数量级降低到 0.6。因此，增加钛微合金钢中的锰含量降低高温析出动力学，但是在低温下的效果减弱。该结果与其他人报道的结果略有不同。Akben 等[44,45] 报道，在整个温度范围内锰都产生了明显的推迟作用；而 Dong 等[46] 则报道了相似的作用效应与温度的相关性。他们的结果表明，向铌微合金钢中增加硅的含量加速了 Nb（C，N）在高温阶段的析出速率，但对较低温度阶段的析出加速效果不明显。

　　B　析出相

　　为了进一步证实锰对高温 TiC 析出的推迟作用，进行了 925℃下不同保温时间的析出相透射电镜观察。图 3-32 给出了 925℃下 0.5% Mn-0.1% Ti 钢和 1.5% Mn-0.1% Ti 钢保温不同时间的析出相的尺寸、形貌。从图 3-32 中可以看出，随着保温时间的延长，析出相逐渐长大。统计结果显示，0.5% Mn-0.1% Ti 钢在不同时间的析出相尺寸为：60s 时为 10.9 ± 7.9nm；100s 时为 16.4 ± 10.6nm；200s 时为 39.5 ± 22.9nm。对于 1.5% Mn-0.1% Ti 钢，析出初期的析出相很难用透射电镜观测到，只有在局部区域能发现一些细小的析出相，如图 3-32 所示，析出相尺寸为：60s 时为 5.2 ± 1.2nm；100s 时为 11.3 ± 3.2nm；200s 时为 19.0 ± 4.3nm。相同的时间内，0.5% Mn-0.1% Ti 钢中析出相要比 1.5% Mn-0.1% Ti 钢的大，该现象表明增加锰含量确实推迟了 TiC 析出速率，这一结果与双道次变形法获得的结果一致。

　　3.4.1.2　锰对 TiC 析出热力学和动力学的影响

　　A　析出热力学

　　锰对 TiC 析出动力学的影响可以归结为锰对 TiC 形成元素钛和碳在奥氏体中

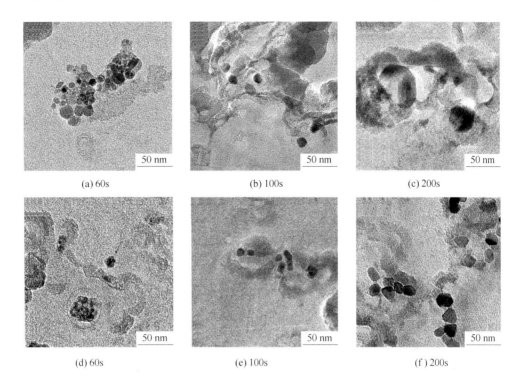

图 3-32　925℃不同保温时间的形变诱导析出相
(a)～(c)0.5% Mn-0.1% Ti；(d)～(f)1.5% Mn-0.1% Ti

的活度的影响，最终导致 TiC 在奥氏体中的固溶度发生了改变。根据雍岐龙[4]理论和 Irvine[47]的报道，TiC 在奥氏体中的固溶度积随锰浓度的变化可以由下式表示：

$$\log([Ti][C]_\gamma) = 2.75 - \frac{7000}{T} - \frac{56}{100 \times 55 \times \ln 10}(e_{Ti}^{Mn} + e_{C}^{Mn})(\% Mn - 1.0)$$

$$(3-107)$$

式中　e_{Ti}^{Mn}，e_{C}^{Mn}——Mn-Ti 和 Mn-C 之间的相互作用系数；

　　　 $\% Mn$——锰在奥氏体中的浓度。

根据 Akben 报道[45]的结果，$e_{Ti}^{Mn} = -31164/T$ 和 $e_{C}^{Mn} = -5070/T$，因此式 3-107 变为：

$$\log[Ti][C]_\gamma = 2.75 - \frac{7000}{T} + \frac{160}{T}(\% Mn - 1.0)$$

$$(3-108)$$

式 3-108 表明，增加奥氏体中的锰含量可以提高 TiC 在奥氏体中的固溶度积，如图 3-33 所示。

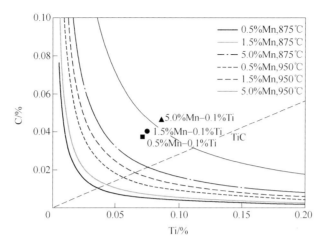

图 3-33　锰对 TiC 在奥氏体中的固溶度的影响

扣除 TiN 和 Ti₄S₂C₂ 占用的钛和碳含量，可以得到有效的钛和碳含量：

$$[Ti]_0 = total\%Ti - \frac{48 \times 4}{32 \times 2}\%S - \frac{48}{14}\%N \tag{3-109}$$

$$[C]_0 = total\%C - \frac{12 \times 2}{32 \times 2}\%S \tag{3-110}$$

式中　total%Ti——总的初始钛含量；

　　　total%C——总的初始碳含量；

　　　%S——钢中硫含量；

　　　%N——钢中氮含量。

利用式 3-108 ~ 式 3-110，可以计算不同锰含量的钢中 TiC 的全固溶温度。0.5%Mn-0.1%Ti 钢为 1062℃，1.5%Mn-0.1%Ti 钢为 1043℃，5.0%Mn-0.1%Ti 钢为 960℃，随着锰含量的增加依次降低。因此在给定的温度下溶质的过饱和度随着锰含量的增加而减小，从而导致析出驱动力降低。

B　析出动力学

图 3-31 的结果表明，增加锰含量可以使 TiC 在高温下的析出减慢，但对低温下动力学影响较小。析出动力学曲线受到两个独立因素的控制，一是驱动力，在较高的温度下起主要作用；二是控制性元素的扩散，在低温下起主导作用；而在中间温度，两者的综合结果达到最大，使得 PTT 曲线展现出"C"形。对于具有较高 TiC 固溶温度的钢来说，例如 0.5%Mn-0.1%Ti 钢，在较高温度下驱动力较大，因而导致快速的析出速度。随着温度的降低，驱动力对析出动力学的影响变得不明显，取而代之的是析出控制性元素的扩散起主导作用，较快的原子扩散速率导致较快的析出速度。然而，低温下锰对 TiC 析出推迟作用较弱似乎表明，在所研究的范围之内锰含量对钛的扩散的影响较小。因此，锰主要是通过改变 TiC 在奥氏体中的固溶度来影响较高温度下 TiC 的析出动力学。

　　锰对 TiC 析出动力学的影响可以进一步通过模型计算来阐明。根据 3.3 节中建立的动力学解析模型及式 3-105，计算了不同锰含量钢的相对析出-时间-温度（PTT）图，结果如图 3-34 所示。可以看出，相对 PTT 曲线的上半部分随着锰含量的增加向较长时间和较低温度方向移动。但是，在较低温度下，锰对析出的推迟作用变得不显著，这一结果与实验结果很好的吻合。增加锰含量使得 PTT 曲线的鼻子温度从 910℃（0.5% Mn-0.1% Ti）到 890℃（1.5% Mn-0.1% Ti）再到810℃（5% Mn-0.1% Ti），这一结果也与实验结果很好的吻合。

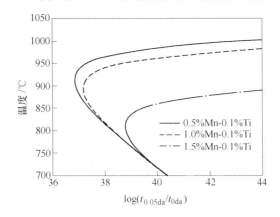

图 3-34　模型计算获得的相对析出-时间-温度曲线

C　锰和钛的协同效应

　　在工业热轧过程中，高温前几道次轧制过程中析出的 TiC 粒子尺寸一般较大，对最终钢板力学性能的有利作用较小。根据本书作者的研究结果，适当增加钛微合金钢中的锰含量可以推迟 TiC 的高温析出，因而使得更多钛和碳保留到低温时析出，有利于提高室温下的屈服强度。较低温度析出的细小 TiC 粒子和固溶的钛溶质原子能够有效抑制变形奥氏体的再结晶，因而有利于冷却过程中相变后的铁素体晶粒的细化。此外，适当增加锰含量能够降低相变临界温度[48]，因此允许轧制在较低的温度下进行，这也有利于最终组织的细化；同时增加锰含量能增加铁素体中的过饱和碳含量，促进 TiC 在铁素体中过饱和析出。王长军等[49]研究了锰含量对薄板坯连铸连轧钛微合金钢的力学性能的影响，发现随着锰含量从 0.4% 增加到 1.4%，颗粒尺寸小于 10nm 的 TiC 粒子析出数量显著增加，从而导致沉淀强化增量增加 80MPa，钢板的屈服强度增加 100MPa。

3.4.2　钼对 TiC 形变诱导析出的影响

3.4.2.1　实验研究

A　软化动力学曲线与应力松弛曲线

图 3-35 给出了单一钛微合金钢（以下简称"钛钢"）和钛-钼复合微合金钢

（以下简称"Ti-Mo 钢"）的软化动力学曲线。两种钢在 1000℃ 的软化动力学曲线均展现出"S"形，表明 1000℃ 变形后没有析出发生，再结晶完成时间均约为 1000s。然而当温度等于或低于 950℃ 时，软化曲线出现平台，表明析出发生，确定了平台的开始（P_s）与结束时间（P_f），如图 3-35 所示。

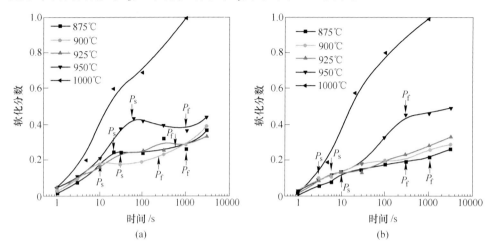

图 3-35　实验钢的软化分数 - 时间曲线
(a) 钛钢；(b) Ti-Mo 钢

比较图 3-35（a）和（b）不难发现，温度低于 925℃ 时，Ti-Mo 钢的软化分数在整个测试时间范围内基本都比钛钢的低，该现象表明添加钼对较低温度下的变形奥氏体的软化起到更加明显的阻碍作用。然而在 950℃ 以上钼的作用不明显。此外，Ti-Mo 钢在 925℃ 以下较长时间保温后的软化率的增长较为缓慢，没有出现类似于图 3-35（a）中软化分数在后期快速升高的情况，该现象表明，添加钼对钛微合金钢奥氏体再结晶的抑制作用比较持久，这可能与粒子的粗化动力学有关，后面将详细讨论。

图 3-36 给出了两种实验钢在不同温度下的应力松弛曲线。可以看出，950℃ 及以下的应力松弛曲线在应力线性降低后均出现了松弛平台，表明析出发生。然而，975℃ 的松弛曲线在应力线性降低后没有出现平台，取而代之的是更为快速的应力下降，该现象表明静态再结晶发生。

根据 Liu 和 Jonas 的理论[50]，950℃ 及以下的应力松弛过程中应力与时间的关系可以用下式进行描述：

$$S = S_0 - \alpha \log(1 + \beta t) + \Delta S \qquad (3-111)$$

式中　S——松弛应力；

　　　S_0——初始应力；

　　　t——变形后的保温时间；

α , β ——实验参数；

ΔS ——由于析出导致的应力增加。

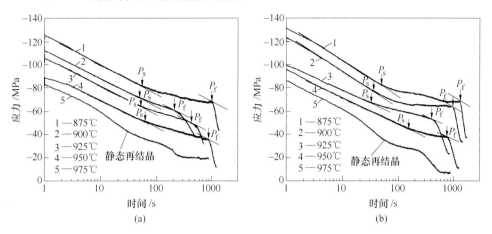

图 3-36   实验钢的应力松弛曲线
（a）钛钢；（b）Ti-Mo 钢

对于足够长的时间，即 $\beta t \gg 1$，式 3-111 变为：

$$S = A - \alpha \log t + \Delta S \tag{3-112}$$

式中，$A = S_0 - \alpha \log \beta$。根据式 3-112，在初始的应力线性降低阶段，$\Delta S \sim 0$；随着松弛进行，$\Delta S$ 逐渐增加，并最终在某一时刻达到最大值，如图 3-36 中 P_f 所示。定义开始偏离线性阶段的时间为平台（析出）的开始时间 P_s，ΔS 达到最大值的时间为平台（析出）的结束时间 P_f。ΔS 的最大值的大小反映析出对奥氏体再结晶阻碍的强弱。两种实验钢的应力松弛曲线，即 ΔS 的最大值随温度的变化如图 3-37 所示。可以看出，Ti-Mo 钢在整个温度范围的 ΔS 的最大值都高于钛钢，随着温度的降低，这种差距逐渐减小，875℃ 下的两种实验钢的 ΔS 的最大值差为

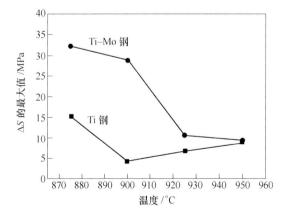

图 3-37 ΔS 的最大值随温度的变化

17MPa，而在925℃则降为4MPa，在950℃则为0.5MPa。该结果表明，Ti-Mo钢中的析出对变形奥氏体的软化的阻碍作用要大于钛钢，但是随着温度的升高，这种差距在减小。换言之，添加钼显著阻碍钛微合金钢在较低温度下的形变奥氏体再结晶，这一结果与双道次变形实验的结果保持一致。

B 析出-时间-温度（PTT）图

根据图3-35和图3-36分别获得两种实验方法所测得的析出-时间-温度（PTT）曲线，如图3-38所示。从图3-38中可以看出，两种方法测得的PTT曲线基本都呈现"C"形特征，且鼻子点温度均在900~925℃之间。双道次变形方法获得的PTT曲线比应力松弛方法的更加的尖锐，析出孕育期的鼻子点时间也较短。这可能跟双道次变形法的敏感性高有关，也可能跟两种方法施加的变形速率不同有关。双道次变形法所施加的变形速率为$1s^{-1}$，而应力松弛法为$0.1s^{-1}$，较大的变形速率可能导致较快的析出速度，因而析出孕育期较短。更为重要的是，两种方法测出的PTT曲线均展现相似的规律性。925℃及以下的析出孕育期由于钼的加入被提前了，然而，950℃的析出开始时间被推迟了，即较高温度下，钼对析出的作用与Akben报道的钼影响Nb（C，N）析出动力学的结果一致[45]。而在低温下，钼却是促进了析出，这又与Watanabe报道的结果一致[51]。此外，所定义的析出的"结束"时间则呈现相反的趋势。Ti-Mo钢的析出"结束"时间在很大温度范围内都比钛钢的要滞后，特别是低温，如图3-38（b）所示。根据3.2节所讨论的，P_s点代表着析出的发生时间；而P_f点则表示由于析出相的粗化，钉扎力的减弱不足以抑制再结晶的进行的开始时间。也就是说，如图3-38所示的结果表明Ti-Mo钢中的析出相具有比钛钢中的析出相更强的钉扎力，以至于在较长的时间内再结晶不能够快速进行。

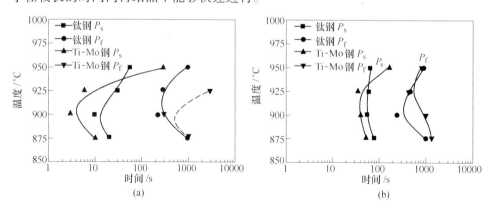

图3-38 析出-时间-温度（PTT）图

（a）双道次变形；（b）应力松弛

C Ti-Mo微合金钢中的析出相表征

图3-39给出了一个形变诱导析出相的透射电镜分析。该粒子是在925℃变形

保温 1800s 后水淬的样品中观察到的，被鉴定为一个具有 NaCl 类型晶体结构的富钛的 MC 粒子，并且含有少量的钼，如图 3-39（b）和（c）所示。能谱给出的 Ti/Mo 原子比约为 8.0。该值大于 Jang[52] 和 Funakawa[53] 报道中铁素体中的（Ti，Mo）C 粒子的 Ti/Mo 原子比。

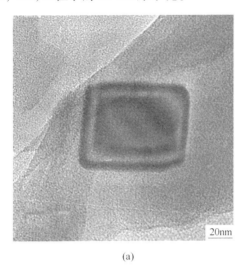

(a)

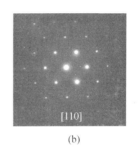

[110]

(b)

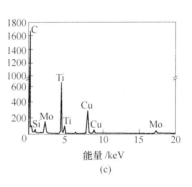

(c)

图 3-39　形变诱导析出相透射电镜表征
（a）透射电镜照片；（b）选区电子衍射；（c）能谱分析

形变诱导析出相的形核位置可以通过分析粒子在碳膜上的分布间接地证实。Ti-Mo 钢中形变诱导析出的高角环形暗场像（HAADF-STEM）如图 3-40 所示。可以清晰发现，析出相粒子在碳复型膜上呈胞状分布，表明析出相是在位错或位错亚结构上形核长大的。经过测量，这些亚晶的尺寸在 0.2~1.0μm，这远比初始的奥氏体晶粒要小。此外，大部分析出相的形貌为多面体，而不是方形。图 3-41 给出了一个实例，从图 3-41（a）中可以看出，该析出粒子似乎具有一个完美的立方状外形；然而图 3-41（b）显示出非常强的三维衬度，结合图 3-41（a）的环形等厚

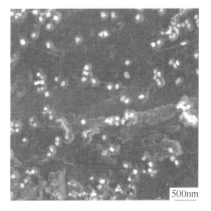

500nm

图 3-40　高角环形暗场像（HAADF-STEM）
下形变诱导析出相的形貌与分布

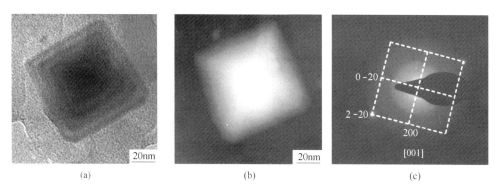

图 3-41　　（Ti，Mo)C 析出相的形貌分析

（a）TEM 像；（b）HAADF-STEM 像；（c）选区电子衍射

条纹，表明该粒子具有一个金字塔的外形或者八面体外形。此外，图 3-41（c）的选取电子衍射结果表明，该粒子的对角线大致平行于粒子的 {200} 平面。

通过 Ti-Mo 钢中碳化物的高分辨透射电镜观察，如图 3-42 所示，该粒子被确定为一个具有 NaCl 晶体结构类型的（Ti，Mo)C 粒子，这个结构与选区电子衍射获得结果一致，该结构与其他学者报道的相间析出的（Ti，Mo)C 粒子一样；晶格常数确定为 0.43nm，这与其他学者报道的相间析出的结果接近[53,54]。因此，与 TiC 粒子一样，Ti-Mo 微合金钢中（Ti，Mo)C 粒子也为 NaCl 型面心立方结构，晶格常数也接近。

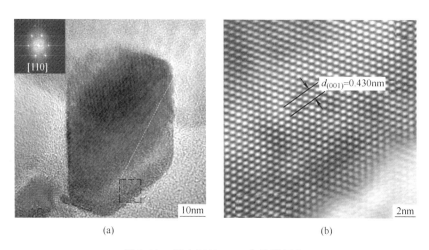

图 3-42　　析出相的 TEM 高分辨图像

（a）TEM 像和傅里叶变换；（b）逆傅里叶变换

D　析出相的长大、粗化以及成分演变

图 3-43 给出了钛钢和 Ti-Mo 钢在 925℃下保温不同时间后粒子的形貌与尺

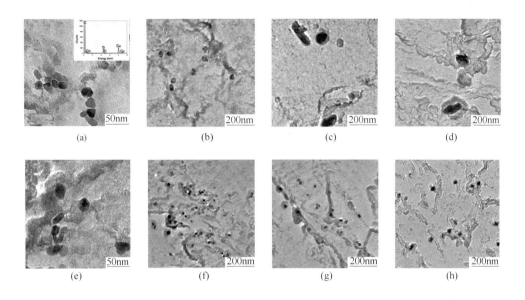

图 3-43　形变诱导析出相的长大与粗化

（a）钛钢，$t = 200s$；（b）钛钢，$t = 600s$；（c）钛钢，$t = 1800s$；（d）钛钢，$t = 3000s$；

（e）Ti-Mo 钢，$t = 200s$；（f）Ti-Mo 钢，$t = 600s$；（g）Ti-Mo 钢，$t = 1800s$；（h）Ti-Mo 钢，$t = 3000s$

（变形温度 925℃，应变速率 $1s^{-1}$）

寸。可以看出，在 200s 的保温时间下，两类碳化物粒子的尺寸接近。然而随着时间延长到 600s、1800s 和 3000s，Ti-Mo 钢中的（Ti，Mo）C 粒子相对于钛钢中的 TiC 粒子表现出更小的尺寸与更高的数密度。为了更好地理解两种钢中的碳化物的长大与粗化行为，测量了 925℃，不同保温时间的粒子的平均尺寸，如图 3-44 所示。可以看出，在析出早期，两种钢中的碳化物迅速长大，Ti-Mo 钢中粒子的长大速率稍快，与图 3-38 中显示的钼促进 925℃ 下析出的析出动力学一致。在这

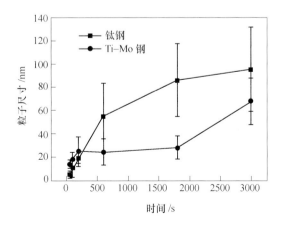

图 3-44　925℃ 变形后粒子尺寸随时间的演变

个阶段，碳化物的长大服从抛物线长大规律。随着时间的延长，碳化物的长大速率减慢，特别是 Ti-Mo 钢中（Ti，Mo）C 粒子，在 200 ~ 1800s 范围内，尺寸几乎没有变化。在这一阶段析出相处于粗化阶段，即 Ostwald 熟化阶段。（Ti，Mo）C 粒子长大到熟化的过渡时间为 200s，而 TiC 长大到熟化的过渡时间为 600s。因此，（Ti，Mo）C 粒子比 TiC 在粗化阶段表现出更强的热稳定性。

925℃下（Ti，Mo）C 粒子成分随保温时间的变化，如图 3-45 所示。（Ti，Mo）C 粒子中的 Ti/Mo 原子比随着保温时间的延长或粒子的长大在不断增加。这种现象表明：一方面，钼替代 TiC 中的钛是有利于（Ti，Mo）C 粒子的早期形核和长大的；另一方面，在 TiC 晶格中较高程度的钼取代不是足够稳定的，或者可以称之为一种"亚稳态"。该现象与 Jang[52] 和 Seto[55] 报道的铁素体中的（Ti，Mo）C 粒子的成分演变保持一致。

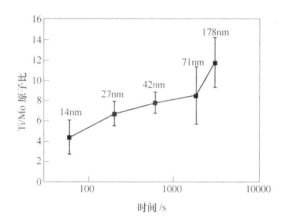

图 3-45　Ti/Mo 原子比随保温时间和粒子尺寸的变化

（图中数字表示被测粒子的平均尺寸）

图 3-46 给出了不同温度下保温 30min 后水淬样品中的粒子形貌与尺寸变化。从图 3-38 给出的析出动力学曲线可知，对于 30min（1800s）这一较长的保温时

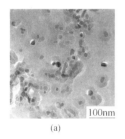 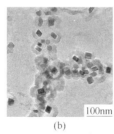 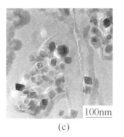 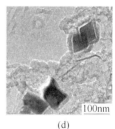

（a）　　　　　　　（b）　　　　　　　（c）　　　　　　　（d）

图 3-46　不同温度变形保温 30min 后的粒子形貌

（a）875℃；（b）900℃；（c）925℃；（d）950℃

（应变速率为 1s⁻¹）

间来说，粒子的长大时间基本上相同。从图 3-46 可以看出，随着保温温度的升高，析出相的尺寸不断增大，在碳膜上的密度逐渐减少，特别是 950℃ 下的粒子尺寸特别粗大。

图 3-47 给出了变形保温 30min 后的粒子中的 Ti/Mo 原子比随温度和粒子尺寸的变化情况。可以看出，随着保温温度升高或者粒子的变大，Ti/Mo 原子比基本上呈增大趋势。

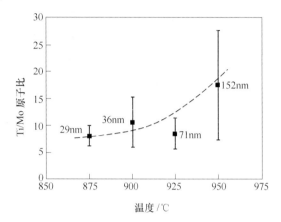

图 3-47 变形保温 30min 后的 (Ti，Mo)C 粒子中 Ti/Mo
原子比随温度和粒子尺寸的变化
(图中数字表示被测粒子的平均尺寸)

E 物理化学相分析

图 3-48 给出了经物理化学相分析萃取下的析出相粉末的 XRD 物相分析。可以看出，钛钢中主要的析出相为 TiC，且含有少量的 $Ti_4S_2C_2$ 和 TiN；而 Ti-Mo 钢

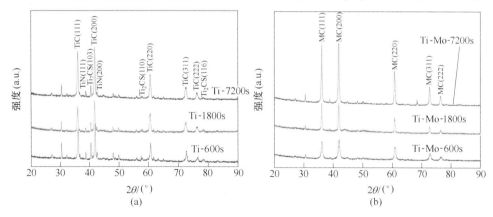

图 3-48 析出相的 XRD 物相分析
(a) 钛钢；(b) Ti-Mo 钢
(除标出的析出相的峰，其他峰为 Fe_3C 峰和杂质峰)

中基本为（Ti，Mo)C 相。两种钢中的主要相的晶体结构均为面心立方 NaCl 结构，这与透射电镜结果（见图 3-39）一致。此外，利用 XRD 高角度峰进行了点阵常数的精确测定[56]，测得钛钢中的 TiC 的晶格常数为 0.431nm，而 Ti-Mo 钢中的（Ti，Mo)C 的晶格常数为 0.432nm，两者基本相同，并与透射电镜结果相近。晶格常数相近，表明析出相与基体之间的错配相近，因而界面结构能相近。

表 3-3 和图 3-49 给出了钛钢和 Ti-Mo 钢在 920～940℃轧制后，再在 925℃保温不同时间后的物理化学相分析定量结果。可以看出，不论是钛钢还是 Ti-Mo 钢，随着时间的延长，钛和钼的析出相量增加，表明析出相的体积分数在 600s 以后仍在增加。扣除 TiN 和 $Ti_4S_2C_2$ 中的钛，可以得到 MC 中的钼。无论是析出总量（Ti + Mo）还是析出的钛的量，Ti-Mo 钢在该温度下的值均比钛钢的要高，表明钼加速了该温度下钛的析出，与双道次变形法和应力松弛法的结果（见图 3-38）一致。此外，Ti-Mo 钢中的 MC 粒子中的 Ti/Mo 原子比随着保温时间的延长呈现增大趋势，这与热压缩样品的 TEM/EDS 结果保持一致（见图 3-45）。但是应该注意到，物理化学相分析中给出的 Ti/Mo 原子比的值要小于 TEM/EDS 的结果。这是因为物理化学相分析得到的是所有萃取的粒子（个数为 10^{10} 数量级）的成分，包含较小粒子（尺寸小于 5nm）的成分；而 TEM/EDS 分析的只是少量较大粒子的成分。即便如此，两种方法得到的成分的演变趋势是相同的。图 3-49 也给出了经 TiC 固溶度积公式（式 3-5）计算得出的钛钢中钛的平衡析出量。可以看出，经轧制变形保温 7200s 的钛钢中钛的析出量与平衡计算结果基本相当，然而 Ti-Mo 钢中钛的析出量要明显高于该平衡析出量。该结果表明，钼的添加确实促进了钛的析出，并且超出了平衡析出量。

表 3-3　钛钢和 Ti-Mo 钢保温不同时间后的物理化学相分析结果（质量分数）

(%)

钢号-时间	析出相中的钛/%	MC 中的钛/%	MC 中的钼/%	MC 中 Ti/Mo 原子比	奥氏体中固溶的钛/%	奥氏体中固溶的钼/%
Ti-600s	0.034	0.008	—	—	0.063	—
Ti-1800s	0.064	0.038	—	—	0.033	—
Ti-7200s	0.089	0.063	—	—	0.008	—
Ti-Mo-600s	0.056	0.041	0.037	2.22	0.044	0.173
Ti-Mo-1800s	0.059	0.044	0.035	2.51	0.041	0.175
Ti-Mo-7200s	0.090	0.075	0.049	3.06	0.01	0.161

图 3-50 给出了小角 XRD 测得的析出相的粒度分布。可以看出，粒子分布随着时间的延长向大尺寸方向移动，即平均尺寸变大。三个不同的保温时间下，Ti-Mo 钢中的小尺寸析出相所占比例要明显高于钛钢，大尺寸析出相的比例则相

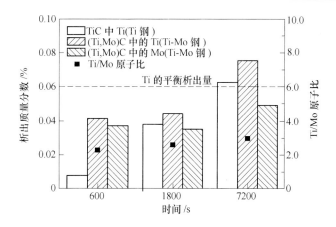

图 3-49 物理化学相分析定量分析结果

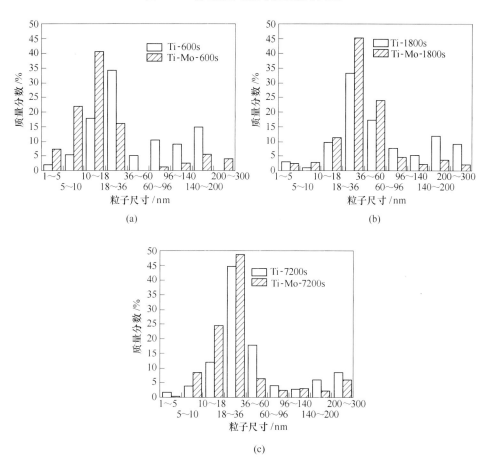

图 3-50 小角 XRD 测得的析出相的粒度分布

（a）$t = 600\text{s}$；（b）$t = 1800\text{s}$；（c）$t = 7200\text{s}$

反，表明 Ti-Mo 钢中的粒子具有更优越的抗粗化能力，该结果与热压缩样品的透射观测结果保持一致（见图3-44）。

3.4.2.2   （Ti，Mo)C 相的热力学分析

图3-45 和图3-47 显示 Ti/Mo 的原子比随着保温时间的延长和粒子的长大在逐渐变大，该现象表明 TiC 晶格中的钛原子被较多的钼取代是处于一种"亚稳"的状态。图3-51 给出了 Thermo-Calc（TCFE6 数据库）计算的 MC 相中平衡的钛、钼和碳原子分数随温度的变化情况。当用 Thermo-Calc 计算时，选择了 FCC和 BCC 两相。这就意味着 MC 相在较高温度下与奥氏体平衡，在较低温度下与铁素体平衡。此外计算的 MC 相含有少量的铁和锰元素，因而使得钛和钼的原子分数的总和不等于0.5，特别是在低温下，如图3-51（a）和（b）所示。为了对比，

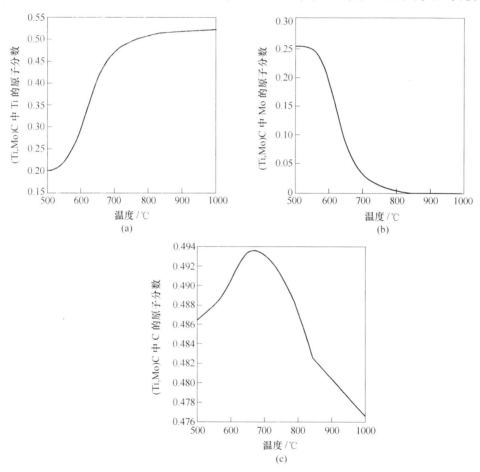

图3-51   Thermo-Calc 计算的 MC 相中钛、钼和碳的平衡原子分数随温度的变化

（a）钛；（b）钼；（c）碳

（图（b）中0.04% C-0.09% Ti-0.2% Mo 钢来自于 Funakawa 等[53]工作）

利用 TiC 和立方 MoC 在奥氏体中和铁素体中的固溶度积公式（见表 3-4），计算了理想溶体模型下的（Ti，Mo）C 粒子中的平衡钼的占位分数随温度的变化，如图 3-52 所示。从图 3-51 和图 3-52 中可以看出，无论是 Thermo-Calc 计算，还是利用固溶度积公式计算的奥氏体区（较高温度，高于 850℃）的钼在 MC 中的平衡浓度均非常低，此时 MC 相的组成接近于纯的 TiC。随着温度的降低，进入到铁素体区，钼在 MC 相中的平衡浓度逐渐变大，在 500~700℃ 之间 MC 相中已经含有相当多的钼。图 3-51（b）也给出了 TEM/EDS 所测的 MC 相中不同温度下钼的含量（等温时间为 1800s）。假定 MC 相中的碳原子的位置没有空位存在，即完整的 NaCl 类型的 MC 相。此时，钼在 MC 相中的原子分数为最小。此外，Funakawa 等[53] 得出的 MC 相中的实测钼含量也在图 3-51（b）中给出，其得出的钢的化学成分与实验钢相近，如图 3-52 所示。随着温度的降低，实测钼在 MC 相中的含量增加。然而，他们均远高于 Thermo-Calc 与固溶度积公式所计算的平衡值，且随着温度的降低，实测值与计算值的差距在拉大。正如图 3-45 所示的结果，钼在 MC 相中的原子分数随着保温时间的延长和粒子的长大在逐渐地降低。从这一现象和以上的实测结果和计算结果的比较来看，在其他能量条件包括界面能和弹性应变能不予考虑的情况下，较多的钼进入到 TiC 晶格中替代钛的位置，这在能量方面是不利的。然而，相关计算结果表明[57]，钼取代 TiC 中的钛能够降低析出相与基体之间的界面能，因此可以降低形核势垒，从而促进析出相早期的形核与长大。因此，较小的粒子含有较高的钼含量，如图 3-45 所示。然而，随着粒子的长大，粒子的比表面积变小，界面效应变弱。此时，钛进入到 MC 相中更有利于降低体系的能量，因而钼的含量随着粒子的长大逐渐降低。然而，钛原子进入到 MC 相中的速率依赖于钛原子在基体中的扩散速率，较低温度下钛原子的扩散速率慢，因此导致低温下的实测结果与计算结果的偏差比高温时的大。

表 3-4　TiC 与 MoC 在奥氏体中和铁素体中的平衡固溶度积计算系数[58,59]

铁 相	化合物	A	B
奥氏体	TiC	2.75	7000
	MoC	1.29	523
铁素体	TiC	4.40	9575
	MoC	3.19	4649

注：固溶度积的一般形式为 $\log([M][C]) = A - \dfrac{B}{T}$。

3.4.2.3　钼对碳化物析出动力学的影响分析

实验结果表明钼在析出过程中进入到了碳化物中，而锰却没有进入，因此添加钼对钛微合金钢中形变诱导析出动力学的影响机制不同于锰对 TiC 析出的影响。这跟以往人们[59~61] 对钼的作用的理解有所不同。锰主要是通过影响钛和碳

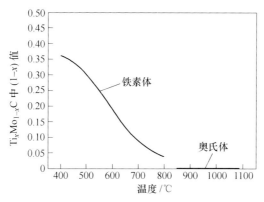

图 3-52　理想溶体模型下的（Ti，Mo）C 中的钼
的占位分数随温度的变化

原子在奥氏体基体中的活度来影响 TiC 在奥氏体中的固溶度积，从而影响析出动力学。然而，钼对析出的影响变得复杂。根据经典析出理论[4]，主要考虑三方面的作用：

（1）钼进入到 TiC 晶格中对析出自由能的影响，即对析出驱动力的影响。

（2）钼进入到 TiC 晶格中对析出相与奥氏体之间的界面能的影响，即对析出阻力的影响。

（3）钼的添加对奥氏体的回复和再结晶的影响，从而影响碳化物的形核与长大。

关于钼对 MC 相的析出自由能的影响可以通过简单模型计算进行阐述[4]。图 3-53 给出了少量钼进入到 TiC 之后对析出自由能的影响。该计算假定 TiC 和 MoC 形成理想固溶体，计算公式见文献 [4]。可以看出，少量的钼进入到 TiC 晶格中使得摩尔自由能降低，即析出驱动力降低，随着钼含量的增加，自由能逐渐降低，然而随着温度的变化，这种降低的程度有所不同。对于 $Ti_{0.9}Mo_{0.1}C$ 来说，在 950℃以下其自由能由于钼的进入降低为 TiC 自由能的 85% 左右，然而随着温度从 950℃进一步的升高，下降速度明显加快，如图 3-53 所示的 $Ti_{0.9}Mo_{0.1}C/TiC$ 曲线；对于 $Ti_{0.8}Mo_{0.2}C$ 来说，在 850℃以下其自由能由于钼的进入降低为 TiC 自由能的 60%~70%，随着温度从 850℃进一步的升高，下降速度明显加快。从上面的分析来看，较低温度下，少量的钼（占位分数 10%~20%）进入到 TiC 晶格中使得自由能绝对值有小幅降低，当温度升高到足够高，钼进入到 TiC 晶格中对自由能的降低程度变得非常显著，所以钼在高温应该很难进入到 TiC 中去，这与实测的结果是一致的，如图 3-47 所示。

钼进入到 TiC 晶格中可以使得析出相与奥氏体之间的界面能有一定程度的降低，这对析出早期的形核可能是有利的。为了方便起见，采用均匀形核时析出相

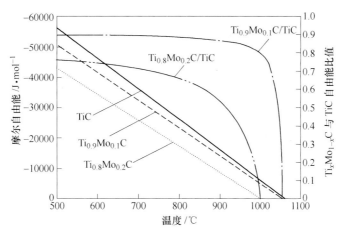

图 3-53 少量钼进入到 TiC 晶格中对析出自由能的影响

的临界核心的半径进行讨论[4]：

$$r^* = -\frac{2\sigma}{\Delta G_V} \tag{3-113}$$

式中 σ——核心与基体之间的界面能；

ΔG_V——体积自由能。

由图 3-53 可知，较低温度下 ΔG_V 由于 TiC 中少量钼的进入而略微降低，从而使得 r^* 变大，然而 σ 由于钼的进入也有一定程度的降低，从而使 r^* 变小。可见，这是两个矛盾的影响因素：一方面，当温度比较低时，少量的钼进入到 TiC 晶格中使得体积自由能的降低并不显著，然而界面能则在一定程度上有显著的降低，从而可能使得临界核心半径 r^* 减小，从而提高形核率，加快析出速率，这与图 3-38 的低温结果一致；另一方面，当温度升高到一定程度，钼的进入使得析出体积自由能显著降低，从而使得临界核心半径 r^* 变大（虽然界面能会降低，但此时不是主要因素），不利于形核，减缓析出速率，钼的进入量应变少，这与图 3-38 的高温结果一致。

如图 3-49 所示的物理化学相分析结果表明，添加钼不仅对 925℃下总的析出量（Ti + Mo）起到促进作用，而且还对钛的析出起到一定的促进作用，并且超过了由固溶度积公式计算的平衡析出量。这一点可能跟添加钼对奥氏体的回复和再结晶的作用有关。据文献报道[62]，固溶的钼会对变形奥氏体的回复和再结晶起到明显的抑制作用，从而使得钢中可以保留大量的结构缺陷，如位错。位错是形变诱导析出的形核位置，因此添加钼可能会提高析出相的有效形核位置，从而促进析出。此外，实验表明 Ti-Mo 钢比钛钢的再结晶速率明显减慢，保留了大量的结构缺陷，根据文献报道[4]，结构缺陷可以促进超平衡析出现象的产生，即析出量大于平衡析出量。因此，添加钼导致了低温下钛的析出量增加，如图 3-49 所示。

3.5　含钛析出相的 Ostwald 熟化

第二相沉淀析出过程完成之后，立即就会随之发生聚集长大过程即 Ostwald 熟化过程，这一过程的驱动力是第二相与基体之间的界面能，即在第二相的体积分数保持不变的情况下，若第二相的尺寸增大，则总的界面面积将减小，导致系统界面能的减小。当温度足够高且保持时间足够长时，第二相可能严重粗化，从而导致实际存在的第二相尺寸远远大于沉淀析出过程完成时的尺寸，由此将减弱甚至丧失第二相在高温下的有利作用。

第二相体系不同，其 Ostwald 熟化规律及熟化速率往往具有非常大的差别，导致实际得到的第二相尺寸出现显著的差别。很多第二相在沉淀析出过程完成时具有十分细小的尺寸，但一旦发生一定程度的 Ostwald 熟化，其尺寸将非常迅速地长大，从而丧失相关作用；而另外一些第二相可能在非常高的温度下仍然可以保持非常细小的尺寸，从而保持相应的作用。

为了对含钛钢中各种含钛相的行为特别是其高温行为进行深入的研究和定量的理论计算，必须掌握含钛相的 Ostwald 熟化规律，即其颗粒尺寸随温度和时间变化的定量规律。

不同控制机制下第二相的 Ostwald 熟化规律已进行了大量深入研究[63~65]，其平均尺寸与高温保温时间的关系有二分之一次方关系、三分之一次方关系、四分之一次方关系和五分之一次方关系，但相关的实验研究结果表明，对于在基体中较为均匀地分布且化学稳定性较强的第二相而言，溶质原子反应生成第二相的过程很容易进行（化学稳定性强的第二相的形成自由能数值很大），而快速扩散通道处的溶质原子不多，因而将很快被耗尽，因此其高温聚集长大行为必然是取决于控制性溶质原子在基体中的扩散过程，其 Ostwald 熟化过程主要遵从三分之一次方规律[4]，即：

$$r_t^3 = r_0^3 + \frac{8D\sigma V_P^2 C_0}{9V_B RT}t = r_0^3 + m^3 t \tag{3-114}$$

式中　r_0，r_t——分别为初始时刻和 t 秒后第二相的平均半径；

　　　D——控制性元素在基体相中的扩散系数；

　　　σ——比界面能；

　　　V_P——第二相的摩尔体积；

　　　C_0——控制性元素在基体相中溶解的平衡溶质浓度；

V_B——控制性元素的摩尔体积；

T——温度，K。

TiC、TiN 及 Ti（C，N）均是非常稳定的第二相，它们在很高的温度下长时间保温仍可保持细小的尺寸，在铁基体中均匀分布时其平均尺寸的粗化规律可用式 3-114 计算。

根据第二相相关元素在铁基体中的固溶度公式或固溶度积公式，可以计算出确定化学成分的钢中在确定温度下控制性元素 M 在基体中的平衡固溶量［M］，但由此计算得到的固溶量［M］是质量百分数，必须进行相应的换算才可得到控制性元素 M 在基体中的原子浓度 C_0：

$$C_0 = \frac{[M]\overline{A}_{Fe}}{100A_M} \tag{3-115}$$

式中，$\overline{A}_{Fe}$ 和 A_M 分别为铁基体的平均原子量和控制性元素 M 的原子量，当铁基体中固溶的合金元素的量很小时，$\overline{A}_{Fe} \approx A_{Fe}$，而 A_{Fe} 为铁的原子量，这时：

$$C_0 = \frac{[M]A_{Fe}}{100A_M} \tag{3-116}$$

根据相应的计算，当钢材成分满足理想化学配比时，各种微合金碳氮化物在奥氏体中的粗化速率随温度的变化如图 3-54 所示。可以看出，由于扩散系数及溶质浓度均随温度的升高而明显增大，因而微合金碳氮化物的粗化速率随温度升高而增大；由于控制性元素（微合金元素）在奥氏体中的平衡固溶度的差别，微合金氮化物的粗化速率明显小于相应的微合金碳化物；而对比各种微合金元素，钛的碳化物或氮化物的粗化速率小于铌更远小于钒；TiN 的高温尺寸稳定性则特别优异。900℃时，VC、NbC、TiC、VN、NbN、TiN 的粗化速率 m 分别为 0.547nm/s$^{1/3}$、0.328nm/s$^{1/3}$、0.350nm/s$^{1/3}$、0.204nm/s$^{1/3}$、0.139nm/s$^{1/3}$、0.054nm/s$^{1/3}$；1200℃ 时则分别为 5.36nm/s$^{1/3}$、2.86nm/s$^{1/3}$、2.65nm/s$^{1/3}$、1.90nm/s$^{1/3}$、1.51nm/s$^{1/3}$、0.66nm/s$^{1/3}$。因此，轧制过程中在 900℃ 保温 125s（约 2min），沉淀析出的 VC、NbC、TiC、VN、NbN、TiN 的半径将分别长大 2.74nm、1.64nm、1.75nm、1.02nm、0.70nm、0.27nm，这可有效保证应变诱导沉淀的微合金碳氮化物的尺寸保持在 10nm（半径 5nm）左右。而在奥氏体均匀化温度 1200℃ 下均热保温 8000s（2.2h）后，未溶的 VC、NbC、TiC、VN、NbN、TiN 的半径将分别长大 117nm、57nm、53nm、38nm、30nm、13nm，显然，即使不考虑未溶微合金碳氮化物体积分数的问题，若控制晶粒长大的第二相颗粒的尺寸必须小于 100nm，则微合金碳化物均不能胜任，VN 和 NbN 的尺寸可基本满足要求，而 TiN 则有明显的富余。从图 3-54 可看出，1300℃ 时 TiN 仍能保持较为细小的尺寸，而其他微合金碳氮化物将明显粗化，这是微钛处理钢能够在高温下稳定控制奥氏体晶粒长大的主要原因。

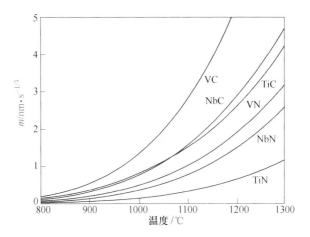

图 3-54 不同微合金碳氮化物在奥氏体中的粗化速率比较
（理想化学配比成分）

通常钢材成分中微合金元素的含量均低于理想化学配比，这时其粗化速率会在一定程度上减小。

同样，当钢材成分满足理想化学配比时，可计算出各种微合金碳氮化物在铁素体中的粗化速率随温度的变化，如图 3-55 所示。由图 3-55 可以看出，微合金氮化物的粗化速率明显小于相应的微合金碳化物；而各种微合金元素互相对比，钛的碳化物或氮化物的粗化速率小于铌而远小于钒。700℃时，VC、NbC、TiC、VN、NbN、TiN 的粗化速率 m 分别为 0.259nm/s$^{1/3}$、0.168nm/s$^{1/3}$、0.071nm/s$^{1/3}$、0.101nm/s$^{1/3}$、0.079nm/s$^{1/3}$、0.0064nm/s$^{1/3}$，因此，在 700℃ 的卷取温度保温 8000s（2.2h）时，沉淀析出的 VC、NbC、TiC、VN、NbN、TiN 的半径将分别

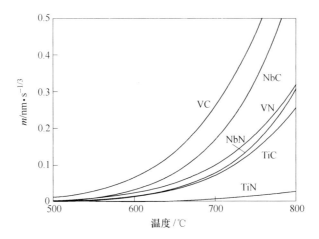

图 3-55 不同微合金碳氮化物在铁素体中的粗化速率比较
（理想化学配比成分）

长大 0.518nm、0.336nm、0.142nm、0.201nm、0.157nm、0.013nm，并不会明显长大，从而可保持几纳米的尺寸产生强烈的沉淀强化效果。相对而言，Nb(C，N)的有效沉淀温度较低，故得到的沉淀相尺寸更为细小；TiC 的粗化速率相对于 V(C，N) 和 Nb(C，N) 都要更小，也可获得较为细小的尺寸。

最后，复合微合金化的沉淀相的 Ostwald 熟化过程中，涉及多种合金元素的扩散及相互协调，因而其粗化速率会明显减小。因此，在复合微合金化钢中，无论是在奥氏体区还是在铁素体区，均可得到更为细小的微合金碳氮化物沉淀相，从而得到更为明显的作用效果。

参 考 文 献

[1] 毛新平，孙新军，康永林，等. 薄板坯连铸连轧 Ti 微合金化钢的物理冶金学特征 [J]. 金属学报，2006，42（10）：1091～1095.

[2] 王明林，成国光，仇圣桃，等. 凝固过程中含钛析出物的析出行为 [J]. 钢铁研究学报，2007，19（5）：44～53.

[3] Hansen M，Anderko K. Constitution of binary alloys [M]. New York：McGraw-Hill，1958.

[4] 雍岐龙. 钢铁材料中的第二相 [M]. 北京：冶金工业出版社，2006.

[5] 叶大伦，胡建华. 实用无机物热力学数据手册 [M]. 2 版. 北京：冶金工业出版社，2002.

[6] Narita K. Physical chemistry of the groups Ⅳa（Ti，Zr），Ⅴa（V，Nb，Ta）and the rare Earth elements in steel [J]. Trans. ISIJ，1975，15：145～152.

[7] Irvine K J，Pickering F B，Gladman T. Grain refined C-Mn steels [J]. JISI，1967，205：161～182.

[8] Chino H，Wada H. Jawata Tech Rep.，1965，251：5817.

[9] Williams R，Harries W. Met Soc.，1974：152.

[10] Hillert M，Jonsson S. An assessment of the Al-Fe-N system [J]. Metall. Trans.，1992，23A：3141～3149.

[11] Akamatsu S，Hasebe M，Senuma T，et al. Thermodynamic calculation of solute carbon and nitrogen in Nb and Ti added extra-low carbon steels [J]. ISIJ Inter.，1994，34：9～16.

[12] Matsuda S，Okumura N. Effect of distribution of TiN precipitate particle on the austenite grain size of low carbon low alloy steels. [J]. Trans. ISIJ，1978，18：198～202.

[13] Gurevic J G. Gernaya Metallurgija，1960（6）：59.

[14] Adachi A，Mizukawa K，Kanda K. Tetsu-to-Hagane，1962，48：1436.

[15] Kunze J. Solubility product of titanium nitride in gamma-iron [J]. Met. Sci.，1982，16：217～218.

[16] Wada H，Pehlke R D. Nitrogen solubility and nitride formation in austenitic Fe-Ti alloys [J]. Metall. Trans.，1985，16B：815～822.

[17] Turkdogan E T. Causes and effects of nitride and carbonitride precipitation during continuous casting [J]. Iron Steelmaker, 1989, 16: 61~75.

[18] Inoue K, Ohnuma I, Ohtani H, et al. Solubility product of TiN in austenite [J]. ISIJ Inter., 1998, 38: 991~997.

[19] Tailor K A. Solubility products for titanium-, vanadium- and niobium- carbides in ferrite [J]. Script Metall. Mater., 1995, 32: 7~12.

[20] Akamatsu S, Hasebe M, Senuma T, et al. Thermodynamic Calculation of solute Carbon and Nitrogen in Nb and Ti Added Extra- low Carbon Steels [J]. ISIJ Inter., 1994, 34: 9~16.

[21] 陈家祥. 炼钢常用图表手册 [M]. 北京: 冶金工业出版社, 1984.

[22] Liu W J, Yue S, Jonas J J. Characterization of Ti carbosulfide precipitation in Ti microalloyed steels [J]. Metall. Trans., 1989, 20A: 1907~1915.

[23] Liu W J, Jonas J J, Bouchard D. Gibbs energies of formation of TiS and $Ti_4C_2S_2$ in austenite [J]. ISIJ Inter., 1990, 30: 985~990.

[24] Swisher J H. Sulphur solubility and internal sulfidation of iron- titanium alloys [J]. Trans. Metall. Soc. AIME, 1968, 242: 2433.

[25] Yoshinaga N, Ushioda K, Akamatsu S, et al. Precipitation behavior of sulfides in Ti-added ultra low-carbon steels in austenite [J]. ISIJ Inter., 1994, 34: 24~32.

[26] Yang X, Vanderschueren D, Dilewijns J, et al. Solubility products of titanium sulphide and carbosulfide in ultra-low carbon steels [J]. ISIJ Inter., 1996, 36: 1286~1294.

[27] Copreaux J, Gaye H, Henry J. Relation Précipitation-Propriétés Dans Les Aciers Sans Interisticiels Recuits en Continu [R]. ECSC Report, EUR17806 FR, 1997.

[28] Mitsui H, Oikawa K, Onuma I. Phase stability of TiS and $Ti_4C_2S_2$ in steel [J]. CAMP- ISIJ, 2004, 17: 1275.

[29] Iorio L E, Garrison W M. Solubility of titanium carbosulfide in austenite [J]. ISIJ Inter., 2002, 42: 545~550.

[30] Yamashita T, Okuda K, Yasuhara E. Thermodynamic analysis of precipitation behaviors of Ti, Mn sulphide in hot-rolled steel sheets [J]. Tetsu-to- Hagane, 2007, 93: 538~543.

[31] Mizui N, Takayama T, Sekine K. Effect of Mn on solubility of Ti-sulfide and Ti-carbosulfide in ultra- low C steels [J]. ISIJ Inter., 2008, 48: 845~850.

[32] Moll S H, Ogilvie R E. Trans Metall Soc AIME, 1959, 215: 613~618.

[33] Lai D Y F, Borg J. USAEC Rept. UCRL 50314, 1967.

[34] Dyment F, Libanati C M. Self-diffusion of Ti, Zr, and Hf in their HCP phases, and diffusion of in HCP Zr [J]. Mater. Sci., 1968, 3: 349~359.

[35] Walsoe de Reca N E, Libanati C M. Acta Met., 1968, 16: 1297.

[36] Kulkarni S R, Merlini M, Phatak N, et al. Thermal expansion and stability of Ti_2SC in air and inert atmospheres [J]. Alloys Compounds, 2009, 463 (1~2): 395~400.

[37] Davenport A T, Brossard L C, Miner R E. Metals, 1975, 27 (6): 21.

[38] Baker R G, Nutting J. ISI Special Report, No.64, London: ISI, 1959: 1.

[39] Zener C, Smith C S. Grains, phases, and interfaces: An interpretation of microstructure [J].

Trans. AIME, 1948, 175: 47.

[40] Cahn R W. Physical metallurgy [M]. Netherlands: North-Holland, 1970.

[41] Yong Q. Theory of nucleation on dislocations [J]. Chin. J. Met. Sci. Tech., 1990, 6: 239~243.

[42] Liu W J, Jonas J J. Ti(C, N) precitated in microalloyed austenite during stress relaxation [J]. Met. Trans. A, 1988, 19A: 1415~1424.

[43] 雍岐龙, 马鸣图, 吴宝榕. 微合金钢——物理和力学冶金 [M]. 北京: 机械工业出版社, 1989.

[44] Akben M G, Weiss I, Jonas J J. Dynamic precipitation and solute hardening in a V microalloyed steel and two Nb steels containing high levels of Mn [J]. Acta Metall., 1981, 29 (4): 111~121.

[45] Akben M G, Chandra T, Plassiard P, et al. Dynamic precipitation and solute hardening in a titanium microalloyed steel containing three levels of manganese [J]. Acta Metall., 1984, 32 (4): 591~601.

[46] Dong J X, Siciliano J F, Jonas J J, et al. Effect of silicon on the kinetics of Nb(CN) precipitation during the hot working of Nb-bearing steels [J]. ISIJ Int., 2000, 40: 613~618.

[47] Irvine K J, Pickering F B, Gladman T. Grain refined C-Mn steels [J]. JISI, 1967, 205: 161~182.

[48] Zurob H S, Zhu G, Subramanian S V, et al. Analysis of the effect of Mn on the recrystallization kinetics of high Nb steel: An example of physical-based alloy design [J]. ISIJ Int., 2005, 45 (5): 713~722.

[49] 王长军, 雍岐龙, 孙新军, 等. Ti 和 Mn 含量对 CSP 工艺 Ti 微合金钢析出特征与强化机理的影响 [J]. 金属学报, 2011, 47 (12): 1541~1549.

[50] Liu W J, Jonas J J. A stress relaxation method for following carbonitride precipitation in austenite at hot working temperatures [J]. Metall. Trans. A, 1988, 19A: 1403~1413.

[51] Watanabe H, Smith Y E, Pehlke R D. Precipitation kinetics of niobium carbonitride in austenite of high-strength low-alloy steels: The hot deformation of austenite [M]. New York: TMS-AIME, 1977: 140~168.

[52] Jang J H, Lee C H, Heo Y U, et al. Stability of (Ti, M) C (M = Nb, V, Mo and W) carbide in steels using first-principles calculations [J]. Acta Mater., 2012, 60: 208~217.

[53] Funakawa Y, Shiozaki T, Tomita K, et al. Development of high strength hot-rolled sheet steel consisting of ferrite and nanometer-sized carbides [J]. ISIJ Int., 2004, 44: 1945~1951.

[54] Yen H W, Huang C Y, Yang J R. Characterization of interphase-precipitated nanometer-sized carbides in a Ti-Mo-bearing steel [J]. Scripta Mater., 2009, 61: 616~619.

[55] Seto K, Funakawa Y, Kaneko S. Hot rolled high strength steels for suspension and chassis parts "NANOHITEN" and "BHT® Steel" [J]. JFE Technical Report, 2007, 10: 19~25.

[56] 周玉. 材料分析方法 [M]. 北京: 机械工业出版社, 2011.

[57] Pavlina E J, Speer J G, van T C J. Equilibrium solubility products of molybdenum carbide and tungsten carbide in iron [J]. Scripta Mater., 2012, 66: 243~246.

[58] Matsuda S, Okumura N. Effect of distribution of TiN precipitate particle on the austenite grain size of low carbon low alloy steels [J]. Trans. ISIJ, 1978, 18: 198~202.

[59] Akben M G, Bacroix B, Jonas J J. Effect of vanadium and molybdenum addition on high temperature recovery, recrystallization and precipitation behavior of niobium-based microalloyed steels [J]. Acta Mater., 1983, 31: 161~174.

[60] Lee W B, Hong S G, Park C G, et al. Influence of Mo on precipitation hardening in hot rolled HSLA steels containing Nb [J]. Scripta Mater., 2000, 43: 319~324.

[61] Lee W B, Hong S G, Park C G, et al. Carbide precipitation and high-temperature strength of hot-rolled high-strength, low-alloy steels containing Nb and Mo [J]. Metall. Mater. Trans. A, 2002, 33A: 1689~1698.

[62] Pereda B, Fernadez A I, Lopez B, et al. Effect of Mo on dynamic recrystallization behavior of Nb-Mo microalloyed steels [J]. ISIJ Int., 2007, 47 (6): 860~868.

[63] Lifshitz I M, Slyozov V V. The kinetics of precipitation from supersaturated solid solutions [J]. J. Phys. Chem. Solids, 1961, 19: 35~50.

[64] 雍岐龙. 稀溶体中第二相质点的 Ostwald 熟化（Ⅰ. 普适方程）[J]. 钢铁研究学报, 1991, 3 (4): 51~60.

[65] 雍岐龙, 白埃民, 干勇. 稀溶体中第二相质点的 Ostwald 熟化（Ⅱ. 解析解）[J]. 钢铁研究学报, 1992, 4 (1): 59~66.

4　钛微合金钢物理冶金原理
——再结晶与相变

　　高强度钛微合金钢主要为沉淀强化型铁素体钢,铁素体晶粒细化与 TiC 沉淀强化的良好匹配是同时获得高强度和高韧性的重要保障。铁素体晶粒细化,一方面取决于奥氏体晶粒尺寸的细化,另一方面取决于相变温度的控制。奥氏体晶粒的细化主要在轧前均热态奥氏体晶粒长大控制、轧制过程中奥氏体再结晶晶粒形态与尺寸的控制上进行。铁素体实际相变温度的控制原则是在 TiC 能够充分析出的前提下,通过冷却工艺与合金元素的控制来尽可能地降低相变温度。对于冷轧高强度钛微合金钢而言,其性能还受冷轧铁素体再结晶行为的影响。因此,本章首先介绍热轧钛微合金钢奥氏体的细化控制与再结晶规律;其次介绍热轧钛微合金钢的奥氏体—铁素体相变特征及合金元素的影响;最后介绍冷轧钛微合金钢再结晶温度、时间及含钛相对铁素体再结晶行为的影响。

4.1　奥氏体再结晶

　　形变奥氏体晶粒细化控制主要有两大技术措施:一是采用再结晶控制轧制获得细小等轴的奥氏体晶粒;二是采用未再结晶控制轧制使奥氏体发生扁平化形变。二者可以独立实施,也可以同时采用。对于单一的 Ti/N 原子比小于 TiN 理想化学配比的微钛处理钢(无铌、钒),主要是高温析出的少量 TiN 或富氮的 Ti(CN) 与形变奥氏体再结晶发生交互作用,奥氏体再结晶驱动力约为 TiN 或 Ti(CN) 钉扎力的 2 倍[1],形变奥氏体再结晶很难被抑制,因此通常采用再结晶控制轧制,一般程度的累积变形不足以细化奥氏体晶粒和相变后的铁素体晶粒。对于单一高钛微合金钢,奥氏体变形可以诱导再结晶,也可以诱导析出纳米 TiC 来抑制形变奥氏体再结晶,从而影响奥氏体晶粒的形态与尺寸。

　　本节主要对单一钛微合金钢的奥氏体再结晶行为与规律进行介绍,包括形变前奥氏体晶粒尺寸、变形温度、变形量和变形速率对奥氏体再结晶行为的影响。

4.1.1　均热态奥氏体晶粒细化

　　在不同钛、氮含量的微合金钢中,TiN 的粗化速率不同,将影响均热奥氏体晶粒尺寸的控制效果。图 4-1 给出了 0.0034% N 含量水平下, 0.02% Ti、0.04% Ti、0.10% Ti 钢中 TiN 的粗化速率计算值与温度的关系 (见第 3 章式 3-114)。随着均热温度和钛含量的增加, TiN 的粗化速率 m 加快。因此, 从粗化的角度, 微钛处理时的 TiN 比单一高钛微合金化时抑制奥氏体晶粒长大的效果更好。如表 4-1 所示, Medina 等[2] 研究了不同氮含量水平下, 钛含量对 TiN 粒径及均热奥氏体晶粒尺寸的影响, 见表 4-1。当氮含量水平较低时 (约 45ppm, 转炉冶炼氮含量控制水平), 钛含量从 0.021% 增加到 0.047%, 使得细小 TiN 粒径显著增大, 而使粗大 TiN 粒径有所增大; 当氮含量水平较高时 (约 80ppm, 电炉冶炼氮含量控制水平), 钛含量从 0.018% 增加到 0.031%, 使细小 TiN 粒径有所增大, 而使粗大 TiN 粒径明显增大; 以上两种情况均使 TiN 体积增加。综合表 4-1 和图 4-2, 可以看出, 微钛处理或单一高钛微合金化均可以抑制均热态奥氏体晶粒粗化, 但单一高钛微合金化的抑制作用不如微钛处理。如图 4-2 所示, Ti/N 的质量比为 2~3 时, TiN 抑制均热态奥氏体晶粒粗化的效果是较好的。

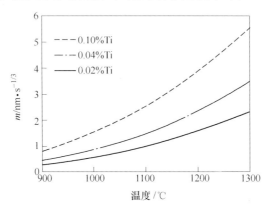

图 4-1　钢中 TiN 粗化速率 m 与温度、钛含量的关系 (0.0034% N)

表 4-1　钛、氮含量 (Ti/N 质量比) 对 TiN 粒径、体积、奥氏体晶粒尺寸的影响

氮含量 (质量分数)/%	0.0046	0.0043	0.0080		0.0083	
钛含量 (质量分数)/%	0.021	0.047	0.018		0.031	
Ti/N 质量比	4.56	10.93	2.25		3.73	
温度/℃	1300	1300	1300	1100	1300	1100
细小 TiN 平均粒径/nm	23	65.2	13.8	6.5	14.1	7.6
粗大 TiN 平均粒径/μm	2.32	2.60	1.28	0.49	2.32	1.35
TiN 体积分数计算值/%	0.0175	0.0236	0.0242	0.0334	0.0394	0.0522
奥氏体晶粒粒径/μm	302	213	38	23	64	32

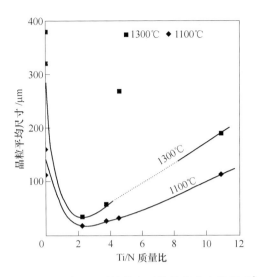

图 4-2 Ti/N 质量比对均热奥氏体晶粒大小的影响[2]

4.1.2 粗大奥氏体再结晶

由于热履历的不同,薄板坯连铸连轧流程的轧前奥氏体组织与传统热轧流程存在显著差异。传统热轧流程轧前奥氏体晶粒尺寸一般为 $150 \sim 300 \mu m$,而薄板坯连铸连轧流程达到 $700 \sim 1000 \mu m$,是传统流程的 $2 \sim 3$ 倍。粗大的原始奥氏体组织显著增大了再结晶的难度,再加上微合金元素钛对奥氏体再结晶具有一定的抑制作用,可能导致再结晶不完全,对最终产品的性能造成不利影响。因此,实现铸态粗大奥氏体的完全再结晶,是薄板坯连铸连轧流程钛微合金钢进行再结晶区控轧的前提。

本书作者采用热模拟压缩实验研究了单一高钛微合金实验钢(0.055% C-1.53% Mn-0.11% Ti)铸态粗大奥氏体的再结晶过程,结合现场工艺条件,确定实验方案,如图 4-3 所示。

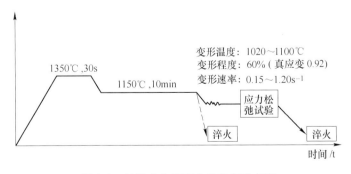

图 4-3 钛微合金钢应力松弛实验方案

　　试样先在 1350℃ 保温 30s，然后在
1150℃ 保温 10min，获得了晶粒尺寸约
800μm 的粗大奥氏体组织，如图 4-4 所示，
与薄板坯铸态奥氏体晶粒尺寸相当。

　　利用单道次压缩实验模拟现场 F1 机架
的高温大压下变形，不同变形温度和变形速
率下的应力-应变曲线如图 4-5 所示。由图
4-5 可见，在不同的变形条件下应力一直呈
现上升的趋势，表现出较强的加工硬化，表
明实验钢未发生动态再结晶。

图 4-4　热模拟试验获得的粗晶
奥氏体组织

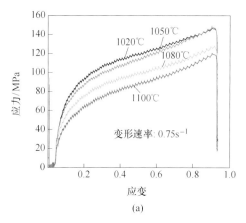

(a)

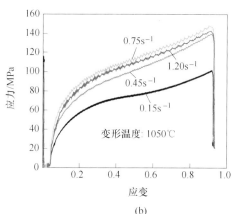

(b)

图 4-5　高钛微合金化钢变形 60%（真应变 0.92）的应力-应变曲线
（a）不同变形温度；（b）不同变形速率

　　图 4-6 比较了高钛微合金钢和普
碳钢在原始奥氏体晶粒尺寸基本相同
情况下的应力-应变曲线。普碳钢的应
力-应变曲线上出现峰值，表明变形过
程中发生了动态再结晶。因此，高钛
微合金化对奥氏体动态再结晶具有明
显的抑制作用。

　　图 4-7 为实验钢不同温度变形
60% 后的应力松弛曲线和根据应力松
弛曲线计算出的静态再结晶动力学
曲线。

　　由图 4-7 可以看出，再结晶动力

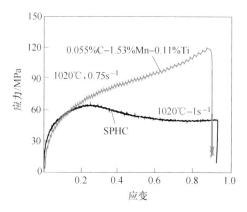

图 4-6　高钛微合金化钢和普碳钢
SPHC 的应力-应变曲线对比

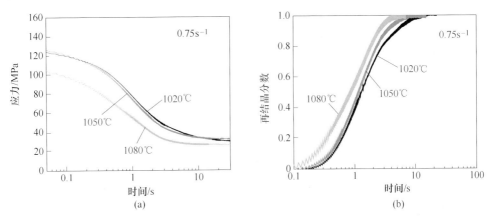

图 4-7　实验钢应力松弛曲线和静态再结晶动力学曲线

（a）应力松弛曲线；（b）静态再结晶动力学曲线

学曲线为典型的"S"形，且随着变形温度升高，再结晶过程加速。尽管原始奥氏体晶粒异常粗大，但在高温大变形条件下，再结晶速度仍然很快。1020℃变形时的再结晶在8s内基本完成，而1050℃和1080℃变形时再结晶完成时间分别减小到6s和4s以内。图4-8为实验钢在1050℃变形60%后，分别等温4s和180s再淬火后的组织，可见经一道次大变形后，晶粒尺寸便从约800μm迅速细化到约30μm，等温保持180s其晶粒尺寸长大到约100μm。在薄板坯连铸连轧生产线上进行了工业轧卡试验（实验钢成分为0.05%C-0.48%Mn-0.10%Ti，变形温度为1050℃，道次压下量为57%，机架间停留时间为5~7s）对上述实验结果做进一步验证。结果表明，F1采用高温大变形工艺，可以实现高钛微合金钢铸态粗大奥氏体的完全再结晶，再结晶后的晶粒尺寸约为108μm，如图4-9所示。综合上述分析可以得出结论：在通常的薄板坯连铸连轧生产工艺条件下，钛微合金钢的静态再结晶能够在F1~F2之间基本完成，不至于因为完成不充分而造成混晶现象。

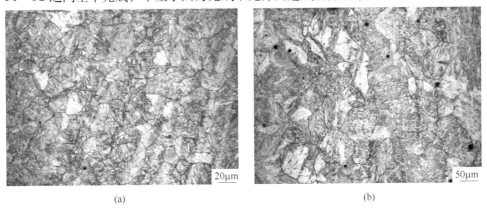

图 4-8　实验钢等温不同时间后淬火形成的组织

（a）4s；（b）180s

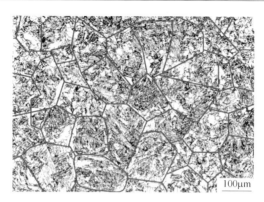

图 4-9　高钛微合金钢 F1 轧后的奥氏体组织

铌微合金钢与钛微合金钢不同，其静态再结晶的完成相当困难。0.06% C-1.20% Mn-0.045% Nb 钢的初始奥氏体晶粒平均直径约 500μm，如图 4-10（a）所示；经 1050℃以 3s⁻¹ 变形 50% 后保温 10s，再结晶不完全，仍保留一定数量的粗大原始奥氏体组织，如图 4-10（b）所示，这是薄板坯连铸连轧铌微合金钢最终组织不均匀的原因。综合上述分析可见，钛微合金化技术与薄板坯铸态直轧工艺的适应性明显优于铌微合金化钢。

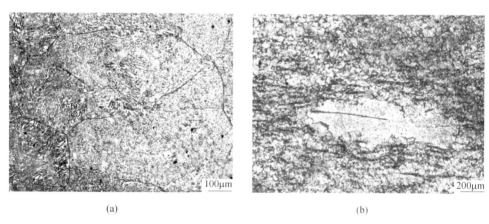

(a)　　　　　　　　　　　　　　　　　　(b)

图 4-10　铌微合金钢变形前后奥氏体组织
（a）粗大奥氏体晶粒；（b）未完全再结晶晶粒

4.1.3　常规奥氏体再结晶

前已述及，钛微合金钢粗大铸态奥氏体经过 F1 轧制后，晶粒尺寸迅速细化。后续轧制过程发生的再结晶是经过 F1 轧制细化后奥氏体的再结晶，即常规晶粒尺寸奥氏体再结晶。由于钛微合金钢奥氏体的动态再结晶较难发生，因此以下主要阐述静态再结晶规律。

奥氏体静态再结晶是一个热激活过程，可以用 Avrami 方程来描述：

$$f = 1 - \exp\left[-0.693\left(\frac{t}{t_{0.5}}\right)^n\right] \tag{4-1}$$

式中 f——再结晶分数；

t——时间；

$t_{0.5}$——再结晶50%所需的时间；

n——常数。

$t_{0.5}$ 与原始奥氏体晶粒尺寸 d_0、应变速率 $\dot{\varepsilon}$、应变 ε 以及变形温度 T 有关，可以用下式表示：

$$t_{0.5} = Ad_0^m \varepsilon^{-p} \dot{\varepsilon}^{-q} \exp\left(\frac{Q_{\text{rex}}}{RT}\right) \tag{4-2}$$

采用应力松弛实验方法研究了两种钛微合金钢（0.055% C-1.53% Mn-0.11% Ti，0.052% C-0.44% Mn-0.08% Ti）的再结晶规律，测定其再结晶动力学方程，以期为相关轧制工艺的优化提供理论依据。

实验钢 a（0.055% C-1.53% Mn-0.11% Ti）和实验钢 b（0.052% C-0.44% Mn-0.08% Ti）在1020℃以 1s^{-1} 的速率变形不同应变量后的应力松弛曲线和再结晶动力学曲线分别如图4-11和图4-12所示。从总体上看，随着应变量的增加，再结晶动力学曲线左移，表明再结晶速度加快。较大变形量下奥氏体内缺陷密度较高，再结晶驱动力变大，这是再结晶速率加快的原因。

根据图4-11和图4-12的静态再结晶动力学曲线，可得到两种实验钢的 $t_{0.5}$，如图4-13所示。经线性拟合后得到公式4-2中的 p 值，分别为2.12（实验钢 a）和2.06（实验钢 b），两者相差不大。相同变形条件下实验钢 a 的 $t_{0.5}$ 值大于实验钢 b，这主要是因为增加钛含量能够减缓再结晶的进程，即钛对再结晶具有一定的抑制作用。对于实验钢 b，当应变量大于0.8后，$t_{0.5}$ 几乎不变，这是变形中发生了动态再结晶而在变形后发生亚动态再结晶的重要标志。

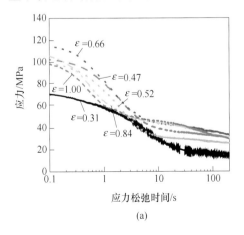

(a)

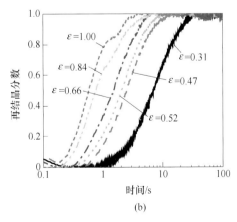

(b)

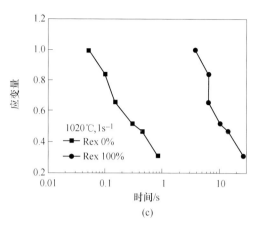

(c)

图 4-11　实验钢 a 不同应变量下的应力松弛曲线和再结晶动力学曲线

（a）应力松弛曲线；（b）再结晶动力学曲线；（c）应变量对再结晶时间的影响

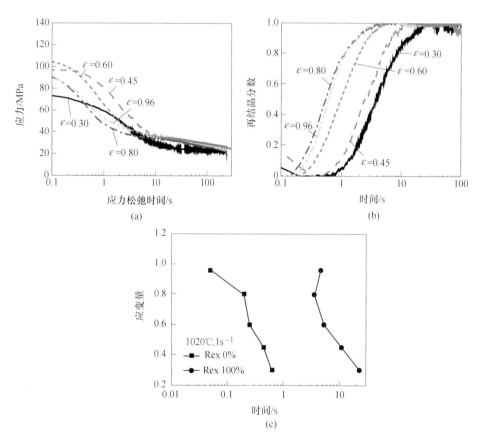

图 4-12　实验钢 b 不同应变量下的应力松弛曲线和再结晶动力学曲线

（a）应力松弛曲线；（b）再结晶动力学曲线；（c）应变量对再结晶时间的影响

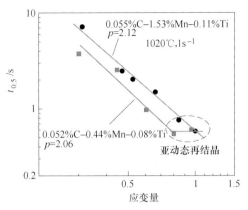

图 4-13 奥氏体再结晶 $t_{0.5}$ 与应变量的关系

实验钢 a 和实验钢 b 以 $1s^{-1}$ 的应变速率在不同温度下变形 0.52 后的应力松弛曲线和再结晶动力学曲线分别如图 4-14 和图 4-15 所示。由图 4-14 和图 4-15 可见，随着变形温度增加，再结晶动力学曲线左移，表明再结晶速度加快。较高温度下尽管奥氏体内缺陷密度较低，再结晶驱动力减小，但原子的扩散能力和晶界迁移速度加快，温度升高了导致再结晶速率加快。

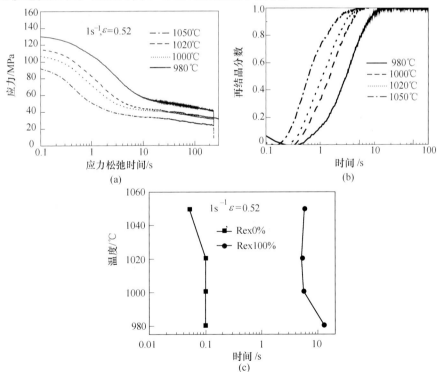

图 4-14 实验钢 a 在不同温度下的应力松弛曲线和再结晶动力学曲线
（a）应力松弛曲线；（b）再结晶动力学曲线；（c）变形温度对再结晶时间的影响

根据图 4-14 和图 4-15 的再结晶动力学曲线，可得到两种实验钢的 $t_{0.5}$ 与 $1/T$ 的关系，如图 4-16 所示。线性拟合后得到实验钢 a 和实验钢 b 的再结晶激活能，分别为 302189J/mol 和 235184J/mol，激活能是表征原子扩散能力的重要参数，激活能越大，表明原子扩散需要越过的能垒越高，扩散就越困难，因而再结晶就越慢。显然，实验钢 a 再结晶激活能较高是与 Ti-Fe 原子的交互作用分不开的，钛对再结晶的抑制作用可以通过再结晶激活能这一项体现出来。

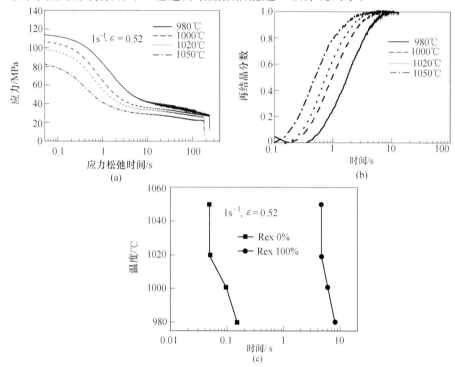

图 4-15　实验钢 b 不同温度下的应力松弛曲线和再结晶动力学曲线

（a）应力松弛曲线；（b）再结晶动力学曲线；（c）变形温度对再结晶时间的影响

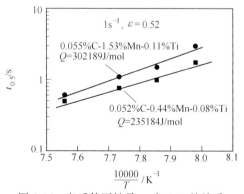

图 4-16　奥氏体再结晶 $t_{0.5}$ 与 $1/T$ 的关系

实验钢 a 和实验钢 b 在 1020℃以不同应变速率变形 0.52 后的应力松弛曲线和再结晶动力学曲线如图 4-17 和图 4-18 所示。由图 4-17 和图 4-18 可见，应变速率的提高将加快再结晶进程。较高应变速率下奥氏体内因变形而产生的位错来不及回复，导致在相同变形量下位错密度较高，从而提高了再结晶的驱动力，导致再结晶速率加快。

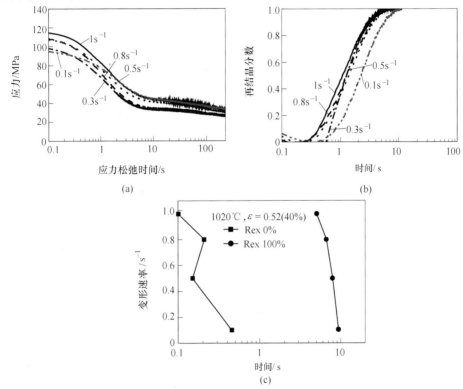

图 4-17 实验钢 a 不同应变速率下的应力松弛曲线和再结晶动力学曲线

（a）应力松弛曲线；（b）再结晶动力学曲线；（c）变形速率对再结晶时间的影响

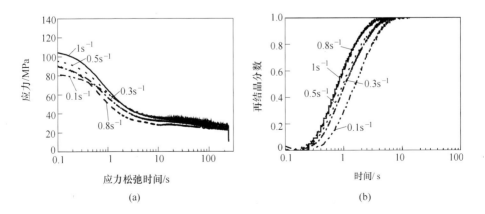

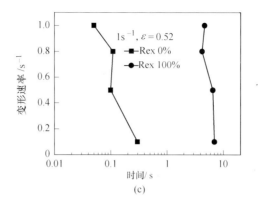

图 4-18　实验钢 b 不同应变速率下的应力松弛曲线和再结晶动力学曲线

(a) 应力松弛曲线；(b) 再结晶动力学曲线；(c) 变形速率对再结晶时间的影响

根据图 4-17 和图 4-18 的再结晶动力学曲线，可得到两种实验钢的 $t_{0.5}$ 与应变速率 $\dot{\varepsilon}$ 的关系，如图 4-19 所示。线性拟合后得到公式 4-2 中的 q 值，分别为 0.296（实验钢 a）和 0.31（实验钢 b），两者相差不大。

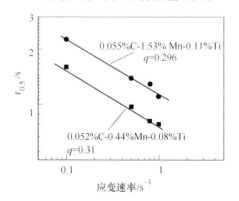

图 4-19　奥氏体再结晶 $t_{0.5}$ 与应变速率 $\dot{\varepsilon}$ 的关系

最后根据式 4-1，通过线性拟合曲线 $\log[-\ln(1-f)] \sim \log t$，求出其斜率，即获得再结晶动力学方程中的时间指数 n 值，获得再结晶动力学方程如下：

实验钢 a：

$$f = 1 - \exp\left[-0.693\left(\frac{t}{t_{0.5}}\right)^{1.10}\right] \tag{4-3}$$

$$t_{0.5} = 2.8091 \times 10^{-15} d_0 \varepsilon^{-2.12} \dot{\varepsilon}^{-0.296} \exp\left(\frac{302189}{RT}\right) \tag{4-4}$$

实验钢 b：

$$f = 1 - \exp\left[-0.693\left(\frac{t}{t_{0.5}}\right)^{1.35}\right] \tag{4-5}$$

$$t_{0.5} = 8.385 \times 10^{-13} d_0 \varepsilon^{-2.14} \dot{\varepsilon}^{-0.31} \exp\left(\frac{235184}{RT}\right) \tag{4-6}$$

S F Medina 和 J E Mancilla[3] 通过扭转变形试验研究了钛微合金钢（0.145% C-1.10% Mn-0.075% Ti-0.0102% N）的静态再结晶规律，也得到了类似的再结晶动力学方程：

$$f = 1 - \exp\left[-0.693\left(\frac{t}{t_{0.5}}\right)^{4.81\exp\left(-\frac{20000}{RT}\right)}\right] \tag{4-7}$$

$$t_{0.5} = 3.702 \times 10^{-12} d_0 \varepsilon^{-2.15} \dot{\varepsilon}^{-0.44} \exp\left(\frac{22700}{RT}\right) \tag{4-8}$$

利用上述静态再结晶动力学方程（式4-3和式4-4），结合某钢厂热连轧生产线条件，计算和分析高钛微合金高强钢在轧制过程中各机架间的静态再结晶行为，结果见表4-2。由表4-2可见，F1~F4各机架间均发生完全再结晶，F4机架之后仅发生部分再结晶，F5机架之后基本上为未再结晶轧制。

表4-2　各机架的变形参数及道次间隔时间内的再结晶分数

机架序号	变形温度/℃	入口厚度/m	出口厚度/m	入口速度/m·s⁻¹	出口速度/m·s⁻¹	压下量/%	应变速率/s⁻¹	道次间隔时间/s	f_{rex}
F1	1010	0.060	0.030	0.30	0.60	50	2.25	9.17	1
F2	990	0.030	0.015	0.60	1.20	50	6.38	4.58	1
F3	970	0.015	0.009	1.20	2.00	40	14.86	2.75	0.98
F4	950	0.009	0.006	2.00	2.86	30	25.78	1.93	0.42
F5	930	0.006	0.004	2.86	4.08	30	51.40	1.35	0.20
F6	910	0.004	0.004	4.08	5.10	20	67.25	—	—

应该指出的是，上述再结晶动力学方程仅涉及固溶钛对再结晶的延迟作用，而在实际轧制工艺条件下特别是后几个机架时，还有可能发生 TiC 形变诱导析出，从而进一步延迟或抑制再结晶。

4.1.4 形变诱导析出与奥氏体再结晶的相互作用

当变形温度降低到一定值时，奥氏体形变将诱导析出纳米 TiC，从而抑制形变奥氏体动态或静态再结晶。添加 0.1% 的钛显著提高了形变奥氏体静态结晶的温度、推迟了再结晶时间（见图 3-30（a）和（b）），但增加钛微合金钢的锰含量对奥氏体再结晶有利（见图 3-30（c）、（d）和图 3-31）；添加 0.2% 的钼使 925℃ 及其以下 TiC 析出抑制再结晶的能力增强（见图 3-35）。图 4-20 给出了钛微合金钢与 Ti-Mo 微合金钢热轧后在 925℃ 保温不同时间的奥氏体晶粒形貌。可以看出，钛微合金钢保温600s后就基本完成了再结晶，几乎观察不到变形痕迹，保温时间达到1800s后奥氏体晶粒发生了明显的晶粒长大。然而，Ti-Mo微合金钢，无论是短时保温600s，还是长时间保温至7200s，均没有发生明显的再结晶，变形晶粒仍然存在，该现象表明添加钼明显抑制了钛微合金钢轧制后奥氏体的再结晶。

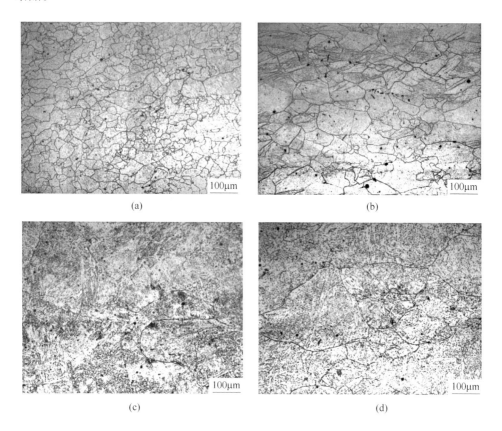

图4-20　钼对钛微合金钢变形奥氏体再结晶的影响

(a) 0.1% Ti 钢-600s；(b) 0.1% Ti 钢 1800s；

(c) 0.1% Ti-0.2% Mo 钢 600s；(d) 0.1% Ti-0.2% Mo 钢 7200s

　　微合金元素对抑制形变奥氏体动态再结晶或提高非再结晶温度方面的影响如图1-2所示，相同原子数的情况下铌的能力最强，钛次之，钒最弱。其未再结晶温度可以根据下式进行估算：

$$T_{nr} = 887 + 464[C] + (6445[Nb] - 644[Nb]^{1/2}) + (732[V] -$$
$$230[V]^{1/2}) + 890[Ti] + 363[Al] - 357[Si] \qquad (4-9)^{[4]}$$

式4-9适用于以下成分体系：0.04% ≤C≤0.17%，0.41% ≤Mn≤1.90%，0.15% ≤Si ≤ 0.50%，0.002% ≤ Al ≤ 0.650%，Nb ≤ 0.060%，V ≤ 0.120%，Ti ≤

0.110%，Cr≤0.67%，Ni≤0.45%。

在抑制形变奥氏体静态再结晶方面，Medina 和 Mancilla[3] 比较了 0.105% C-0.0112% N-0.042%Nb、0.113% C-0.0144% N-0.095% V 与 0.145% C-0.0102% N-0.075% Ti 钢形变奥氏体的静态再结晶与形变诱导析出动力学。结果指出，铌、钒微合金钢的静态再结晶临界温度比全固溶温度低约 100℃，而钛微合金钢的静态再结晶临界温度比全固溶温度低约 200℃。铌微合金钢的最快析出温度比钛微合金钢和钒微合金钢高，而钒微合金钢的最快析出温度与钛微合金钢相当，但钒微合金钢的最快析出时间最短。因此，与铌、钒微合金钢相比，钛微合金钢形变奥氏体的静态再结晶更容易发生。当然，铌、钒、钛的含量改变后，上述规律可能改变。

4.2 奥氏体—铁素体相变

因沉淀强化的高性价比，钛微合金化在最近十几年广泛应用于热轧卷板，显微组织多为铁素体。TiC 除了在奥氏体中析出以外，还将在奥氏体—铁素体相变过程中发生相间析出或在铁素体中析出。TiC 相间析出受铁素体相变类型和冷却速度的影响很大，TiC 在铁素体中析出对铁素体类型和卷取温度很敏感。因此，钛微合金钢在不同温度下的等温相变行为、不同冷却速度下的连续冷却相变行为、组织类型和硬度水平值得关注。

4.2.1 等温相变

4.2.1.1 相变组织特征

采用 Gleeble 热模拟试验机对 0.046% C-1.5% Mn-0.1% Ti 钛微合金钢无变形奥氏体的等温相变进行研究，即在 1200℃ 均热后快冷至 550~725℃ 并维持等温 30min，最后快速冷却到室温。如图 4-21 所示，相变组织从低温到高温的变化规律是：贝氏体 + 块状转变铁素体（575℃ 及其以下）→块状转变铁素体（600~625℃）→多边形铁素体（650~675℃）→多边形铁素体 + 马氏体（部分奥氏体在等温时未转变，随后快速冷却时获得马氏体，以下同）（700℃ 及其以上）。在较低的转变温度下获得块状转变组织，这是因为：一方面，实验钢的碳含量较低，淬透性较差；另一方面，相变前的奥氏体晶粒尺寸较大，多边形（先共析）铁素体相变被抑制。

图 4-22 给出了实验钢的显微硬度随等温温度的变化，该硬度值为多边形铁素体的硬度或块状转变铁素体的硬度。结合图 4-20，可见峰值硬度对应的组织为多边形铁素体，硬度值高于 HV260，这说明多边形铁素体基体中产生了较充分的析出而具有显著的沉淀强化效应。随着等温温度的降低，块状转变铁素一旦产

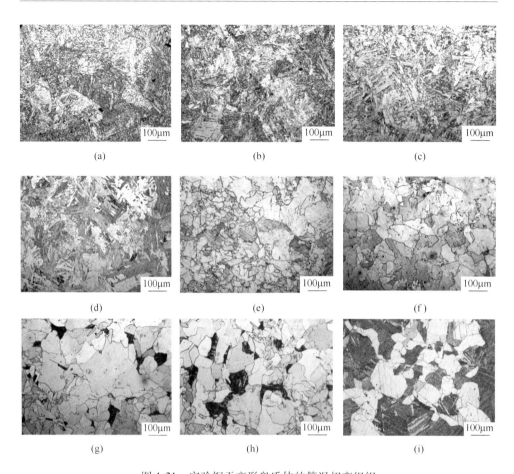

图 4-21 实验钢无变形奥氏体的等温相变组织

（a）550℃；（b）575℃；（c）600℃；（d）625℃；（e）650℃；（f）675℃；

（g）700℃；（h）725℃；（i）750℃

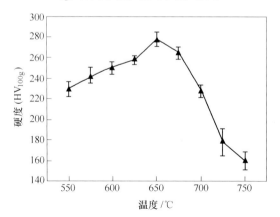

图 4-22 实验钢无变形奥氏体等温相变铁素体组织的硬度

生，就会使硬度下降，这是因为块状转变铁素体的位错密度虽然较高，但是由于相变速度较快、温度较低，TiC 析出得很不充分。随着等温温度的升高，先共析多边形铁素体的硬度下降得更快。T P Wang 等[5]对上述现象的原因进行了分析，他们将钛含量为 0.11%、碳含量低于 0.10% 的钛微合金钢均匀化处理后加热至 1200℃保温 3min，然后分别快速冷却到 650 ~ 750℃保温 30min 或 60min，相变组织特征和硬度如图 4-23 所示，铁素体硬度的变化规律与图 4-22 的高温部分一致。采用透射电镜分析得出，在 700℃ 及其以上温度，TiC 析出以相间沉淀为主，如图 4-24 所示，由于 TiC 的粗化，硬度随等温温度升高而下降。而 675℃ 及其以下温度，TiC 颗粒随机分布在铁素体基体中起沉淀强化作用，此时的铁素体基体是过饱和的，过饱和元素也具有固溶强化效果，二者使得铁素体具有更高的硬度。

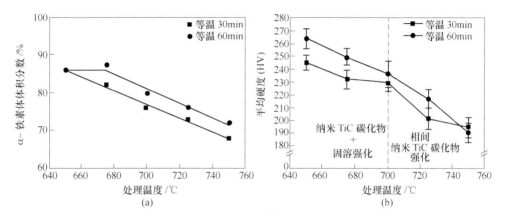

图 4-23　钛含量为 0.11%、碳含量小于 0.10% 的钛微合金钢
铁素体体积分数（a）和铁素体显微硬度（b）随等温温度及时间的变化[5]

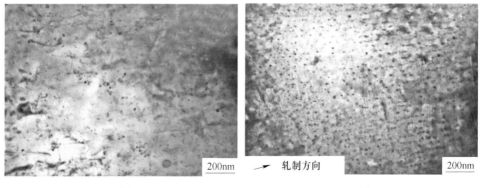

(a)　　　　　　　　　　　　　　　　　(b)

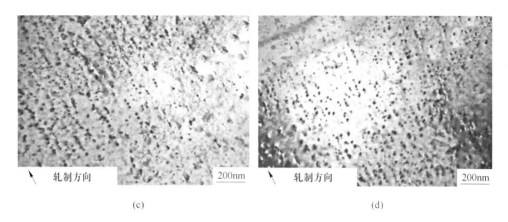

(c)　　　　　　　　　　　　　　　　(d)

图 4-24　钛含量为 0.11%、碳含量低于 0.10% 的钛微合金钢的
TiC 析出随等温温度的变化 (60min)[6]
(a) 675℃；(b) 700℃；(c) 725℃；(d) 750℃

采用 Gleeble 对 0.065% C-1.8% Mn-(0.08, 0.13, 0.17)% Ti 三种钛微合金钢进行等温相变的研究[7]，即在 1250℃ 均热后快冷至 1050℃ 和 900℃ 连续进行两道次压缩 30%，变形速度分别为 1s⁻¹ 和 5s⁻¹，随后快速冷却至 550~725℃ 并维持等温 15min，最后快速冷却到室温。

如图 4-25 所示，温度从 550℃ 提高到 725℃ 时，0.065% C-1.8% Mn-0.08% Ti 钛微合金钢等温相变组织的变化规律为：粒状贝氏体（575℃ 及其以下）→准多边形铁素体/粒状贝氏体 + 马氏体（600℃）→多边形铁素体 + 马氏体（600℃ 以上）。随着等温温度的升高，等温未转变区域（马氏体组织）的含量呈增加趋势；675℃ 及其以下温度，铁素体晶粒尺寸逐渐减小；而等温温度 700℃、725℃ 时的铁素体晶粒尺寸比更低温度时的更细小，这可能与相变时间短、高温相间析出抑制晶粒长大等因素有关。与 0.046% C-1.5% Mn-0.1% Ti 钛微合金钢无变形奥氏体相比，0.065% C-1.8% Mn-0.08% Ti 钛微合金钢形变奥氏体晶粒细小，没有发生块状铁素体相变，且获得多边形铁素体组织的等温相变温度更低。此外，钛含量从 0.08% 增加至 0.17%，对等温相变规律几乎没有影响。

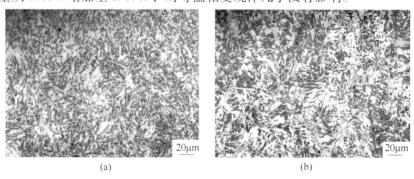

(a)　　　　　　　　　　　　　　　　(b)

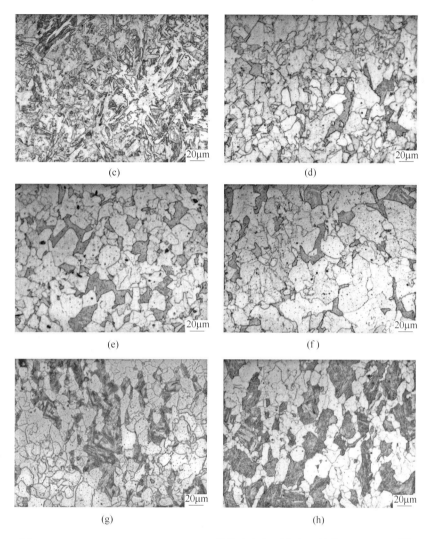

图 4-25　0.065C%-1.8% Mn-0.08% Ti 钛微合金钢形变奥氏体等温相变组织[6]

(a) 550℃；(b) 575℃；(c) 600℃；(d) 625℃；(e) 650℃；(f) 675℃；(g) 700℃；(h) 725℃

不同钛含量钛微合金钢形变奥氏体等温相变组织的硬度随等温温度的变化如图 4-26 所示。0.08% Ti 钢的硬度总体上随终冷温度的增加而降低，最高硬度值实际出现在550℃的全贝氏体组织上；而钛含量增加后，即 0.13% Ti 和 0.17% Ti 两种钢的多边形或准多边形铁素体组织具有硬度峰值。随着钛含量的增加，硬度峰值逐渐增加。多边形或准多边形铁素体的硬度比贝氏体、贝氏体/马氏体和铁素体/马氏体组织的硬度还高，这说明 TiC 在该组织或温度区间充分析出，起到了显著的沉淀强化作用；在更低的贝氏体相变区间，TiC 析出不充分；在更高的铁素体相变温度下析出不充分或析出粒子粗大，沉淀强化效果不显著。

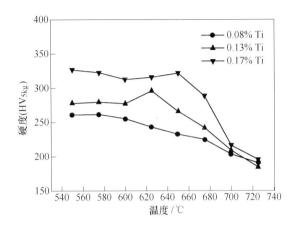

图 4-26　不同钛含量钛微合金钢形变奥氏体等温相变铁素体组织的硬度[7]

4.2.1.2　合金元素的影响

与 0.046% C-1.5% Mn-0.1% Ti 钛微合金钢对比，还采用 Gleeble 热模拟试验机对 0.044% C-0.5% Mn-0.1% Ti、0.041% C-1.0% Mn-0.1% Ti 钛微合金钢无变形奥氏体的等温相变进行研究，即在 1200℃ 均热后快冷至 550～725℃ 并维持等温 30min 或 60min，最后快速冷却到室温。图 4-27 给出了 0.044% C-0.5% Mn-0.1% Ti 钛微合金钢从低温到高温的等温相变组织的变化规律：贝氏体 + 块状转变铁素体（550℃）→块状转变铁素体（575～650℃）→块状转变铁素体 + 多边形铁素体（675℃）→多边形铁素体（700～725℃）→多边形铁素体 + 马氏体（750℃）。图 4-28 给出了 0.041% C-1.0% Mn-0.1% Ti 钛微合金钢从低温到高温的等温相变组织的变化规律：贝氏体 + 块状转变铁素体（550～575℃）→块状转变铁素体（600～650℃）→多边形铁素体（675～725℃）→多边形铁素体 + 马氏体（750℃）。可以看出，不同锰含量钛微合金钢无变形奥氏体的等温相变组织变化趋势基本一致，区别在于：随着锰含量的增加，高温（如 750℃）等温转变相同时间内多边形铁素体的体积分数降低，获得全多边形铁素体组织的最低温度，从 0.5% Mn-0.1% Ti 钢的 700℃ 降低到 1.0% Mn-0.1% Ti 钢的 675℃，再到 1.5% Mn-0.1% Ti 钢的 650℃。

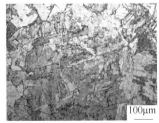

　　　　(a)　　　　　　　　　　　　(b)　　　　　　　　　　　　(c)

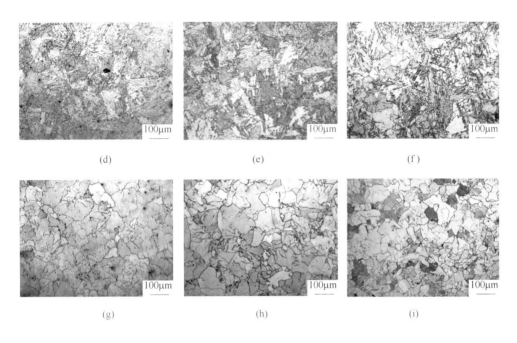

图 4-27 0.044% C-0.5% Mn-0.1% Ti 钢不同等温温度转变组织

(a) 550℃；(b) 575℃；(c) 600℃；(d) 625℃；(e) 650℃；(f) 675℃；

(g) 700℃；(h) 725℃；(i) 750℃

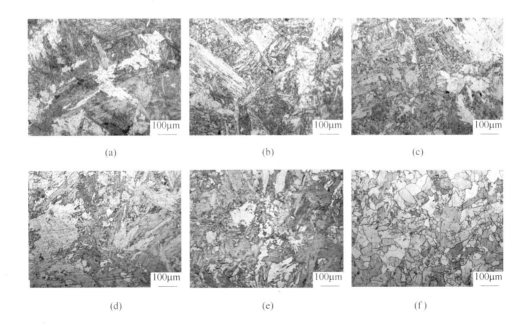

图 4-28　0.041% C-1.0% Mn-0.1% Ti 钢不同等温温度转变组织[5]

(a) 550℃；(b) 575℃；(c) 600℃；(d) 625℃；(e) 650℃；(f) 675℃；

(g) 700℃；(h) 725℃；(i) 750℃

图 4-29 给出了三种钢的显微硬度随等温温度的变化。较高温度下的硬度值为先共析铁素体的硬度或块状转变铁素体的硬度，低温下没有铁素体时，则为贝氏体的硬度。可以看出，三种钢的硬度均出现峰值，且峰值硬度对应的组织均为全多边形铁素体。随着锰含量的增加，高温转变的先共析铁素体的硬度显著下降；低温转变的贝氏体/块状转变铁素体的硬度上升。此外，高温等温时间延长后，多边形铁素体的硬度呈下降趋势。

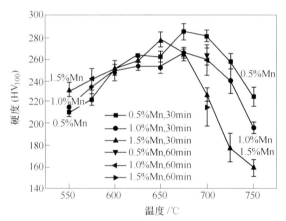

图 4-29　锰含量对钛微合金钢等温相变组织硬度的影响

图 4-30 给出了三种钢在 725℃ 等温转变的铁素体中析出相的形貌。可以看出，随着锰含量的提高，部分析出相呈链状析出，且粒子明显粗大。该结果可以解释锰含量增加后高温等温多边形铁素体硬度降低的现象。关于链状析出与析出物尺寸粗大的解释如下：锰是奥氏体形成元素，提高锰在一定程度上减缓了铁素体晶粒向奥氏体晶粒内部的迁移速度，较慢的界面迁移速度导致碳化物有充足的时间长大。然而，钢的实际生产过程为连续冷却过程，增加锰含量往往细化铁素体晶粒和 TiC 粒子尺寸。

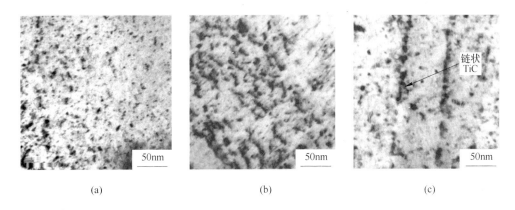

图 4-30 锰含量对钛微合金钢在 725℃ 等温相间析出的影响
(a) 0.5% Mn；(b) 1.0% Mn；(c) 1.5% Mn

采用与 0.044% C-1.5% Mn-0.1% Ti 钢相同的 Gleeble 工艺，对比研究了 0.044% C-1.5% Mn-0.1% Ti-0.2% Mo 钢无变形奥氏体的等温相变特征。图 4-31 给出了 Ti-Mo 钢的等温转变组织。在较高的温度下，725℃ 以上，获得了全铁素体组织；当温度降到 700℃，铁素体体积分数明显降低，未转变的奥氏体占有一定体积分数，这与 1.5% Mn-0.1% Ti 钢等温转变组织的变化恰恰相反，这可能与钼对析出的作用有关，据报道，钼对 MC 相在相变过程中的析出有促进作用[7]，在较高的温度下铁素体相变一旦发生，由于钼的促进作用和高温下元素较强的扩散能力，MC 相就会大量析出，从而固定了钢中的碳，使得奥氏体基体内的碳含量迅速降低，从而促进铁素体相变，使相间析出反复形核，析出与相变互相促进，导致高温下得到铁素体组织；当温度降到 650～675℃，仅有少量的铁素体生成，这是由于元素扩散慢，MC 相的形成速率降低，钼对相变的推迟作用开始显现，因此导致组织中几乎无铁素体生成；随着温度的进一步降低，块状转变铁素体和贝氏体组织形成。

(a) (b) (c)

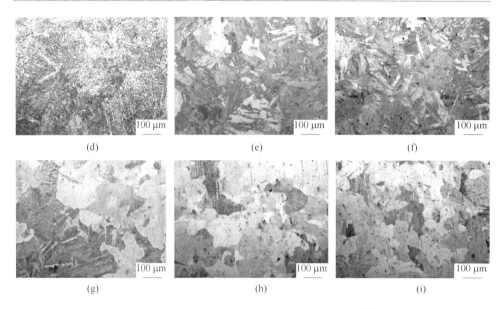

图 4-31　Ti-Mo 钢不同温度下的等温转变组织[5]

(a) 550℃; (b) 575℃; (c) 600℃; (d) 625℃; (e) 650℃; (f) 675℃;

(g) 700℃; (h) 725℃; (i) 750℃

图 4-32 给出了 1.5% Mn-0.1% Ti 微合金钢（不含 Mo）和 Ti-Mo 微合金钢铁素体或贝氏体的显微硬度值。可以看出，在所研究的等温转变温度范围内，Ti-Mo 钢的硬度均高于钛微合金钢，添加钼展现出明显的沉淀强化效果。

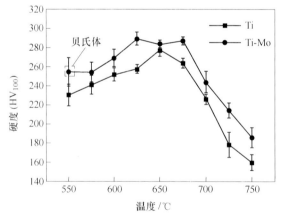

图 4-32　添加钼对钛微合金钢等温相变组织硬度的影响

(Ti 表示 1.5% Mn-0.1% Ti 微合金钢)

图 4-33 给出了 1.5% Mn-0.1% Ti 微合金钢和 Ti-Mo 微合金钢在 750℃等温相间析出形貌的 TEM 照片。可以看出，Ti-Mo 微合金钢相间析出的粒子比钛微合金钢中的更加细小。图 4-34 给出了 Ti-Mo 微合金钢不同温度下等温转变铁素体中

的纳米级析出相形貌。随着温度的降低，析出相尺寸呈下降趋势，这与 T P Wang 等[5]在钛微合金钢中观察到的规律（见图4-24）一致。统计不同温度下两种实验钢铁素体内析出物的直径，如图4-35所示，可见 Ti- Mo 微合金钢铁素体内析出物的平均直径比单纯的钛微合金钢的都小，这是 Ti- Mo 微合金钢铁素体具有更高硬度的主要原因。

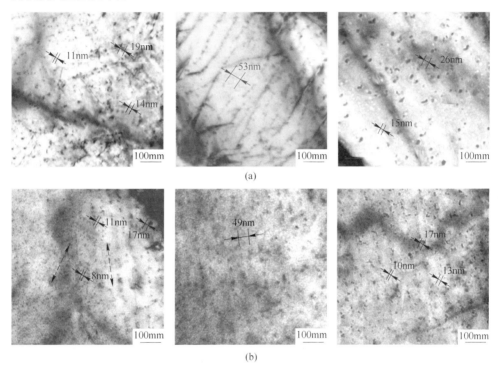

图 4-33　钛微合金钢和 Ti- Mo 微合金钢相间析出 TEM 照片

（a）1.5% Mn-0.1% Ti 微合金钢750℃等温相间析出；（b）Ti- Mo 微合金钢750℃等温相间析出

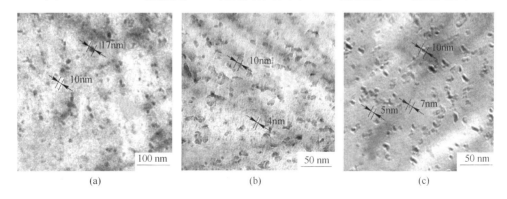

图 4-34　等温温度对 Ti- Mo 微合金钢相间析出尺寸的影响

（a）750℃；（b）725℃；（c）700℃

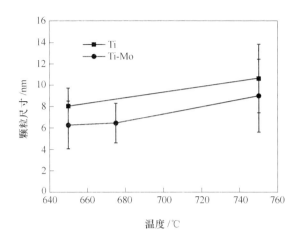

图 4-35　Ti-Mo 微合金钢与钛微合金钢（1.5% Mn-0.1% Ti）中
铁素体内析出物平均尺寸

　　纳米级析出相高角环形暗场像（HAADF）和能谱分析如图 4-36 所示。HAADF-STEM 像的衬度正比于原子序数的平方，其中铁的原子序数为 26，钼为 42，钛为 22，碳为 12，析出物呈白色反映出析出物含有较多的钼。能谱结果显示该相间析出相为（Ti，Mo）C 且钼的含量比钛更高，Ti/Mo 原子比为 0.88（见图 4-36（b））。析出相与基体之间的位向关系如图 4-37 所示，（Ti，Mo）C 粒子与析出相呈 Baker-Nutting 位向关系，即 $(001)_{(Ti,Mo)C}$ // $(001)_\alpha$，$[-110]_{(Ti,Mo)C}$ // $[010]_\alpha$。

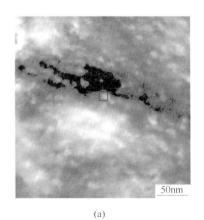

(a)

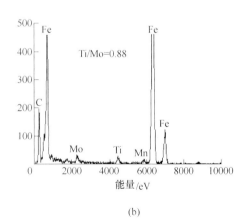

(b)

图 4-36　纳米级析出相高角环形暗场像（HAADF）和能谱分析

(a) 高角环形暗场像；(b) 析出相能谱分析

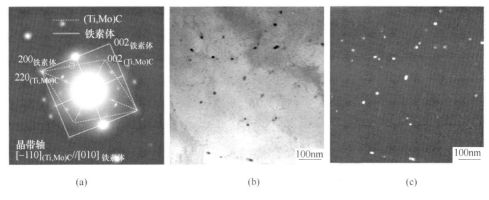

(a)　　　　　　　　　　(b)　　　　　　　　　　(c)

图 4-37　（Ti，Mo）C 的晶体结构及与基体之间的位向关系

（a）衍射斑及其标定；（b）明场像；（c）暗场像

4.2.2　连续冷却相变

在 Gleeble 热模拟试验机上对 0.055% C-1.53% Mn-0.11% Ti 钢试样进行实验，在 1150℃下保温 3min，然后分别冷却到 1050℃以应变速率 1s^{-1}变形 50%，再冷却到 920℃以 5s^{-1}变形 30%，变形后以不同速度冷却到室温或先以 20℃/s 冷速冷却到 550~650℃，然后以 0.2℃/s 缓慢冷却到 450℃，最后空冷到室温，后者模拟层流+卷取冷却过程。

在连续冷却至室温过程中，由图 4-38 可见，随着冷却速度的增加，相变开始温度与终了温度逐渐降低。由图 4-39 可见，当冷速不大于 1℃/s 时，微观组织为典型的铁素体+珠光体；当冷速增加到 3℃/s 时，组织为粒状贝氏体（即贝氏

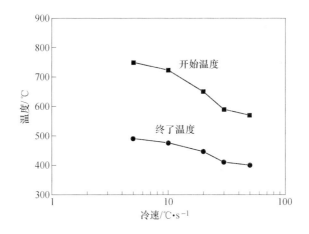

图 4-38　实验钢在不同冷速下的相变开始温度和终了温度

体铁素体基体上弥散分布有 M/A 小岛）；当冷速为 10℃/s 时，开始出现板条贝氏体组织，随着冷速的进一步提高，板条贝氏体的比例逐渐增加；当冷速增加到 20℃/s 后，组织基本上以板条贝氏体为主。

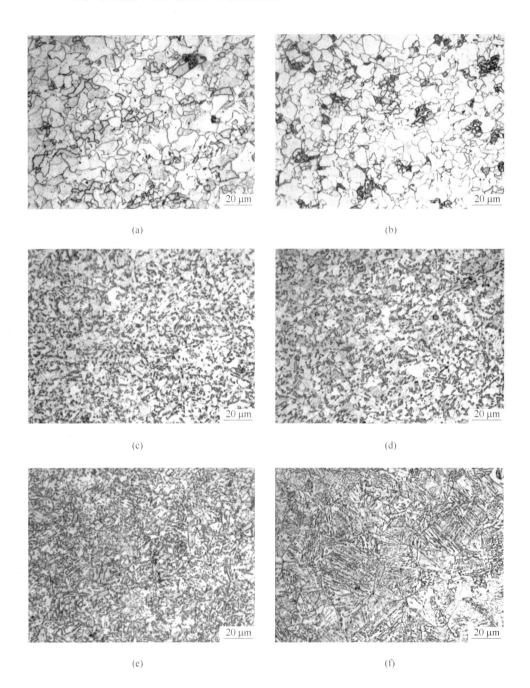

(a)

(b)

(c)

(d)

(e)

(f)

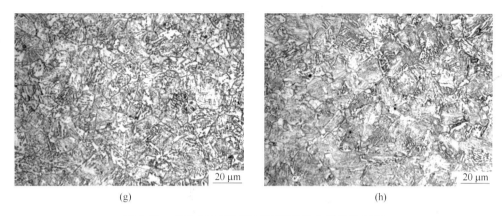

(g)　　　　　　　　　　　　　　　　(h)

图4-39　实验钢在不同冷速下获得的室温显微组织

(a) 0.5℃/s；(b) 1℃/s；(c) 3℃/s；(d) 5℃/s；(e) 10℃/s；

(f) 20℃/s；(g) 30℃/s；(h) 50℃/s

　　图4-40是实验钢在模拟卷取过程中的相变量-温度曲线。压缩变形后在20℃/s的冷却速度下，相变开始温度为650℃，不高于模拟层流冷却的终冷温度，相变终了温度约450℃，低于模拟层流冷却的终冷温度，因此，必然有部分相变发生于卷取过程中，而且卷取温度越高，卷取过程发生相变所占比例就越高。随着终冷温度由650℃降低到550℃，模拟卷取过程中相变终了温度先降低后升高。

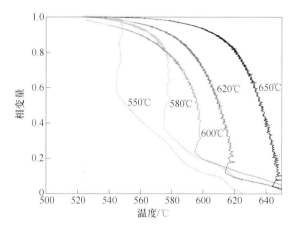

图4-40　实验钢在模拟卷取过程中的相变量-温度曲线

　　如图4-41所示，终冷至620℃和650℃后模拟卷取获得的组织基本为单一的铁素体，几乎没有珠光体，这是由于高温卷取时TiC充分析出固定了钢中碳原子造成的；模拟卷取温度低于600℃时，组织为粒状贝氏体，这时TiC析出不充分。

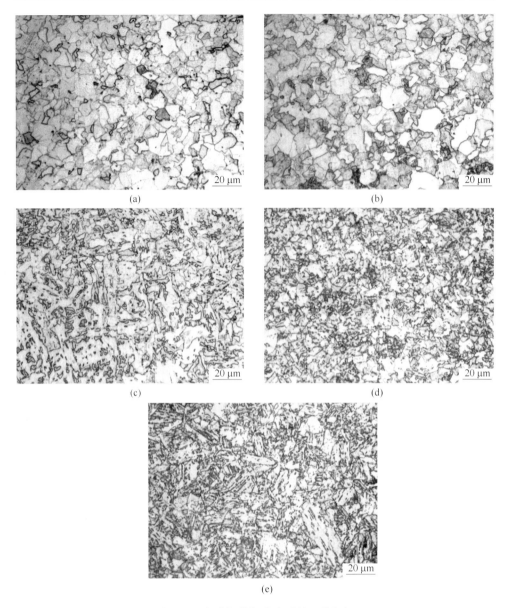

图 4-41　实验钢模拟卷取后的显微组织

(a) 650℃；(b) 620℃；(c) 600℃；(d) 580℃；(e) 550℃

　　如图 4-42 所示，实验钢连续冷却到室温时，硬度随冷速的提高而增加，这与组织的逐渐细化和低温转变组织增多是分不开的，但是在较低冷速范围内出现了一个硬度小峰值，这是由低冷速下 TiC 析出增多而使沉淀强化增加引起的。如图 4-43 所示，实验钢的硬度随着模拟卷取温度的降低出现了三阶段变化特征，随着卷取温度降低，硬度先升高后降低，最后再升高，这是组织变化和 TiC 析出变化对显微硬度综合作用的结果。630℃为 TiC 在铁素体中最快析出温度,其带来的沉淀强化作用最大,因而导致 630℃时出现硬度峰值;而低温下贝氏体组织增多,相变强化效果增强,因而硬度又开始升高。

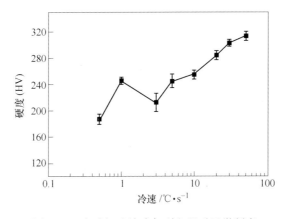

图 4-42   实验钢连续冷却到室温后显微硬度

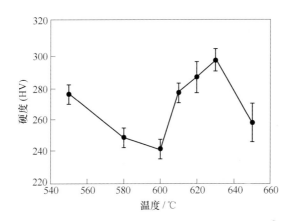

图 4-43   实验钢在模拟层流 + 卷取冷却后的显微硬度

4.3   冷轧铁素体再结晶

4.3.1   再结晶热力学

再结晶退火是将冷塑性变形的金属加热到再结晶温度以上、A_{c_1} 以下,经保温后冷却的工艺。再结晶退火的关键是确定再结晶温度,其测量方法有半小时等温法、一小时等温法和模拟大生产的连续加热法等。半小时等温法测定再结晶温度,就是通过硬度测定法和金相法,分析金属试样在不同温度保温 30min 后的硬度和组织变化情况，以软化50%或完成50%再结晶时的温度定义为再结晶温度。

根据硬度测试（见图4-44）和金相观察（见图4-45）结果，可以把钛微合金冷轧高强钢退火过程分为回复、再结晶和晶粒长大三个阶段。

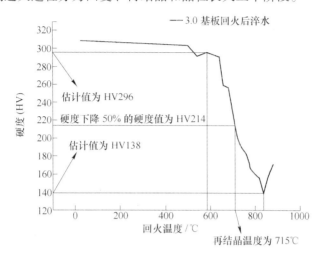

图4-44　半小时等温法钢板硬度和退火温度的关系

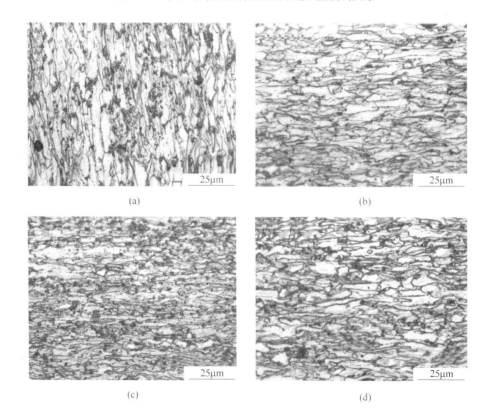

(a)　　　　　　　　　　　　　　(b)

(c)　　　　　　　　　　　　　　(d)

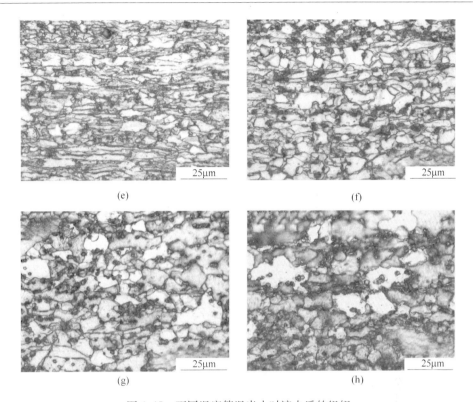

图 4-45 不同温度等温半小时淬火后的组织

（a）冷轧态；（b）500℃；（c）640℃；（d）680℃；（e）720℃；（f）760℃；（g）800℃；（h）840℃

（1）640℃以下，试样处于回复阶段，纤维状组织形貌没有明显改变，而硬度下降趋势不明显，有时存在波动。

（2）在 640~720℃阶段，再结晶晶粒大量形核，硬度剧烈下降，维氏硬度下降了 HV90 左右。

（3）高于 720℃，继续再结晶和再结晶后晶粒长大的过程，硬度下降趋缓。

在图 4-44 中确定钛微合金化冷轧高强钢的再结晶温度为 715℃，这明显比普通冷轧板的再结晶温度高。因此，要想得到良好的强塑性配合的冷轧高强钢，必须提高该钢种的退火温度，为了掌握不同温度下退火时间对再结晶行为的影响，需要进行再结晶动力学研究。

4.3.2　再结晶动力学

为掌握钛微合金化高强钢的再结晶过程，测定了其等温再结晶动力学曲线，等温温度分别为现场退火温度（630℃）和实验室测得的再结晶温度（715℃），保温时间为 1~25h。图 4-46 和图 4-47 分别给出了在 630℃和 715℃等温退火不同时间的硬度曲线。

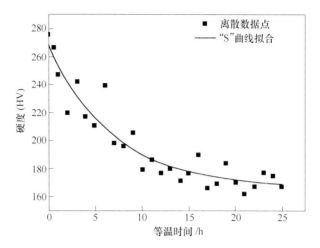

图 4-46 试样在 630℃ 等温退火不同时间的硬度曲线

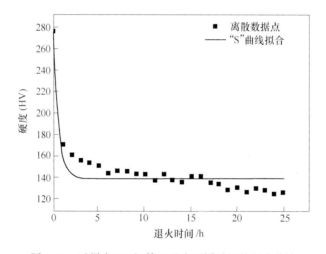

图 4-47 试样在 715℃ 等温退火不同时间的硬度曲线

从图 4-46 可以看出，随着在 630℃ 退火时间的延长，试样的硬度呈现下降趋势，并存在波动；退火 10h 后硬度为 HV179，25h 硬度仍为 HV167，说明 10h 后硬度变化不大。从图 4-48 所示的金相组织照片可以看出，随着退火时间的延长，纤维状组织的长宽比有所改善，但是退火时间达到 25h，组织仍沿轧向拉长，没有出现以等轴晶为主要特征的再结晶组织。这说明退火温度偏低，即使在 630℃ 等温 25h 也未发生完全再结晶，仍处于回复阶段。这也解释了采用 630℃ 退火后冷轧板强度高、延伸率低、成型性差的原因。

从图 4-47 可以看出，在 715℃ 退火 0.5h，试样硬度由 HV276 急剧下降到 HV180.7，随后下降趋势变缓，2h 后为 HV160.5，已低于 630℃ 等温处理 25h 的

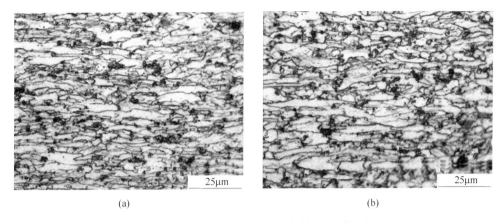

(a)　　　　　　　　　　　　　　　　(b)

图 4-48　试样在 630℃退火不同时间的显微组织

（a）等温时间 10h；（b）等温时间 25h

水平（HV167），此后试样硬度缓慢下降至 HV120~130。从图 4-49 所示的金相组织照片可以看出，在等温 10h 时已出现完全等轴的组织，说明发生了完全再结晶，一直到 25h，晶粒没有出现异常长大，说明再结晶温度的选择是合适的。

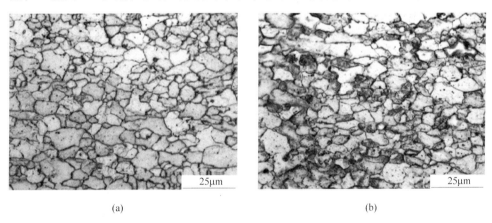

(a)　　　　　　　　　　　　　　　　(b)

图 4-49　试样在 715℃退火不同时间的显微组织

（a）等温时间 10h；（b）等温时间 25h

4.3.3　析出对再结晶的影响

同退火时间相比，退火温度对完全再结晶的影响更为关键。钛微合金化冷轧高强钢的再结晶行为研究表明：与普通冷轧钢相比，其再结晶温度明显升高，达到 715℃；在 630℃即使退火时间达到 25h，也没有出现以等轴晶为主要特征的再结晶组织。退火过程中再结晶的影响机理还需要深入研究。

纳米 TiC 的析出和强化作用是钛微合金化高强钢重要的物理冶金学特征，但钛微合金化冷轧钢中纳米 TiC 的固溶和析出规律尚缺乏研究，已有报道主要集中在钛稳定 IF 钢中析出物对再结晶行为的影响。

J Shi 等[8]研究了钛稳定 IF 钢全流程各工序中的组织演变，结果表明：热轧、冷轧、罩退、连退试样中 TiN、TiS、Ti₂CS 的尺寸和形貌无明显变化；而 TiC 在罩退和连退后粗化，由于退火温度比退火时间对 TiC 粗化的影响更为显著，连退后 TiC 的尺寸更大，并且连退后 TiC 在晶界上分布更多，而罩退后则是随机分布。J Shi 等还认为，冷轧前 TiC 和其他析出物对再结晶和织构演变没有明显的作用，而在退火中形成的析出物如 FeTiP 起到钉扎晶界的作用。

Jae-Young Choi 等[9]研究了两种钛含量的超低碳钢的析出和再结晶过程，结果发现，高钛钢的再结晶温度要高于低钛钢。R H Goodenow 等[10]研究了钛稳定 IF 钢的再结晶行为，得出结论：同沸腾钢和铝镇静钢相比，相同温度下含钛钢的再结晶时间明显延长。这些研究表明，微合金化元素钛确实对冷轧钢的再结晶行为产生影响，但对其影响机理的认识存在分歧。一种观点认为[11]，与 TiC 析出物相比，含钛超低碳钢的再结晶温度和固溶钛的关系更大，这与钛的溶质拖曳作用有关，但是并没有文献系统地评价冷轧钢再结晶过程中钛的溶质拖曳效果；另一种观点则认为[12]，析出物粒子对再结晶长大过程中晶界移动的钉扎作用，是控制 IF 钢再结晶织构的主要因素，这种观点得到了更多研究工作的证实。

M R Toroghinejad 等人[13]在 ST14 钢中添加钛，结果发现，在含钛钢中再结晶温度随着钛含量增加而提高。实验室退火表明：含钛冷轧钢的工业退火温度（670℃）不足以产生完全再结晶的铁素体晶粒，采用较高的退火温度使强度降低、延伸率升高。

本书作者对钛微合金冷轧高强钢中的析出物进行了研究。通过 TEM 观察，在冷硬板和经半小时等温法退火后的试样中，均发现了很多尺寸为几百纳米的方形粒子，其形貌如图 4-50 所示，EDS 能谱表明这些粒子是 TiN。TiN 粒子是在较高的温度下形成的，并且在随后的各工艺阶段，形貌和尺寸基本保持不变，在热轧板、冷硬板和冷轧退火板中均可看出这个规律。

从图 4-50 中可以看出，变形在冷轧硬板中引入大量的位错，随着退火温度的升高，位错明显减少，在 880℃退火的试样中几乎看不到位错。从图 4-51 中也可以看到随着退火温度升高位错消失的现象。此前的研究表明，在钛微合金热轧钢中存在大量纳米尺寸的 TiC 析出物，从图 4-51 中可以看出在热轧板和冷硬板中纳米析出物的尺寸和分布没有明显改变，随着退火温度升高到 880℃，析出物的平均尺寸增大，而析出物的数量逐渐减少，同时位错密度也显著降低。

钢中 TiC 的溶度积比其他钛的化合物高，因此大量纳米尺寸的 TiC 在奥氏体→铁素体相变过程中发生相间析出或在铁素体中析出。这些粒子对位错移动的阻碍作用导致沉淀强化，这也是钛微合金钢重要的强化机理。冷轧后的退火过程

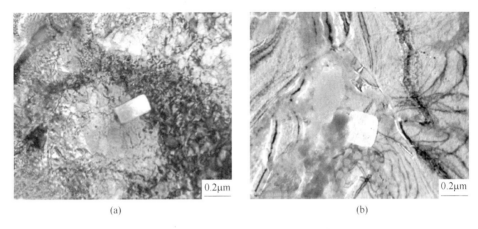

图 4-50　钢中方形粒子的 TEM 形貌
（a）冷轧硬板；（b）经 880℃退火

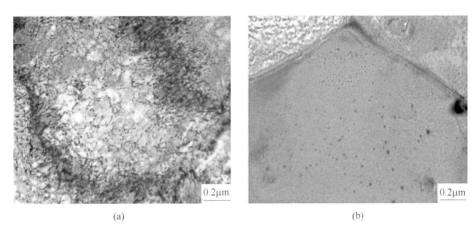

图 4-51　纳米级 TiC 粒子在不同阶段的变化
（a）冷轧硬板；（b）经 880℃退火

中，当退火温度低于 640℃，纳米 TiC 粒子会阻碍位错的移动，抑制新晶粒的生成。因此与低碳无钛钢相比，含钛钢具有更高的再结晶温度。在更高的退火温度，TiC 粒子发生 Ostwald 粗化，不能有效阻碍位错的移动，等轴新晶粒开始形成并长大，乃至发生完全再结晶。

参 考 文 献

［1］ M I Vega，S F Medina，A Quispc，et al．Recrystallization driving forces against pinning forces in hot rolling of Ti- microalloyed steels ［J］．Materials Science and Engineering A，2006，423：

253 ~ 261.

[2] S F Medina, M Chapa, P Valles, et al. Influence of Ti and N contents on austenite grain control and precipitate size in structural steels [J]. ISIJ International, 1999, 39 (9): 930 ~ 936.

[3] S F Medina, J E Mancilla. Determination of static recrystallization critical temperature of austenite in microalloyed steels [J]. ISIJ International, 1993, 33 (12): 1257 ~ 1264.

[4] F Boratto, et al. Effect of chemical composition on critical temperature of microalloyed steels [C]// THERMEC'88 Proceedings. Iron and Steel Institute of Japan, Tokyo, 1988: 383 ~ 390.

[5] T P Wang, F H Kao, S H Wang, et al. Isothermal treatment influence on nanometer-size carbide precipitation of titanium-bearing low carbon steel [J]. Materials Letters, 2011, 65: 396 ~ 399.

[6] 赵培林. 高 Ti 微合金钢热轧过程组织演变研究及高强度钢的开发 [D]. 北京: 钢铁研究总院, 2013.

[7] Jh Jang, Ch Lee, Yu Heo, et al. Stability of (Ti, M) C (M = Nb, V, Mo and W) carbide in steels using first-principles calculations [J]. Acta Mater, 2012, 60: 208 ~ 217.

[8] J Shi, X Wang. Comparison of precipitate behaviors in ultra-low carbon, titanium-stabilized interstitial free steel sheets under different annealing processes [J]. Journal of Materials Engineering and Performance, 1999, 8 (6): 641 ~ 648.

[9] Jae-Young Choi, Baek-Seok Seong, Seung Chul Baik , et al. Precipitation and recrystallization behavior in extra low carbon steels [J]. ISIJ International, 2002, 42 (8): 889 ~ 893.

[10] R H Goodenow, J F Held. Recrystallization of low-carbon titanium stabilized steel [J]. Metallurgical Transactions, 1970, 1: 2507 ~ 2515.

[11] Rika Yoda, Ichiro Tsukatanl, Tsuyoshi Inoue, et al. Effect of chemical composition on recrystallization behavior and *r* value in Ti-added ultra low carbon sheet steel [J]. ISIJ International, 1994, 34 (1): 70 ~ 76.

[12] S V Subramanian, M prikyrl, B D Gaulin, et al. Effect of precipitate size and dispersion on lankford values of titanium stabilized interstitial-free steels [J]. ISIJ International, 1994, 34 (1): 61 ~ 69.

[13] M R Toroghinejad, G Dini. Effect of Ti-microalloy addition on the formability and mechanical properties of a low carbon (ST14) steel [J]. International Journal of ISSI, 2006, 3 (2): 1 ~ 6.

5 钛微合金钢生产与组织性能控制

钛作为一种微合金化元素,可显著提高钢材的综合性能。但与铌、钒微合金化技术相比,钛微合金化技术在很长时间内并未在工业上得到广泛应用,究其原因是钛微合金钢的性能波动大,生产不稳定。钛微合金钢性能波动大的主要原因是钛的化学性质活泼,冶炼过程中易与氧、氮、硫等元素结合形成尺寸较大的含钛相,例如 TiO、TiS、Ti$_2$CS 等,这些含钛相对材料的综合性能具有不利的作用,更重要的是这些相的形成消耗了部分钛,使得较低温度下可能沉淀析出的 TiC 的体积分数减小,且使 TiC 沉淀析出过程的化学自由能发生明显变化,导致沉淀析出行为发生明显改变,显著影响沉淀强化效果。此外,TiC 粒子的析出对温度也较为敏感,生产过程中工艺参数的变化对材料性能有较大影响,由此导致相同设计成分的钛微合金钢不同批次甚至不同部位的力学性能往往有较大波动。

近年来,钢铁生产技术迅速发展,使得钢中杂质元素的含量明显降低,钛的回收率得到有效控制。对钛微合金钢化学和物理冶金原理研究的不断深入,也促进了生产工艺技术的发展。本章重点介绍钛微合金钢实际生产过程的冶炼工艺控制,特别是深脱氧、深脱硫和低氮控制技术。在此基础上,介绍连铸过程主要工艺参数对钛微合金钢铸坯质量的影响。最后,详细介绍热轧工艺参数对钛微合金钢组织和性能的影响。

5.1 冶炼关键工艺

5.1.1 深脱氧及夹杂物控制技术

5.1.1.1 深脱氧工艺技术

钢中氧含量的多少是评价钢水质量的重要指标之一,直接决定钢中氧化物夹杂的多少,并影响其大小、形状和分布状态。为降低钢中的氧含量,一般采用强脱氧元素 Al 进行脱氧,钢水经过出钢脱氧后,钢水中控制 [O] 的平衡元素由 [C] 变为 [Al],其反应式如下:

$$2[Al] + 3[O] \longrightarrow (Al_2O_3) \tag{5-1}$$

根据热力学数据，钢水中［O］与［Al］的关系[1]为：

$$\log(a_{[Al]}^2 a_{[O]}^3) = -\frac{62780}{T} + 20.17 \qquad (5\text{-}2)$$

1600℃时，$a_{[Al]}^2 a_{[O]}^3 = 4.5 \times 10^{-14}$。

根据式 5-2 计算钢中［Al］含量和溶解［O］含量的关系如图 5-1 所示。由图 5-1 可见，当［Al］含量小于 0.02% 时，随着钢中［Al］含量的增加，钢中氧含量显著减少；当［Al］含量为 0.02%～0.035% 时，随着钢中［Al］含量的增加，钢中氧含量减少不明显；当［Al］含量大于 0.035% 时，随着钢中［Al］含量的增加，钢中氧含量几乎没有变化。而当钢中［Al］含量超过 0.030% 时，钢中的［Al］很容易与渣中氧结合，也会还原渣中的 SiO_2 和 MnO 等化合物，使钢液中聚集的 Al_2O_3 增加。过高的铝还会增加钢液在浇注时的二次氧化，产生 Al_2O_3 夹杂。

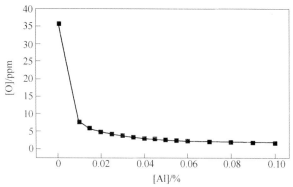

图 5-1　1600℃时，钢中酸溶［Al］含量与溶解［O］含量的关系

在钛微合金钢的实际生产过程中，常选用铝或含铝的复合脱氧剂作为出钢过程钢水的脱氧剂，同时采用具有强脱氧脱硫能力的合成渣（CaO：50%～55%，SiO_2：3%～5%，Al_2O_3：30%～35%，MgO：7%～12%，FeO + MnO < 1%） + 石灰作为精炼渣。大量生产数据表明，当出钢氧含量在 700～900ppm 时，铝的合适加入量为 2～2.5kg/t。

脱氧后的钢水中存在一定量的溶解铝十分重要，因为出钢过程中，钢水中的［Fe］与［O］反应生成（FeO）、加入的锰合金与钢水中［O］反应生成（MnO）、少量炉渣下到钢包中，出完钢后钢包中的精炼渣含（FeO + MnO）约 5%，渣色为黑色，此类氧化物的稳定性远低于（Al_2O_3）的稳定性。渣中（FeO + MnO）会向钢水中输送出［O］与［Fe］及［Mn］，此时留在钢水中的［Al］会进一步脱除其分解出的［O］，直到（FeO + MnO）降到小于 1%，渣色变为白色，最终钢水中的［O］被［Al］稳定地控制。

除了［Al］含量之外，软吹工艺对钢中氧含量也有重要影响。实际生产过程中软吹氩时间与钢中氧含量的关系如图 5-2 所示[2]。由图可以看出，随着软吹氩时间的延长，T[O] 逐渐降低，软吹氩时间超过 8min 后，钢中 T[O] 基本可控制在 15ppm 以内，最低可达 10ppm。实际生产中，为提高钢水洁净度，同时考虑到生产节奏，软吹氩时间一般控制在 8 ~ 10 min。

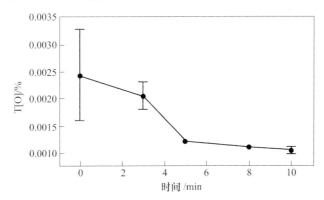

图 5-2 软吹氩时间与钢中 T[O] 之间的关系

5.1.1.2 钙处理工艺技术

采用铝脱氧，可将钢中氧含量控制在较低水平，但易产生 Al_2O_3 夹杂。其若存在于钢材表面，则易导致表面缺陷；若存在于钢材内部，则易恶化材料的力学性能。另外，由于薄板坯连铸的浸入式水口直径较小，Al_2O_3 夹杂在浇注时容易在水口的内面凝固聚集，引起水口结瘤，导致钢水下流不畅，引起液面波动，严重时甚至可能引起水口堵塞、导致断浇等生产事故。图 5-3 为浸入式水口形貌，可见壁面已被一层厚厚的结瘤物覆盖。结瘤物电子探针分析表明，其主要由 Al_2O_3 以及部分高熔点的铝酸钙组成，如图 5-4 所示。

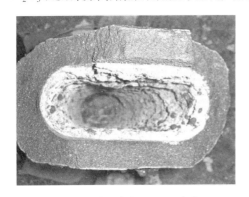

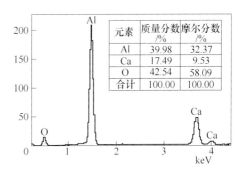

元素	质量分数 /%	摩尔分数 /%
Al	39.98	32.37
Ca	17.49	9.53
O	42.54	58.09
合计	100.00	100.00

图 5-3 附着夹杂物的浸入式水口　　　　图 5-4 结瘤物探针分析

为改善钢材表面及内部质量，并减少连铸过程的水口结瘤，实际生产过程中常采用钙处理对 Al_2O_3 夹杂进行改性控制。CaO 与 Al_2O_3 的平衡相图如图 5-5 所示，反应式如式 5-3 所示。

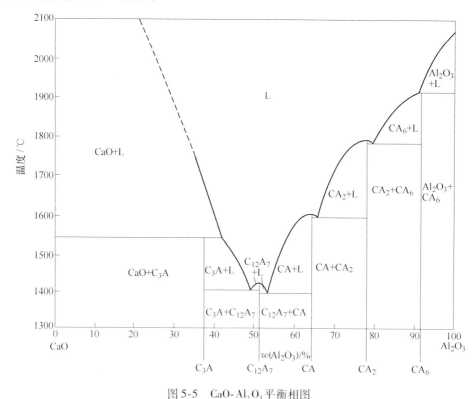

图 5-5　CaO-Al$_2$O$_3$ 平衡相图

$$x[Ca] + yAl_2O_3 \rightleftharpoons x(CaO) \cdot (y - x/3)Al_2O_3 + 2/3x[Al] \quad (5\text{-}3)$$

根据式 5-3，铝系夹杂物可改质为 CaO·Al$_2$O$_3$（CA）或 12CaO·7Al$_2$O$_3$（C$_{12}$A$_7$）等。由图 5-5 可以看出，C$_{12}$A$_7$ 的液相温度最低，为 1455℃，在钢水温度下为液态，容易聚集长大，快速上浮并去除。钙处理的目的就是将 Al$_2$O$_3$ 系夹杂物改质为 C$_{12}$A$_7$。

钙处理前后钢中夹杂物成分以及形貌的变化如图 5-6 和图 5-7 所示[2]。由图 5-6 和图 5-7 可看出，LF 精炼开始时，钢中夹杂物主要为块条状的 Al$_2$O$_3$ 和镁铝尖晶石；随着 LF 精炼过程造高碱度精炼渣以及渣-钢间反应的进行，钢中 Al$_2$O$_3$ 和 Al$_2$O$_3$-MgO 夹杂开始向 Al$_2$O$_3$-MgO-CaO 系夹杂转变。钙处理前钢中夹杂主要为高熔点 Al$_2$O$_3$-MgO-CaO 夹杂；钙处理后钢中夹杂物形态有了明显变化，由于钙与钢中 Al$_2$O$_3$ 夹杂反应，因此钢中高熔点 Al$_2$O$_3$-MgO-CaO 夹杂开始向低熔点区域（见图 5-6 阴影部分）转变。钙处理后钢中夹杂物已被球化或正在发生球化转变（见图 5-7（e）），此时夹杂物主要为复合夹杂，组成为铝酸钙盐或以镁尖晶石、铝酸钙为核心，外面包裹一层 CaS，这类复合夹杂尺寸一般较大，在吹氩过程中容易上浮去除。软吹氩结束后，钢中小于 $5\mu m$ 的显微夹杂比例明显上升，超过 80% 。

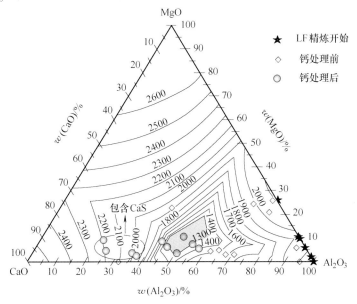

图 5-6　LF 精炼过程钢中夹杂物成分变化

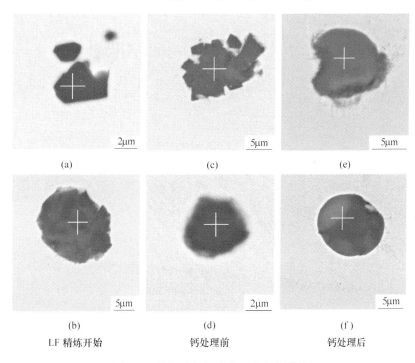

（a）　（c）　（e）

（b）　（d）　（f）

LF 精炼开始　钙处理前　钙处理后

图 5-7　精炼过程钢中典型夹杂物形貌

生产实践表明，当控制 Ca/Al > 0.09 时，Al_2O_3 类夹杂物会变性成为12CaO·7Al_2O_3或成分接近 12CaO·7Al_2O_3 的低熔点钙铝酸盐物质，从而获得良好的钙处理效果。

5.1.2　深脱硫工艺技术

对于采用铝脱氧的钛微合金钢，脱硫的基本反应式[1]为：

$$3[S] + 2[Al] + 3(CaO) \Longrightarrow (Al_2O_3) + 3(CaS) \tag{5-4}$$

实际冶炼过程的控制要求：

(1) 钢水中铝的控制。精炼前钢水中的 [Al] 控制在 0.04% ~ 0.05%，为快速脱硫创造条件；精炼结束后加钛铁前钢水中的 [Al] 控制在 0.025% ~ 0.035%，以保证钛的回收率。

(2) 强脱硫还原渣。脱硫过程中钢水中 [Al] 氧化使渣中 (Al_2O_3) 含量增多，因此，必须适量加入一定量的石灰，若钢水中 [S] 高，为加速脱硫，渣中 (CaO) 与 (Al_2O_3) 含量的比值应控制在 1.8 左右，渣中 (CaO) 含量高、渣的流动性良好，达到最佳的脱硫渣状态。

(3) 温度。温度越高，上述脱硫反应平衡常数越大，且可加快反应速度，因此，温度高有利于脱硫。一般选择不低于 1600℃。

(4) 吹氩。为加快脱硫速度，在精炼位脱硫过程时氩气压力一般不低于 0.75MPa。

钛微合金化高强度耐候钢实际生产过程中脱硫情况见表 5-1。可见通过采取上述技术措施，精炼脱硫率为 75.2% ~ 92.59%，平均脱硫率达到 79.27%，精炼后钢水中的硫含量可控制在 40ppm 以下。

表 5-1　钛微合金化高强度耐候钢脱硫情况

精炼前/%	精炼后/%	平均脱硫率/%	最大/%	最小/%
0.0193	0.004	79.27	92.59	75.2

5.1.3　低氮控制技术

当钢水中氮含量较高时，易与钛发生反应，形成粗大的液析 TiN，降低钛在钢中的有益作用。为此，在钛微合金钢中应严格控制氮的含量。

文献 [3] 研究了电炉冶炼过程中氮含量的变化，如图 5-8 所示。图中 A 表示电极穿孔过程，氮含量没有变化；B 表示第一批加料且有较小熔池形成，由于废钢熔化时表面积大，又无熔渣覆盖，早期形成的熔池从电极区吸入大量的氮使熔池中的氮增加；C 表示第二批料加入后，由于熔池中钢水的量不断增加，同时渣量也增加，增氮减少，且不断熔化的钢水冲稀了钢水中的氮含量，致使氮有下降的趋势；D 表示熔清并加热到碳沸腾，由于没有脱氮过程钢中氮含量没有变化；E 表示碳剧烈沸腾过程，去除大量的氮；F 表示埋弧加热到出钢温度，由于碳氧反应终止，氮含量不再变化；G 表示出钢过程因钢水与大气接触而增氮；H 表示钢水在钢包中镇静氮含量没有变化；I 表示浇注过程氮含量略有增加。

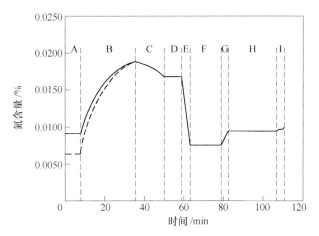

图 5-8　电炉冶炼过程中氮含量的变化

原材料中废钢带来的氮含量对电炉熔清氮含量的影响较大，如图 5-9 所示[4]。为保证电炉钢铁料带入较少的氮，必须进行合理的配料。

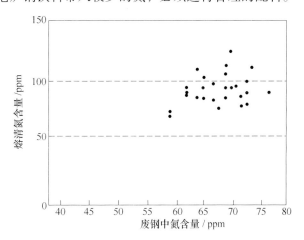

图 5-9　废钢中氮含量对熔清氮含量的影响

钛微合金钢中加入的合金相对较多，同时钛与其他合金元素会增加氮的溶解度，使氮的控制难度进一步增大，因此，控制钛微合金钢中的氮含量必须控制好增氮的各个环节，采取相应的技术措施：

（1）炼钢过程降低氮含量。对于转炉炼钢过程，由于转炉具有良好的动力学条件，氮的脱除主要依靠转炉完成。为降低和稳定转炉出钢氮含量，转炉低氮控制技术包括：

1）转炉底吹工艺控制技术。底吹气体种类和流量直接影响转炉吹炼终点钢中的氮含量，一般在吹炼中期进行氮氩切换，逐级增加底吹供气强度，且吹炼中后期的底吹氩气流量按最大量控制，出钢前氩气后搅时间大于 1min，并强化对底吹系统的检查和维护，确保全部透气砖透气效果良好。

2）转炉终点碳-温度控制技术。转炉冶炼钢水的终点碳-温度将会影响到 LF 精炼操作过程，包括脱氧、温度控制等，合理的终点碳-温度条件有利于 LF 精炼氮含量控制。

同时由于空气中氮含量较高，钢水与空气接触容易增氮，在生产过程中采取的措施主要有：生产前对出钢口外口残渣进行清理，若出钢时间过长或挡渣效果差，提前更换出钢口；加强出钢口维护，控制出钢时间在合理范围。出钢前，将钢包进行充氩处理，保证钢包氩气气氛，减少钢液吸氮。采用合成渣快速化渣覆盖钢液面，隔绝大气与钢水的接触，降低出钢过程中的吸氮量。通过采用以上措施，转炉出钢［N］可控制在 25ppm 以内。

对于电炉炼钢过程中，钢液的增氮主要有：原材料带入的氮、电弧使电弧区大气电离的氮进入钢水以及出钢过程钢液的增氮。因此，采取的主要措施是进行合理的配料，降低钢铁料带入的氮量；在电弧炉冶炼过程中造好泡沫渣，防止电弧区钢液面裸露，避免从大气中吸氮；采用合成渣快速化渣覆盖钢液面，隔绝大气与钢水的接触，降低出钢过程中的吸氮量。

电炉冶炼过程中通过脱碳产生大量 CO 气泡形成熔池强烈沸腾可带走氮。脱氮量随着脱碳量或 CO 气泡生成量的增加而提高。为保证有较高的脱氮能力，应采用高配碳（通过加生铁、HBI）、提高供氧强度的操作制度。

（2）LF 过程减少吸氮量。由于 LF 炉不具备脱氮功能，因此 LF 精炼过程主要防止钢水吸氮。LF 精炼过程增氮的主要原因是钢液通过与大气的接触增氮，以及合金添加带入的氮。因此，需要进行合理的配料，减小合金料中带入的氮量；精炼加热采用短弧埋弧渣技术，使钢液迅速升温，并加热至目标温度，减少加热次数，以免加热过程吸氮。同时注意精炼过程的搅拌强度控制，LF 炉盖内采用微正压操作，以减少吸氮。通过以上控制技术，LF 精炼过程增氮量低于 $5 \sim 10$ppm。

（3）连铸过程减少吸氮量。连铸过程增氮的主要原因是钢液与大气的接触。为最大限度地减少和防止钢水受二次污染，钢水连铸实行全过程保护浇注：钢水完成精炼后，加钢包覆盖剂保护钢液面，钢包同时加盖保温，减少温降；采用长水口氩封，减少和防止空气对钢水的污染；中间包钢水采用中包包覆盖剂保护钢液面。通过采取上述措施，转炉连铸钢水［N］一般可以控制在 40ppm 左右，电炉连铸钢水一般可控制在60ppm左右。

5.1.4 钛收得率控制

如前所述，钛的化学性质活泼，易与钢水中的氧、氮、硫反应，导致其收得率较低且不稳定，提高并稳定控制钛的收得率是钛微合金钢冶炼的关键。在实际生产过程中必须采取深脱氧、深脱硫以及低氮控制技术，将钢水中的氧、氮、硫含量控制在较低水平，同时应制定合适的Fe-Ti加入工艺。在钛微合金钢中加入钛铁的时机应选择在钢水精炼快要结束前，脱氧良好，钢水中氧含量小于0.003%，钢水中的[Al]控制在0.025%~0.035%，此时加入钛铁，有利于提高并稳定钛的回收率[5]。根据上述方案，获得工业试验数据见表5-2。可见，电炉钢水精炼过程钛的收得率可控制在70%~80%。转炉钢水由于氮含量更低，其钛的收得率可控制在75%~85%。

表5-2 电炉钛微合金钢钛收得率

实验炉号	钢水量 /t	Fe-Ti加入量 /kg	残余Ti /%	精炼结束Ti /%	Ti收得率 /%
104044760	151.1	170	0.002	0.0375	78.9
104063890	152.7	270	0.001	0.056	79.2
104080770	151.2	330	0	0.063	72.2
204113760	154	350	0.001	0.069	74.8
204113770	155	360	0	0.065	70.0
205031770	155	450	0.001	0.088	74.9
205031780	152.5	670	0	0.126	71.7
205031790	155	700	0	0.133	73.6
平　均	153.8				73.9

5.2　连铸关键工艺

5.2.1　关键工艺参数

为确保钛微合金钢连铸生产顺行、不漏钢和铸坯质量符合钢种要求，除了炼钢过程必须控制好钢水成分、洁净度和夹杂物形态之外，连铸工艺制定的指导思想是：尽可能提高铸坯冷却速率，细化析出相；最大限度全过程保护浇注、减少和防止钢水被二次污染，解决好浇注温度制度、振动曲线和二次冷却制度的设定、保护渣优化、温度和拉速的匹配等方面的问题，提高铸坯的入炉温度，从而确保铸坯表面质量和内部质量良好。

（1）浇注温度制度的制定。制定合理的浇注温度制度对确保连铸过程顺行、改善铸坯质量十分重要。浇注温度过高易使中心偏析加重，结晶器弯月面初生坯壳不均匀性增加，出结晶器坯壳变薄，从而增加裂纹产生甚至漏钢的风险；浇注温度过低则钢水流动性差，保护渣熔化不好，易引起纵裂。对于钛微合金耐候钢，当钛含量在 0.038% ~ 0.140% 时，钢水液相线温度为 1523 ~ 1524℃。生产实践结果表明，中间包钢水过热度控制在 20 ~ 30℃ 时，可有效防止浇注过程漏钢，获得良好的铸坯表面质量。

（2）连铸全过程保护浇注。为最大限度地减少和防止钢水受二次污染，确保铸坯质量，钛微合金钢连铸实行全过程保护浇注，包括：大包钢水保护、大包长水口氩封、中间包钢水保护和浸入式水口（SEN）等。中间包钢水采用中间包覆盖剂保护钢液面。

（3）选用良好的结晶器保护渣。钛微合金钢连铸使用的保护渣，必须考虑保护渣的熔点与钢种液相线温度的匹配、保护渣的熔化速率（渣耗）与连铸拉速的匹配、保护渣的容重和水分与钢水过热度的匹配、保护渣碱度和黏度与钢水含钛量匹配等问题。保护渣各项性能与连铸拉速、过热度匹配且稳定时，才能使连铸坯表面质量良好，能满足工业生产使用要求。

（4）拉速的合理控制。连铸拉速不但要考虑所浇钢种对裂纹的敏感程度和与钢水温度的合理匹配，也要考虑生产环节的衔接。为了实现多炉连浇，拉坯速度常常受到精炼工序钢水处理时间匹配问题的制约。

（5）合适的结晶器振动形式。钛微合金钢浇注过程结晶器采用不同的振动方式，对铸坯表面质量和生产顺行（不漏钢、黏结）具有重要的意义。薄板坯连铸振动形式为正弦振动，振幅随拉速升高逐渐增加，负滑脱率为 21% 左右，不同铸机振幅范围有所不同。

（6）结晶器热流密度的合理控制。结晶器热流密度及窄边热流密度与宽边热流密度的比率是板坯连铸状态的重要参考数据，反映了铸坯的初期凝固情况，对判断保护渣的性能变化、钢水的质量、浇注的状态等有重要的参考价值，在浇注时保持稳定的合适的比率数值，可保证铸坯的凝固质量。调整结晶器锥度，使铸坯窄边维持合理的冷却强度，对避免窄边的质量问题（如热脆裂纹等）有较好的效果。

5.2.2　铸坯质量控制

5.2.2.1　铸坯质量分析

A　铸坯成分偏析分析[6]

采用金属原位分析仪对薄板坯连铸连轧流程生产的钛微合金钢（0.05% C-0.45% Si-0.45% Mn-0.08% P-0.005% S-0.07% Ti）铸坯横截面进行碳、硅、锰、磷、硫、钛等元素的偏析分析，取样如图 5-10 所示，其中 1 号、13 号样宽度为 95mm，2～12 号样宽度为 90mm。

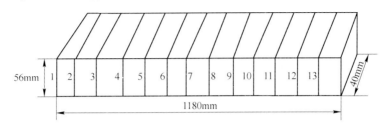

图 5-10 铸坯取样示意图

将 13 个铸坯样品的各元素成分二维等高图拼接在一起，得到铸坯横截面各元素成分二维等高图，如图 5-11 所示。可见碳元素在铸坯中心处形成一条明显的"偏析带"，偏析最大；其次是磷和硫，在铸坯中心处也形成了"偏析带"，但没有碳元素形成的偏析带明显；硅、锰和钛三种元素的偏析相对较轻，未在铸坯中心形成明显"偏析带"。

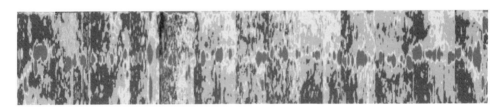

(a)

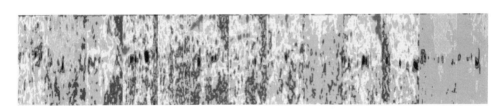

(b)

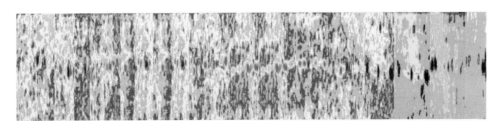

(c)

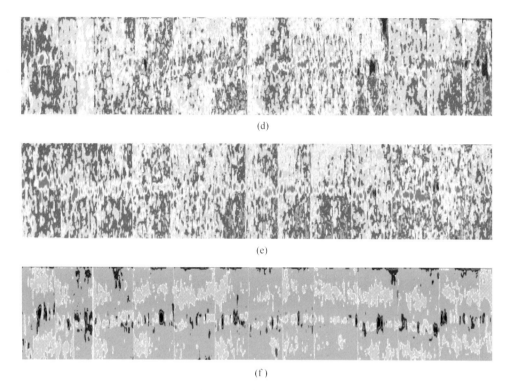

图 5-11　各元素沿铸坯横截面二维等高图

（a）碳元素沿铸坯横截面二维等高图；（b）硅元素沿铸坯横截面二维等高图；
（c）锰元素沿铸坯横截面二维等高图；（d）磷元素沿铸坯横截面二维等高图；
（e）硫元素沿铸坯横截面二维等高图；（f）钛元素沿铸坯横截面二维等高图

B　致密度分析

连铸坯沿铸坯横截面致密度分布如图 5-12 所示，可见致密度比较高，为 0.924~0.955，各样品致密度相差较小，且在铸坯横截面中心，未出现致密度急剧减少的情况。原位统计分析结果表明，铸坯基本没有中心疏松和缩孔。

C　夹杂物分析

样品中铝类夹杂物含量分布如图 5-13 所示。可见，铝类夹杂物在连铸坯横截面上均匀分布，夹杂物含量在 0.0014%~0.0022% 范围内波动，符合夹杂物存在特性，波动幅度在正常范围内。

5.2.2.2　液芯压下对铸坯质量的影响[7]

液芯压下（liquid core reduction）是在铸坯出结晶器下口后，对其坯壳施加挤压，液芯仍保留在其中，经二冷扇形段，液芯不断收缩直至薄板坯全部凝固。液芯压下对铸坯质量有一定的影响，本节重点介绍其对成分偏析及致密度的影响。

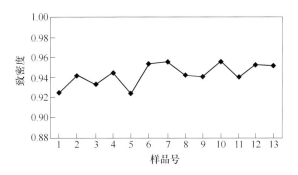

图 5-12 沿铸坯横截面致密度分布

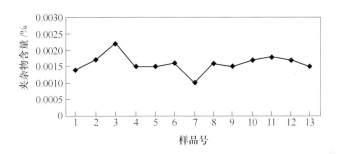

图 5-13 铝类夹杂物含量分布图

采用液芯压下装置将 60mm 的铸坯压至 55mm，得到液芯压下试样，编号为 1 号，在同一铸坯上取未采用液芯压下试样，编号为 2 号。采用金属原位分析仪对 1、2 号铸坯横截面进行元素偏析分析、疏松度检测。在铸坯沿板坯宽度的 1/2 处、1/4 处及右端取三个样品，取样位置如图 5-14 所示，样品编号为 1 号铸坯的三个部位样品编号分别为 11 号、12 号、13 号，2 号铸坯的三个部位样品编号分别为 21 号、22 号、23 号。

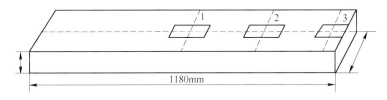

图 5-14 铸坯取样示意图

A 液芯压下对铸坯偏析影响分析

液芯压下对铸坯成分偏析的影响见表 5-3。由表 5-3 可以看出，经过液芯压下后，碳元素在铸坯中心点的偏析改善非常显著，在 1/4 处不明显，在端部偏析加剧；其他元素的偏析略有改善，但并不明显。

表 5-3　液芯压下对铸坯成分偏析的影响

项　目		液芯压下			未液芯压下		
		11 号	12 号	13 号	21 号	22 号	23 号
C	平均含量/%	0.040	0.040	0.039	0.038	0.039	0.039
	最大偏析度	4.405	1.943	11.856	29.42	3.893	3.546
Si	平均含量/%	0.428	0.428	0.423	0.434	0.433	0.435
	最大偏析度	1.137	1.068	1.155	1.114	1.119	1.180
Mn	平均含量/%	0.434	0.436	0.432	0.431	0.430	0.429
	最大偏析度	1.067	1.078	1.117	1.045	1.150	1.152
P	平均含量/%	0.077	0.079	0.078	0.081	0.080	0.080
	最大偏析度	1.342	1.219	1.235	1.391	1.349	1.478
S	平均含量/%	0.007	0.007	0.007	0.008	0.008	0.008
	最大偏析度	1.992	1.345	2.195	1.503	1.443	1.908
Ti	平均含量/%	0.063	0.064	0.066	0.066	0.064	0.064
	最大偏析度	1.157	1.123	1.087	1.262	1.199	1.382

　　B　致密度分析

　　液芯压下前后铸坯不同部位的致密度如图 5-15 所示。可见，经液芯压下后，铸坯的致密度得到了显著的改善。

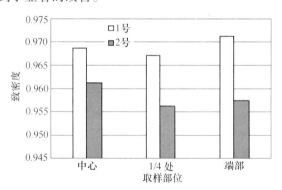

图 5-15　液芯压下前后铸坯致密度变化

5.3　热轧关键工艺

　　析出物的尺寸、形态和体积分数是决定钛微合金化钢强化效果的重要因素。热轧过程中温度制度和压下制度的制定将影响钛的析出行为，从而对最终产品的组织和性能产生重要的影响。根据如前所述 Ti(C，N) 析出规律，制定合理的热轧工艺制度，对于提高钛微合金钢的综合性能具有重要作用。

5.3.1 温度制度

温度是影响 Ti(C，N) 析出行为最重要的因素之一。热轧过程中温度制度的制定主要包括出炉温度、终轧温度和卷取温度。

5.3.1.1 出炉温度

薄板坯连铸连轧流程铸坯出炉温度一般为 1100 ~ 1200℃，在该温度范围内，根据热力学条件 TiN 将析出，扫描电镜观察也发现了 TiN 的析出物，但不同温度下析出物的区别并不明显。为进一步分析出炉温度对钛微合金钢性能的影响，对大量的实际生产数据进行了统计分析，结果如图 5-16 和图 5-17 所示。

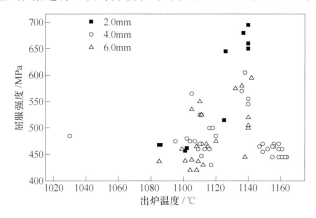

图 5-16　出炉温度与屈服强度的关系

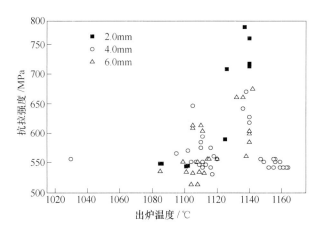

图 5-17　出炉温度与抗拉强度的关系

由图可以看出，出炉温度对钛微合金钢力学性能的影响并没有明显的规律。为了降低 TiN 在均热过程中的长大和粗化倾向，也为了尽量减少 TiN 在高温的析出量，使更多的钛在较低温度下析出，从而细化析出相尺寸，应选择较低均热温

度，考虑到现有轧机的承载能力和轧制稳定性等因素，均热炉出炉温度选择为
1120℃以上。

5.3.1.2 终轧温度

终轧温度对钛微合金钢性能的影响比较复杂。当终轧温度较低时，有利于铁
素体晶粒尺寸的细化，提高细晶强化作用，但与此同时，较低的终轧温度将诱发
碳氮化物的形变诱导析出。虽然这种析出物可以抑制奥氏体晶粒长大，起到一定
的细晶强化和析出强化作用，但是和铁素体区析出的纳米级颗粒相比，其尺寸相
对较为粗大，降低了沉淀强化作用。因此提高终轧温度，可以避免 Ti(C，N) 在
高温奥氏体中形变诱导析出，促进 TiC 在铁素体中弥散析出，提高沉淀强化效
果，但不利于细化铁素体晶粒尺寸，在一定程度上降低了细晶强化效果。实际生
产数据统计结果如图 5-18 和图 5-19 所示。可见不同于普碳钢，降低终轧温度并

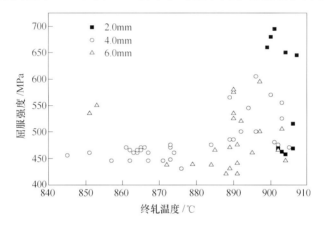

图 5-18　终轧温度与屈服强度的关系

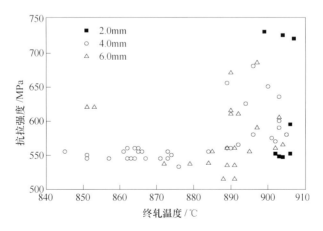

图 5-19　终轧温度与抗拉强度的关系

不能提高钢材强度，相反，将终轧温度由 860~880℃ 提高至 890~900℃，可显著提高钢材的强度。

5.3.1.3 卷取温度

卷取温度是影响钛微合金钢析出物析出行为的关键因素。现场统计数据表明，卷取温度对钢材的强度具有显著的影响，如图 5-20 和图 5-21 所示。由图可见，当卷取温度在 580~610℃ 时钢板强度具有最大值。

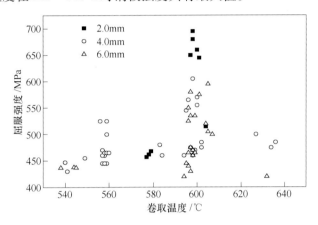

图 5-20　卷取温度与屈服强度的关系

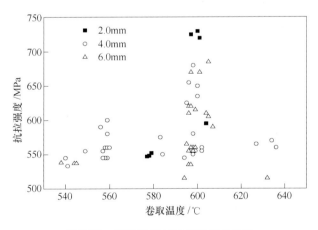

图 5-21　卷取温度与抗拉强度的关系

5.3.2　压下制度与压缩比

采用不同的压下制度对同一炉次板坯进行对比试验，结果见表 5-4，可见压下制度对强度的影响并不明显。实际生产过程中，F1、F2 机架尽量采用 50% 以上的大压下率，避免混晶现象的发生。

表 5-4　压下制度与强度的关系生产数据

炉号	卷号	成品 Ti/%	厚度 /mm	各机架压下率/%						屈服强度 /MPa	抗拉强度 /MPa
				F1	F2	F3	F4	F5	F6		
1	1	0.062	6.0	41.58	44.23	31.85	25.65	21.23	14.62	470	560
	2	0.062	6.0	55.39	53.03	0	34.18	0	19.48	465	560
	3	0.062	6.0	52.78	56.46	0	32.58	0	20.04	465	555
	4	0.060	6.0	52.78	56.22	0	32.72	0	20.32	475	560
	5	0.063	6.0	53.20	56.39	0	32.06	0	20.06	525	610
2	1	0.068	6.0	41.60	43.37	31.87	25.67	21.24	15.81	535	615
	2	0.068	6.0	48.57	47.60	34.97	0	23.31	17.35	550	620
	3	0.068	6.0	48.05	48.20	35.14	0	23.16	17.33	535	620

　　此外，压缩比也是热轧过程影响钢材强度变化的主要因素之一。在相同的铸坯厚度条件下，成品厚度越小（即压缩比越大），则产品的晶粒尺寸越小，如图 5-22 和图 5-23 所示。

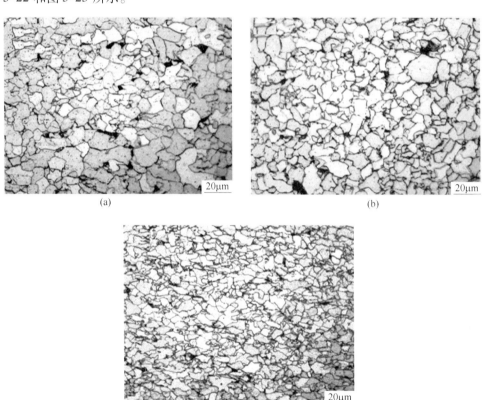

图 5-22　不同厚度钛微合金钢（0.058% Ti）的微观组织

（a）厚度为 6.0mm；（b）厚度为 4.0mm；（c）厚度为 1.6mm

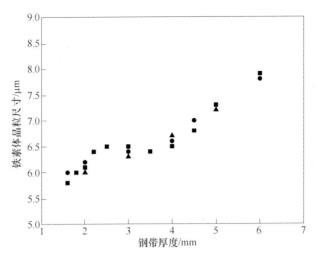

图 5-23　钛微合金钢（0.058% Ti）铁素体晶粒尺寸与厚度的关系

5.4　组织性能综合控制技术

5.4.1　钛含量对屈服强度的影响规律

钢板屈服强度与钛含量的关系如图 5-24 所示。可见钛对钢材强度的影响分三个阶段：当钛含量低于 0.045% 时，屈服强度随着钛含量的增加而缓慢上升；当钛含量大于 0.045% 而小于 0.095% 时，随着钛含量的增加，屈服强度随钛含量增加呈线性递增趋势；当钛含量大于 0.095% 时，屈服强度基本保持不变。钛含量增加可显著提高钢板的屈服强度，屈服强度最高达到了 750MPa 以上[8]。

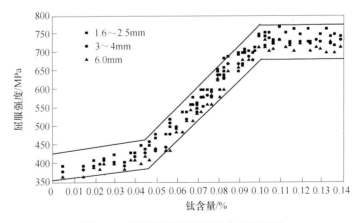

图 5-24　钢板屈服强度与钛含量的关系

5.4.2 钛微合金钢的控制轧制模式

微合金控制轧制钢的晶粒细化方式有两种：一是再结晶控制轧制；二是未再结晶控制轧制。前者通过热连轧过程中的奥氏体反复再结晶来细化奥氏体晶粒，最终细化铁素体晶粒，其中微合金元素的作用是控制各个机架间以及轧后再结晶奥氏体晶粒的粗化，有代表性的钢种是 V-N 或 V-Ti-N 微合金钢。而对于未再结晶控制轧制，在整个精轧过程中或精轧后几个机架的处理过程中，奥氏体不发生再结晶，形成了具有较高缺陷密度的扁平状奥氏体，提高了铁素体的形核率，进而细化了最终铁素体晶粒。由于铌元素对奥氏体再结晶的强烈抑制作用，因而几乎所有的未再结晶控制轧制钢中都含铌。钛对再结晶的抑制作用介于铌和钒之间。薄板坯连铸连轧流程钛微合金钢轧前粗大的原始奥氏体铸态组织经过 F1 机架一定的高温大变形后，可以实现完全静态再结晶；铸坯中固态析出的 TiN 粒子可以有效阻止奥氏体再结晶晶粒的长大，实现再结晶区控轧；固溶 Ti 的溶质拖曳作用以及形变诱导析出 TiC 粒子，对奥氏体再结晶具有一定的抑制作用，可以阻止奥氏体再结晶的发生，实现未再结晶区控轧。通过有效控制热轧工艺参数，可在薄板坯连铸连轧流程上实现钛微合金钢的再结晶区控轧 + 未再结晶区控轧的联合控制轧制模式[9]。

5.4.3 钛微合金高强钢的强化机理

钢材的主要强化机制如图 5-25 所示，主要包括固溶强化、位错强化、细晶强化和析出强化等。

根据扩展 Hall-Petch 公式，钢的屈服强度可由下式给出：

$$\sigma_s = \sigma_i + \sigma_{ss} + \sigma_p + \sigma_d + \sigma_{gs} \qquad (5-5)$$

式中 σ_i——内部晶格强化，对低碳钢而言为 48MPa；

σ_{ss}——固溶强化；

σ_d——位错强化；

σ_p——沉淀强化；

σ_{gs}——晶粒细化而引起的强化，$\sigma_{gs} = Kd^{-1/2}$。

5.4.3.1 固溶强化

固溶强化的主要微观作用机制是弹性相互作用。溶质原子进入基体晶体点阵中，将使晶体点阵发生畸变，畸变产生弹性应力场，该弹性应力场与位错周围的弹性应力场将发生相互作用。固溶强化作用的大小与溶质原子的量有关，通常认为在一定的化学成分范围内固溶强化元素的固溶强化效果正比于固溶原子量，相应的比例系数，即每 1% 质量分数固溶元素在铁素体中产生的屈服强度增量 k_M 可通过大量的实验统计测定，雍岐龙[10]总结了常用的强化作用系数值，见表 5-5。

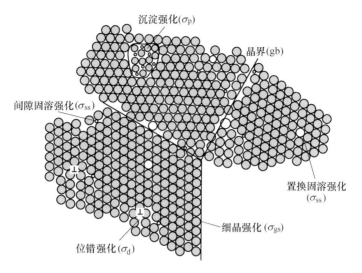

沉淀强化(σ_p)

晶界(gb)

间隙固溶强化(σ_{ss})

置换固溶强化
(σ_{ss})

细晶强化(σ_{gs})

位错强化(σ_d)

图 5-25 钢材主要强化机制

表 5-5 每 1% 质量分数固溶元素在铁素体中产生的屈服强度增量 k_M （MPa）

C（固溶量小于 0.2%）	N（固溶量小于 0.2%）	P	Si	Ti	Cu	Mn	Mo	V	Cr	Ni	Sn	备注
		247	82		96	70	8			33	113	
	354.2		83			32						
	2918		83			37						
		677	59			40						
			84			33						
4370	3750	350	86		39	50	22					
4570	4570	67.6	84	80	38	32	11	3	−30	0		
		468										
5000	5000	680	84		38	32	11		−30	33		
	5197											
4570	4570	470	83	80	38	37	11	3	−30	0	113	推荐值

对于在钢中仅以固溶状态存在的元素而言，固溶量就等于该元素在钢中的含量；对于既可以固溶状态存在也可第二相状态存在的元素而言，必须根据其热历史和不同温度下的平衡溶解度，对固溶量和处于第二相中的量进行理论计算或通过相应的实验确定。固溶强化增量仅与固溶量［M］有关。

大量的实验研究工作证实，在一般的稀固溶体中，因溶质的固溶而造成的屈服强度的增量可以用下式表示：

$$\Delta\sigma_s = 37[Mn] + 83[Si] + 59[Al] + 38[Cu] + 11[Mo] + 33[Ni] -$$
$$30[Cr] + 680[P] + 2918[N] \tag{5-6}$$

式中　　[M]——固溶态元素的质量分数,%。

在钛微合金钢中,氮主要被钛所固定形成 TiN,即使在钛含量较低的情况下,氮也会被铝固定形成 AlN,因此钢中固溶氮含量很低,可以忽略不计。钢中钛主要与碳、氮、硫元素结合形成各种化合物,固溶钛含量也很低,可以忽略不计。而对于碳,部分与钛结合形成 Ti(C, N),部分形成渗碳体 Fe_3C,但仍有相当数量的碳固溶于铁素体中,因此不能忽略其强化作用。根据对钛微合金钢成品样的化学相分析的结果,铁素体中固溶碳含量[C]取为 0.01%（质量分数）。锰、铜、硅、磷、铬、镍等元素在钢中均以固溶态存在,其固溶元素含量由钢的化学成分得到。由此可计算出钢的固溶强化增量为 120~140MPa。

5.4.3.2　位错强化

位错强化也是金属材料中有效的强化方式之一。金属材料的流变应力与位错密度 ρ 之间的关系如下:

$$\sigma_d = M\alpha\mu b\rho^{1/2} \tag{5-7}$$

式中　　M——取向因子;

　　　　α——比例系数。

位错密度主要和变形量有关,一般说来,压下量越大,终轧温度越低,位错密度越高,则位错强化对屈服强度的贡献越大。在多边形铁素体形成的转变温度范围内,σ_d 很小,不超过 45MPa。于浩[11] 测得 1.0mm 厚 ZJ330B 成品板中的位错密度为 $2.80 \times 10^{13} m/m^3$,计算出位错强化对屈服强度的贡献为 46.1MPa,对于钛微合金高强钢,不同厚度的钢板对位错强化的贡献也不相同。终轧温度越低,钢板厚度越薄,则强化值越大,对不同厚度的钛微合金高强钢板,取 20~40MPa。

5.4.3.3　细晶强化

由于晶粒细化是唯一能够同时提高钢强度和韧性的方法,故人们一直利用各种方法致力于晶粒的细化研究与生产。细晶强化可以用 Hall-Petch 公式来描述:

$$\sigma_g = k_y d^{-1/2} \tag{5-8}$$

式中　　d——有效晶粒尺寸;

　　　　k_y——比例系数。

有效晶粒尺寸是指材料中对位错的滑移运动起阻碍作用而使其产生位错塞积的界面所构成的最小的晶粒的尺寸,由于亚晶界附近一般不会产生位错的塞积,因而就不能成为有效晶粒。钛微合金钢一般为铁素体-珠光体钢,有效晶粒尺寸为铁素体晶粒尺寸。理论估算结果表明钢铁材料中 k_y 的数值约为 24.7MPa·$mm^{1/2}$,大量的实验结果证实了 Hall-Petch 公式的正确性,根据这些实验结果也可以得到 k_y 的数值。结果表明,对钢铁材料的屈服强度而言,当应变速率范围在 $6 \times 10^{-4} \sim 1s^{-1}$ 之间,晶粒尺寸在3μm到数毫米范围时，钢铁材料中k_y的数值在14.0～23.4MPa·mm$^{1/2}$之间，低碳钢中常采用17.4MPa·mm$^{1/2}$。

4.0mm钢板的细晶强化增量与含钛量的关系如图5-26所示。由图5-26可见，随钛含量的增加，细晶强化强度增量先是增加，当钛含量高于0.045%后逐渐达到一稳定值（约210MPa）。成品厚度减小，会使细晶强化强度增量升高，如图5-27所示。

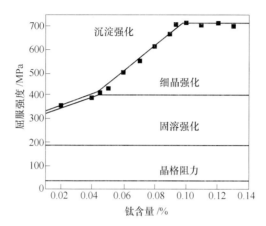

图5-26 4.0mm钢板各种强化屈服强度与钛含量的关系

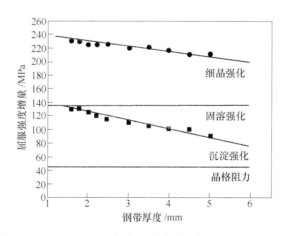

图5-27 含0.058%Ti钢各种强度增量与成品厚度的关系

5.4.3.4 沉淀强化

由式5-5可知，钢的沉淀强化增量可由屈服强度减去固溶强化增量、细晶增量和纯铁的点阵力之和获得。钛微合金高强钢4.0mm钢板的沉淀强化增量与钛含量的关系如图5-26所示。随着钛含量的增加，沉淀强化增量先是缓慢增加，当钛含量超过0.045%，增加较快；当钛含量超过0.095%，强度增加又趋缓。

钛含量小于 0.045% 时，钢中的钛主要与氮和硫结合，形成尺寸为几十到几百纳米的 TiN 和 $Ti_4C_2S_2$ 颗粒，其中尺寸较小的析出物通过阻碍再结晶奥氏体晶粒的长大来细化晶粒，起到细晶强化的作用，同时具有较小的沉淀强化作用。

当钛含量继续增加时，多余的钛将依次以奥氏体中析出、相间析出和铁素体中析出的方式形成尺寸从几纳米到几十纳米不等的呈球形的 TiC；它们在铁素体基体中和位错线上大量弥散分布，沉淀强化的效果显著。尤其是铁素体中析出的 TiC 粒子，由于其析出温度最低，因而粒子直径最小，沉淀强化作用最大。因此，当钛含量大于 0.045% 时，随钛含量的增加，屈服强度显著提高。

铁素体中碳含量较低，因而在铁素体中析出 TiC 的数量有一定限度。当钛含量增加到一定程度时，铁素体中的碳将完全与钛结合形成 TiC，其强化作用也将趋于饱和。继续增加钛含量，进一步强化完全来自于在奥氏体中析出和相间析出的 TiC 粒子，但由于钛含量较高时析出温度也较高，TiC 粒子容易长大和粗化，因而其强化效果不如铁素体中析出粒子的强化效果显著。当钛含量超过 0.095%，强度增加又趋缓。

根据 Fe-C 二元相图，铁素体中可溶解的最高碳含量为 0.0218%（出现在共析温度），而合金元素的加入通常减小该数值。根据 Thermo-Cal 计算出了钛微合金高强钢的 Fe（Mn, Cr, Si, P, S, Cu, P)-C 相图，结果如图 5-28（a）所示。图 5-28（b）为铁素体单相区的局部放大，从中可清楚看到碳在铁素体中的溶解度曲线，同时可见碳在铁素体中的最大平衡溶解度为 0.011%。而在实际非平衡的冷却条件下，碳的最大溶解度要略大一些。另外，铁素体中碳含量应该低于实际最大溶解度。基于上述考虑，可粗略地假设铁素体中的碳含量为 0.01%，则它可与 0.04% 钛结合形成 TiC。考虑到与氮、硫结合的钛以及在奥氏体中析出和相间析出的钛含量，强度增加趋缓的拐点（第二个拐点）所对应的钛含量应不小于 0.085%，与大量生产数据所得到的 0.095% 基本吻合。

另外，在钛含量一定时，成品厚度减小会使沉淀强化增量升高，如图 5-27 所示。这是由于钢板厚度减小使冷速加快，导致沉淀析出的 Ti(C，N) 更加细小的缘故。

钛微合金高强钢中加了较多的钛，钛与碳结合生成 TiC，在轧后冷却和卷取过程中析出的 TiC 粒子非常细小，可达到 10nm 数量级，产生强烈的沉淀强化效果。根据 Gladman 等的理论，可定量地计算出沉淀强化的贡献。

由上述分析可以估算出薄规格高强钢中各强化分量，如图 5-26 所示[12]。可以看出，沉淀强化的贡献的最大值在 250MPa 左右。此外，不同厚度规格钢的冷却速度不同会导致析出粒子的大小和质量分数的不同，也会使得沉淀强化的贡献不同。

由图 5-24 可见，在 0.045% 和 0.095% Ti 处有两个拐点，原因是在诸多强化

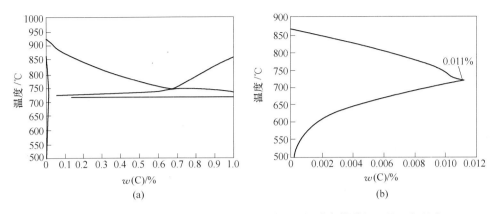

图 5-28 Fe（Mn, Cr, Si, P, S, Cu, P)-C 相图与铁素体单相区的局部放大

（a）相图；（b）铁素体区局部放大

分量中，与钛含量有关的只有细晶强化和沉淀强化。当钛含量小于 0.045% 时，随着钛含量的增加，屈服强度增加缓慢，这主要是因为一方面钛含量的增加，晶粒细化会导致屈服强度增加约 20MPa；另一方面，TiN 和 Ti$_4$C$_2$S$_2$ 粒子也起一定的沉淀强化作用，但是由于这些粒子在高温下析出，粒子尺寸比较大（约几十纳米至上百纳米），其沉淀强化的增量比较小。当钛含量大于 0.045% 时，晶粒不再随着钛含量的增加而细化，此时强度的增加主要源于 TiC 粒子的析出而导致的沉淀强化。由于弥散细小的 TiC 粒子的析出贡献比较大，使强度随钛含量的增加而迅速增加。当钛含量高于 0.095% 后，屈服强度不再增加，其原因在于较高的钛含量会导致 TiC 在轧制前在奥氏体中析出，由于应变诱导析出和在铁素体中析出的 TiC 粒子的质量分数基本保持不变，从而使得钢的强度基本保持不变。

参 考 文 献

[1] 曲英. 炼钢学原理 [M]. 北京：冶金工业出版社，1994.

[2] 朱万军，区铁，李光强. LF 精炼对 CSP 集装箱钢 T [O] 和夹杂物影响 [J]. 北京科技大学学报，2011，33 (S1)：137~140.

[3] Pillild C F. Variables affecting the nitrogen content of carbon and low alloy acid electric arc furnace steel [C]. Electric Furnace Conference Proceedings, ISSI, 1988, 46: 107~110.

[4] Thomas J, Scheid C, Geiger G. Nitrogen control during EAF steelmaking [J]. April 1993-January 1994; I & SM.

[5] 毛新平，林振源，李烈军，等. 一种在钛微合金化高强耐候钢冶炼和连铸过程中提高并稳定钛回收率的工艺 [P]. 中国：200510102239.0.

[6] 毛新平，等. 薄板坯连铸连轧微合金化技术 [M]. 北京：冶金工业出版社，2008.

[7] 苏亮，田乃媛，毛新平，等. 液芯压下对高强耐候钢组织和力学性能的影响 [C]. 薄板坯连铸连轧技术交流与开发协会第四次技术交流会论文集，中国马鞍山，2006：538 ~ 543.

[8] Huo Xiangdong, Mao Xinping , Li Liejun, et al. Strengthening mechanism of Ti micro-alloyed high strength steels produced by thin slab casting and rolling [J]. Iron and Steel Supplement，2005，40：464 ~ 468.

[9] 毛新平，孙新军，汪水泽. 薄板坯连铸连轧流程 Ti 微合金钢控制轧制技术研究 [J]. 钢铁，2016，51（1）：1 ~ 7.

[10] 雍岐龙，马鸣图，吴宝榕. 微合金钢——物理和力学冶金 [M]. 北京：机械工业出版社，1989.

[11] 于浩. CSP 热轧低碳钢板组织细化与强化机理研究 [D]. 北京：北京科技大学，2003.

[12] 毛新平，孙新军，康永林，等. 薄板坯连铸连轧 Ti 微合金化钢的物理冶金学特征 [J]. 金属学报，2006，42（10）：1091 ~ 1095.

6 钛微合金钢产品设计与开发应用

20 世纪 20 年代，钛作为微合金化元素开始得到应用。初期主要用作微钛处理，改善钢材的焊接性能。随着钛在钢中作用机理研究的不断深入，以及冶炼、轧制等钢材生产技术的不断进步，钛在钢中的作用进一步凸显，产品种类不断增加，代表性产品主要包括德国的 QStE 系列钢（钛含量不大于 0.16%）、美国杨森（Youngstown）公司生产的 YS-T50、日本新日铁开发的汽车大梁钢 NSH52T（钛含量为 0.08%~0.09%）等。我国在钛微合金化技术和产品开发方面的研究起步较晚，直到 20 世纪 60 年代左右才首次开发出钛微合金钢，代表产品为 15MnTi（屈服强度为 390MPa），随后又陆续开发出船体结构用钢（14MnVTiRE（钛含量为 0.07%~0.16%））、汽车大梁钢（06TiL、08TiL 和 10TiL（钛含量为 0.07%~0.20%））以及耐候钢（09CuPTi）等。2000 年以来，随着珠钢薄板坯连铸连轧工程的建成投产，国内在薄板坯连铸连轧流程钛微合金化技术和高强钢产品开发方面开展了大量的研究工作，并取得跨越式发展，开发出屈服强度 450~700MPa 级钛微合金化高强钢系列产品，主要用于集装箱、汽车和工程机械等领域。本章主要介绍我国在钛微合金化高强钢开发方面所取得的代表性成果。

6.1 新一代集装箱用钢

众所周知，国际贸易中 90% 以上的货物是通过海运来完成的，集装箱作为远洋运输最重要的运输载体，在航运发展中扮演着不可或缺的角色，目前预计全球集装箱保有量已超过 3600 万 TEU。随着集装箱在运输领域的应用越发广泛，作为一种运输载体的集装箱，在国际贸易和运输中将会发挥越来越重要的作用。我国是集装箱制造与销售大国，目前年均产销量超过 300 万 TEU，占世界的 90% 以上。

据统计，在集装箱制造领域，85% 以上的集装箱用钢采用 SPA-H，屈服强度级别仅为 355MPa，每个 TEU 箱体自重达到 1.6t 左右，显著增加了用钢量和运输成本。随着国际贸易需求的不断变化，以及用户对降低运输成本的不断追求，更轻、更坚固的集装箱越来越受到青睐，轻量化已成为集装箱产品未来发展的重要趋势之一。集装箱的轻量化在减轻集装箱产品自重的同时，同样能满足集装箱的刚度、强度等客户使用需求，有效降低非载荷负重，从而达到降低运输成本的目的。提高集装箱用钢的强度，减薄钢材厚度，是实现集装箱轻量化的重要途径之一。

集装箱在实际应用过程中的综合使用成本主要包括运营成本和制造成本。当使用低强度级别的 SPA-H 钢制造集装箱时，集装箱的制造成本相对较低，但由于箱体较重，运输过程中所耗燃油成本较高，导致综合使用成本高。当采用超高强钢制造集装箱时，箱体自重大幅减轻，运输成本下降，但由于超高强钢的合金成本相对较高，且生产难度大，增加了集装箱的制造成本，使得材料的综合使用成本仍然较高。集装箱行业综合考虑了结构的安全性、减重效果和总的生产成本等多重因素，最终明确提出新一代集装箱用钢的设计要求，即钢材的强度级别在原有 SPA-H 的基础上提高 50%，要求屈服强度达到 550MPa 级。通过产品替代，集装箱自重可减轻 12.7% ~ 14.4%，每年可节约钢材近 50 万吨，减少集装箱运输用燃油约 120 万吨[1]。

6.1.1　产品相关标准与性能要求

日本标准 JIS G3125 是目前使用最为广泛的集装箱用钢产品标准。JIS G3125 中牌号为 SPA-H 的集装箱用钢的化学成分和性能要求分别见表 6-1 和表 6-2。而根据集装箱行业要求，新一代轻量化集装箱用钢的力学性能要求见表 6-3。

表 6-1　JIS G3125—1987 中 SPA-H 集装箱用钢化学成分　　　　（%）

C	Si	Mn	P	S	Cu	Ni	Cr
≤0.12	0.25 ~ 0.75	0.20 ~ 0.50	0.07 ~ 0.15	≤0.040	0.25 ~ 0.60	≤0.65	0.30 ~ 1.25

表 6-2　JIS G3125 标准的 SPA-H 集装箱用钢的性能要求

屈服强度/MPa	抗拉强度/MPa	延伸率/%	180°冷弯试验	
≥345	≥480	≥22	≤6mm, d = a	>6mm, d = 1.5a

表 6-3　新一代轻量化集装箱用钢的力学性能要求

牌号	屈服强度/MPa	抗拉强度/MPa	延伸率/%	冷弯180°
ZJ550W	≥550	≥620	≥16（h≤6mm）	d = 1.5a 合格

生产实践统计，根据 JIS G3125 标准生产的普通集装箱板 SPA-H 的屈服强度为 400 ~ 450MPa，与新一代集装箱用钢的强度要求还存在 100 ~ 150MPa 的差距，需要对产品的成分与工艺进行重新设计，以达到目标强度，并满足集装箱用钢的其他使用要求。

6.1.2 产品成分与工艺设计

成分设计是产品开发的前提和基础。根据新一代集装箱用钢对于强度性能、耐候性能、成形性能和焊接性能要求的特点，以薄板坯连铸连轧流程生产的普通集装箱板 SPA-H 的成分体系 Cu-P-Cr-Ni 为基础，采用钛微合金化技术，以提高钢材的强度[2]。钛在钢中的作用主要是细晶强化和沉淀强化，相关的强化机理在前面章节已经做了充分的论述，不再赘述。这里主要讨论对于新一代集装箱用钢钛的添加量确定问题。

现有普通集装箱板 SPA-H 的典型显微组织如图 6-1 所示，其铁素体晶粒尺寸为 8 ~ 10μm。假设采用钛微合金化后，晶粒尺寸可进一步细化至 6 ~ 7μm，根据 Hall-Petch 公式计算可知，细晶强化贡献的强度增加值为 20 ~ 30MPa。

钛微合金化除了可以细化晶粒外，还具有显著的沉淀强化作用。根据 Orowan 机制，第二相颗粒的沉淀强化增量 $\Delta\sigma_{\mathrm{p}}$ （见式 1-5）。假设加入钢中的总钛含量为 "Ti%"，能够产生沉淀强化的钛为 "有效 Ti"，钢中的氮含量为 70ppm，硫含量为 50ppm，则根据理想化学配比可得到：

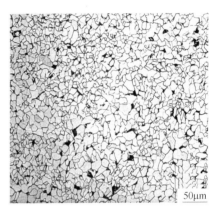

图 6-1 SPA-H 钢的金相组织
（厚度 1.6mm）

有效 Ti = Ti% − 3.4 × N% − 3 × S% = Ti% − 3.4 × 0.007 − 3 × 0.005 = Ti% − 0.03889

假设 "有效 Ti" 全部以 TiC 形式存在，则根据 "有效 Ti" 的质量分数，可得到 TiC 的质量分数：

$$\mathrm{TiC\%} = (\mathrm{Ti\%} - 0.03889)\frac{A_{\mathrm{TiC}}}{A_{\mathrm{Ti}}} = (\mathrm{Ti\%} - 0.03889) \times \frac{59.9}{47.9} \qquad (6-1)$$

式中，A 为原子量或分子量。根据 TiC 和 Fe 的密度（分别为 4.944g/cm³ 和 7.87g/cm³）可以将质量分数转化为体积分数：

$$f = (\mathrm{Ti\%} - 0.03889) \times \frac{59.9}{47.9} \times \frac{\rho_{\mathrm{Fe}}}{\rho_{\mathrm{TiC}}} \qquad (6-2)$$

假设沉淀析出 TiC 粒子的直径分别为 5nm、10nm 和 15nm，将式 6-2 及粒子直径 d 代入到式 1-5 中，可获得不同颗粒尺寸产生的沉淀强化增量与钛含量的关系，如图 6-2 所示。

普通集装箱板 SPA-H 的屈服强度为 400 ~ 450MPa，若要生产 550MPa 级高强集装箱用钢，则强度应增加 100 ~ 150MPa，扣除细晶强化产生强度增量 20 ~

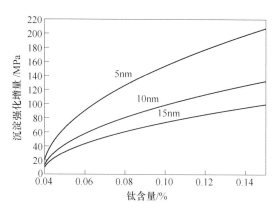

图 6-2　沉淀强化增量与钛含量的关系

30MPa，则沉淀强化增量应为 80～120MPa。通常形变诱导析出或从铁素体中析出的 TiC 粒子直径为 5～10nm，由图 6-2 可知，钢中钛的添加量应为 0.07%～0.09%。

基于上述分析，设计 550MPa 级新一代轻量化集装箱用钢的化学成分见表 6-4。

表 6-4　新一代集装箱用钢 **ZJ550W** 化学成分　　　　　　　（%）

C	Si	Mn	P	S	Ti	Ni + Cu + Cr
≤0.07	≤0.30	≤1.0	≤0.075	≤0.01	≤0.10	0.60～0.90

由于主要利用 TiC 粒子的沉淀强化作用来提高钢材的强度，因此在轧制过程中应避免 Ti(C，N) 的形变诱导析出，促进冷却和卷取过程中 TiC 的析出。结合 TiC 在奥氏体中析出的 PTT 曲线，将终轧温度设置为 880～900℃。典型产品厚度规格的道次压下分配制度见表 6-5。

表 6-5　典型厚度规格压下分配制度

厚度规格/mm	F1/%	F2/%	F3/%	F4/%	F5/%	F6/%
1.5	55～60	55～60	40～45	35～40	30～35	15～20
2.0	50～55	55～60	40～45	35～40	25～30	15～20
5.0	50～55	45～50	35～40	0	20～25	15～20

卷取温度也是影响 TiC 析出的一个重要因素。在一定的温度范围内，随着温度的下降，第二相质点逐渐析出，析出温度越低，形核的临界核心尺寸越小，析出物的最终尺寸也越细小。另一方面，根据动力学分析，TiC 的析出是长程扩散的结果，卷取温度过低时，会抑制 TiC 的析出，使最终析出的 TiC 体积分数减小，降低沉淀强化效果。因此，卷取温度的选择应结合 TiC 在铁素体中析出的

PTT 曲线，选择合适的温度区间。

6.1.3　产品的组织与性能

从钢板上切取金相试样，用砂纸打磨，抛光后用4%硝酸酒精溶液浸蚀，在光学显微镜下观察试样的显微组织，平均晶粒尺寸用 Image Tool 图像分析软件测量。

典型规格产品的显微组织如图 6-3 所示，可以看出：新一代轻量化集装箱用钢的组织主要由铁素体组成，在铁素体晶界处存在少量的珠光体，铁素体晶粒尺寸约为 5.8μm。另外，带钢厚度对成品晶粒尺寸有较为明显的影响。采用图像分析软件统计了不同厚度的平均晶粒直径，如图 6-4 所示。厚度为 1.5～5.0mm 的新一代集装箱用钢的平均晶粒直径范围为 5.8～9.8μm。

图 6-3　典型规格产品的显微组织
（厚度 1.5mm）

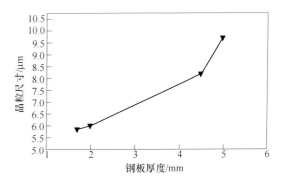

图 6-4　钢板厚度与晶粒尺寸的关系

采用扫描电镜、透射电镜、EDS 能谱分析等手段，分析了新一代集装箱用钢中析出物的种类、形态和尺寸，结果如图 6-5 所示。钢中含钛析出物主要包括液析 TiN、固析 TiN、$Ti_4C_2S_2$ 和 TiC 粒子，其中起沉淀强化效果的主要是 TiC 粒子，其形状为球形或原片状，存在两种不同尺度的 TiC 粒子，直径为 20nm 左右的较大粒子（如图 6-5（c）所示）和直径为 10nm 以下的较小粒子（如图 6-5（d）所示），它们在基体中均匀弥散分布。通过 TEM 衍射分析，确定了较大尺寸粒子与铁素体无明确的取向关系，而较小尺寸粒子与铁素体基本保持 Bake-Nutting 关系。根据其尺寸及其与铁素体基体的取向关系，进一步明确这两种不同尺寸的 TiC 粒子对应不同的析出阶段，即较大尺寸粒子在奥氏体中通过形变诱导析出方式形成，而较小尺寸粒子则是在铁素体内过饱和析出形成。此外，在钢中还观察到了相间析出 TiC 粒子，其尺寸小于 10nm，沉淀列的间距在 50～100nm 之间，形成于相变过程中，如图 6-5（e）所示。

按国标《钢及钢产品力学性能试验取样位置及试样制备》（GB/T 2975—

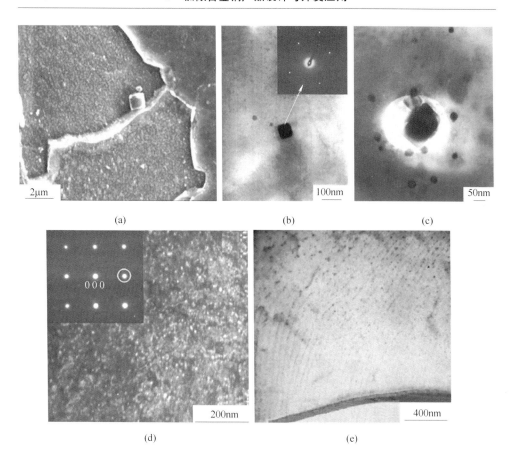

图 6-5　新一代集装箱用钢析出物形貌观察

（a）液析 TiN；（b）固态析出 TiN；（c）$Ti_4C_2S_2$ 和奥氏体中析出 TiC；

（d）铁素体过饱和析出 TiC；（e）相间析出 TiC

1998）以及国标《金属材料拉伸试验　第 1 部分：室温试验方法》（GB/T 228.1—2010），对实际生产的新一代集装箱用钢产品 ZJ550W 进行力学检验及统计分析，结果见表 6-6。屈服强度为 550～595MPa，抗拉强度为 620～715MPa，断裂总延伸率为 21%～34%，屈强比为 0.83～0.90。

表 6-6　新一代集装箱用钢力学性能统计分析

钢　种	R_{eL}/MPa	R_m/MPa	$\delta/\%$	屈强比	备　注
	550	620	21.0	0.83	最小值
ZJ550W	595	715	34.0	0.90	最大值
	571	656	26.1	0.87	平均值

为考察新一代集装箱用钢 ZJ550W 的通卷力学性能，对钢卷的不同位置进行

了力学性能测试，结果如图6-6所示。可见，钢板的通卷性能稳定，屈服强度差最大为30MPa，抗拉强度差最大为25MPa。

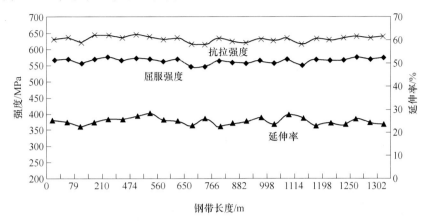

图6-6 新一代集装箱用钢 ZJ550W 的通卷力学性能

6.1.4 产品的服役性能

6.1.4.1 耐候性能评价

新一代集装箱用钢主要用于远洋运输集装箱的制造。在货物的长途运输中，海洋性气候和海浪的侵蚀，对集装箱板的耐腐蚀性能提出了较高标准。耐候性能是评价集装箱用钢服役性能的一个重要指标。根据中华人民共和国铁道行业标准 TB/T 2375 和国家标准 GB/T 10125，采用周期浸润实验和盐雾实验，定性和定量测定了新一代集装箱用钢的耐腐蚀性能，并与常规集装箱用钢进行了比较分析。

将新一代集装箱用钢 ZJ550W（标注为1号）和常规集装箱用钢 SPA-H（标注为2号）各加工三块试样（标注为 A、B、C）同时进行周期浸润试验，试验数据见表6-7。

表6-7 新一代集装箱用钢和常规集装箱用钢的周期浸润实验数据

试样编号	长度 /mm	宽度 /mm	厚度 /mm	表面积 /mm²	原始重量 /g	腐蚀后 重量/g	失重 /g	失重率 /g·(m²· h)⁻¹	失重率平 均值/g· (m²·h)⁻¹
1A	50.04	40.12	3.24	4599.446	49.5474	48.6013	0.9461	1.224	
1B	50.08	40.06	3.22	4592.911	49.432	48.4319	1.0001	1.296	1.268
1C	50.04	40	3.20	4579.456	49.4438	48.4555	0.9883	1.284	
2A	50.20	40.18	1.30	4269.06	19.9545	19.013	0.9415	1.312	
2B	50.24	40.18	1.52	4312.163	23.2305	22.3485	0.882	1.217	1.295
2C	50.30	40.06	1.56	4311.959	23.9786	22.9977	0.9809	1.354	

由表 6-7 可以看出，新一代集装箱用钢 ZJ550W 的失重率在 1.224 ~ 1.296g/(m² · h) 范围内，均值为 1.268g/(m² · h)。常规集装箱用钢 SPA-H 的失重率在 1.217 ~ 1.354g/(m² · h) 范围内，均值为 1.295g/(m² · h)。可见，新一代集装箱用钢 ZJ550W 的耐候性能与常规集装箱用钢 SPA-H 基本相当，可以满足集装箱的使用要求。

6.1.4.2　焊接性能评价

集装箱用钢在后续使用过程中需要采用焊接方式对钢板进行拼接。为评价新一代集装箱用钢 ZJ550W 的焊接性能以及焊接后的晶粒尺寸和组织变化情况，根据钢材的强度级别和化学成分选取适当的焊条进行焊接试验。试验选取 HTW-50 焊条，直径 ϕ1.0mm 焊丝，采用 CO_2 保护焊。将焊后的钢板按照国标《焊接接头机械性能试验取样方法》（GB 2649—1989）和《焊接接头拉伸试验方法》（GB 2651—2008）切取横向拉伸试样，进行焊后金属拉伸试验和金相组织检验。焊接试样在拉伸后均在母材部位断裂。拉伸性能见表 6-8，可以看出钢板在焊接后仍然有较好的拉伸性能，焊接性能良好。

表 6-8　ZJ550W 集装箱用钢焊接前后拉伸性能

厚度/mm	焊　接　前			焊　接　后		
	屈服强度 /MPa	抗拉强度 /MPa	延伸率 /%	屈服强度 /MPa	抗拉强度 /MPa	断裂 位置
4.0mm	605	680	23	585	670	母材

焊接后取样做金相检验，如图 6-7 所示。可见，焊缝和热影响区的金相组织均匀细小，焊接后显微组织晶粒尺寸并未出现较大变化，焊接质量良好。

6.1.4.3　冷弯和回弹性能评价

集装箱用钢在使用过程中要进行弯曲变形，冷弯试验是检测钢板在室温下塑性变形优劣的一种工艺试验。为评价新一代集装箱用钢的成形性，对于四种不同厚度规格的新一代集装箱用钢分别取轧向试样进行冷弯试验，试样宽度 B 分别为 20mm 和 40mm，弯心半径为 $d=0$，弯曲 180°，结果如图 6-8 所示。结果表明所有试样的宽冷弯性能良好，适合工业制造冲压成形。

采用自行设计制造的 "V" 形弯曲模具进行了板材回弹值的试验测定，结果见表 6-9。可以看出，新一代集装箱用钢的回弹值较小。

表 6-9　新一代集装箱用钢的回弹角度

试样厚度/mm	1.6	2.0	4.0	5.0
圆弧半径/mm	2	2	5	5
回弹角度/(°)	4	5	2.5	1.5

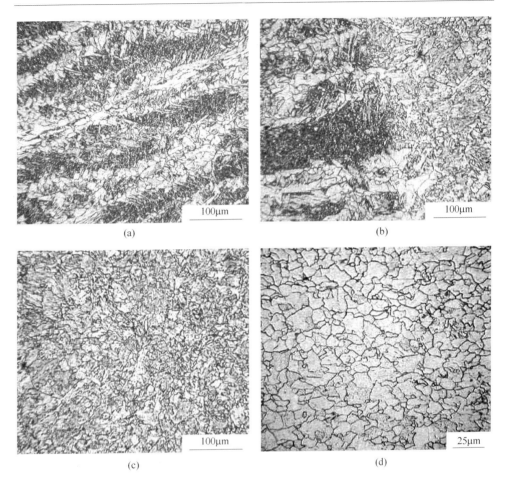

图 6-7 ZJ550W 集装箱用钢焊接显微组织

（a）焊缝处组织；（b）焊缝和过渡区组织；（c）过渡区组织；（d）基体组织

6.1.5 产品应用

新一代集装箱用钢主要用于制造轻量化集装箱，其箱型主要为占集装箱总量 90% 以上的 20 英尺和 40 英尺标准箱两种，如图 6-9 所示。

综合考虑减薄效果及保证安全性等因素，采用新一代集装箱用钢 ZJ550W 替代普通集装箱用钢 SPA-H，并对集装箱各零部件进行不同程度地减薄，具体设计和各部件的减重效果见表 6-10，集装箱总体减重效果见表 6-11。由表 6-11 可以看出，新一代 20 英尺集装箱自重为 1900kg，普通常规 20 英尺集装箱自重为 2220kg，自重减少 14.41%，钢材消耗量减少 15.2%；新一代 40 英尺集装箱自重为 3350kg，普通常规 40 英尺集装箱自重为 3840kg，自重减少 12.76%，钢材消耗量减少 14.75%。

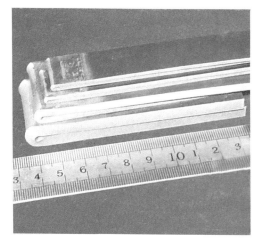

图 6-8　新一代集装箱用钢的冷弯检测试样（$d=0$）

（a）　　　　　　　　　　　　　　　　（b）

图 6-9　轻量化集装箱箱型

（a）20 英尺 DV 箱；（b）40 英尺 HC 箱

表 6-10　集装箱各部件用钢板减薄设计和减重效果

部件名称	20 英尺标准箱			40 英尺标准箱		
	钢板厚度/mm		减重比例 /%	钢板厚度/mm		减重比例 /%
	ZJ550W	SPA-H		ZJ550W	SPA-H	
主侧板	1.5	1.6	6.25	1.5	1.6	6.25
前墙板、顶板、边侧板	1.7	2.0	15	1.7	2.0	15
门横梁	2.5	3.0	16.67	2.5	3.0	16.67
前底横梁、门楣	3.0	4.0	25	3.0	4.0	25
门槛、底侧梁	4.0	4.5	11.11	4.0	4.5	11.11

部件名称	20 英尺标准箱			40 英尺标准箱		
	钢板厚度/mm		减重比例 /%	钢板厚度/mm		减重比例 /%
	ZJ550W	SPA-H		ZJ550W	SPA-H	
鹅颈横梁、鹅颈槽	—	—	—	3.0	4.0	25
前角柱	4.5	6.0	25.0	5.0	6.0	16.67
叉槽底板	5.0	6.0	16.67	—	—	—
后角柱	5.0	6.0	16.67	5.0	6.0	16.67

表 6-11　新一代轻量化集装箱总体减重效果　　　　　　（kg）

箱　型	20 英尺标准箱		40 英尺标准箱	
	钢材用量	自重	钢材用量	自重
新一代箱	1450	1900	2600	3350
常规集装箱	1710	2220	3053	3840
减少重量	260	320	453	490
减重比例/%	15.2	14.41	14.75	12.76

　　新一代轻量化集装箱已通过堆码、吊顶、叉举、纵向栓固、端墙强度、侧板强度、地板强度、顶板强度、横向刚性、纵向刚性、水密性等 15 项标准检测，获得了法国船级社（BV）认证和美国船级社（ABS）认证，并投入到国际远洋运输中。

6.2　特种集装箱用超高强耐候钢

　　一般从国内发运到美国的货物都是采用标准 20 英尺或 40 英尺海运集装箱运输，而美国内陆地区的公路和铁路运输系统发达，为了节省运费和提高运输效率，美国内陆一般采用容积更大的 53 英尺北美内陆集装箱来进行运输，因此这些通过标准 20 英尺或 40 英尺海运集装箱运输到美国的货物，都会在美国港口重新倒箱，装到 53 英尺北美内陆集装箱上运输，这种方式耗时费力，社会资源消耗严重。53 英尺特种装备适用于北美内陆运输，主要采取铁路和公路运输方式，可以从铁路车和公路车架卸下，实现了铁路和公路两种运输方式之间的联运。这种运输方式不同于 ISO 海洋运输，必须满足 AAR 封闭式内陆集装箱 M-930-08 标准。而标准 20 英尺或 40 英尺海运集装箱由于仅满足 ISO 的标准要求，不满足 AAR 的标准要求，同时由于容积太小，因此难以满足从货物国内到美国的"门到门"的运输需求。为此，国内集装箱行业提出开发 53 英尺特种集装箱的需求。

　　53 英尺特种集装箱最初由美国本土的制造商生产制造，大部分为铆接的铝质或复合板集装箱产品，这些产品由于生产工艺复杂、人工耗时长，造价十分昂贵，维护保养成本高，并且材料强度低、结构不耐用，使用寿命短，更是无法满足 ISO 集装箱标准，无法进行海洋运输。经过对铝质、复合板和钢质材料的性能、优缺点和价格等众多因素进行比较分析后，国内集装箱行业提出采用钢质材料替代铝质以及复合板材料。

常用的集装箱用钢材料为 SPA-H，具有良好的防腐性能，能够有效抵御海洋气候的腐蚀，使得集装箱经久耐用。但是采用普通的集装箱用钢，箱体自重也相应增加，每个 TEU 的钢材用量为 4625kg，自重也达到 5630kg，但是每个 TEU 的最大额定重量（等于载货量 + 自重）是恒定的，这就使得货物装载量减少。如果在保证箱体强度的条件下能够降低箱体自重，不仅能够增加每台箱的货物装载量，降低箱体材料的使用量，而且也节约能源的消耗、减少环境的污染。为降低箱体自重，集装箱行业提出了超高强耐候钢的需求。

6.2.1　产品相关标准与性能要求

超高强度耐候钢是指 $\sigma_s \geq 700\mathrm{MPa}$ 的耐候钢。由于超高强度耐候钢在要求高的耐蚀性的同时还需要更高的强度级别、较好的成形性能和焊接性能，因此对冶金工艺过程和设备控制水平要求很高，只有很少国家能生产，国外主要是瑞典 SSAB 钢厂生产 DOMEX 耐候钢系列，钢号为 DOMEX700W，其化学成分和力学性能见表 6-12 ~ 表 6-14[3]。除此之外，在国内外还没有形成一个比较成熟或完整的行业标准与国家标准。

表 6-12　瑞典 SSAB 公司 DOMEX700W 钢化学成分　　　　　（%）

C	Si	Mn	P	S	Cu	Cr	Ni	Mo	Nb、V、Ti
≤0.12	≤0.6	≤2.1	≤0.03	≤0.015	0.25 ~ 0.55	0.3 ~ 1.25	≤0.65	≤0.3	Nb + V + Ti≤0.22

表 6-13　瑞典 SSAB 公司 DOMEX700W 钢力学性能

屈服强度 /MPa	抗拉强度 /MPa	延伸率/%		冷弯（90°）		
		<3mm	≥3mm	<3mm	3 ~ 6mm	>6mm
≥700	≥750	≥12	≥12	1.5a	2.0a	2.0a

表 6-14　瑞典 SSAB 公司 DOMEX700W 钢低温冲击韧性

牌　　号	V 形缺口冲击试验		
	试验方向	温度/℃	冲击功/J
DOMEX700W	纵向	- 20	≥40

6.2.2　产品成分与工艺设计

国内先后有宝钢、本钢和太钢等对 700MPa 级超高强钢进行研究开发[4~6]，化学成分见表6-15。宝钢的成分体系为低碳钢,采用铌、钛、钼复合添加的微合金钢成分体系;本钢采用低碳高锰钢,添加钼、铬、铌、钛的合金化设计;太钢采用铌、钛复合微合金化,并添加适量的钼。

表6-15 国内钢厂开发的700MPa级超高强钢成分设计(质量分数) (%)

厂家	C	Si	Mn	P	S	Cr	Nb	Ti	Mo	V
宝钢	0.07	0.25	1.8	0.025	0.015	—	少量	少量	少量	—
本钢	0.05	0.15	2.0	0.008	0.003	0.41	0.05	0.12	0.2	0.15
太钢	0.084	0.14	1.82	0.011	0.001	—	少量	少量	少量	

珠钢基于薄板坯连铸连轧流程,在对钛微合金化技术进行深入研究的基础上,考虑到超高强耐候钢的性能要求以及生产的经济性,提出低碳高锰 + 单一钛微合金化的成分体系,即在普通集装箱用钢的成分基础上,添加一定量的锰和钛,通过 Mn-Ti 协同作用(详见 3.4 节介绍),细化铁素体晶粒尺寸,并提高沉淀强化效果,从而在保证耐候性能的同时,达到超高强耐候钢对强度、成形性能和焊接性能的要求。具体成分设计见表6-16,合金化成本显著降低。热轧工艺参数(如终轧温度和卷取温度)的设计主要考虑 TiC 粒子在奥氏体和铁素体中的析出 PTT 曲线,以最大限度促进 TiC 粒子在铁素体中析出为原则。

表6-16 珠钢 ZJ700W 超高强耐候钢成分设计 (%)

C	Si	Mn	P	S	Cu	Ni	Cr	Ti
≤0.07	≤0.60	≤2.0	≤0.03	≤0.01	0.55	≤0.3	≤0.6	≤0.15

6.2.3 产品的组织与性能

产品的微观组织 EBSD 检测结果如图6-10所示。检测结果表明,大角度晶界(晶界取向差大于 $15°$)的晶粒尺寸约为 $3.3\mu m$。

与同等厚度的新一代集装箱用钢 ZJ550W 钢(如图6-3所示,晶粒尺寸约为 $5.8\mu m$)相比,晶粒尺寸显著细化,可见 Mn-Ti 协同的晶粒细化作用明显。根据 Hall-Petch 公式计算可知,细晶强化贡献的强度增加值约80MPa。

此外,通过 Mn-Ti 协同作用,工业生产 ZJ700W 钢带中析出物明显细化,如图6-11所示。

与 ZJ550W 钢相比,粒径不大于 5nm 的析出相比例从 5% 提高到 23%,如图6-12所示,可使沉淀强化作用从约130MPa 提高到约200MPa。

按国标《钢及钢产品力学性能试验取样位置及试样制备》(GB/T 2975—1998)以及国标《金属材料拉伸试验 第 1 部分:室温试验方法》(GB/T

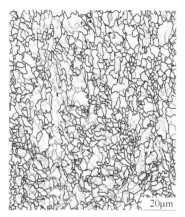

图 6-10　ZJ700W 钢铁素体晶粒取向图（厚度 2.0mm）

228.1—2010），对实际生产的特种集装箱用超高强耐候钢产品 ZJ700W 进行力学检验及统计分析，结果见表 6-17，屈服强度为 715～770MPa，抗拉强度为 760～850MPa，断裂总延伸率为 17%～25%，屈强比为 0.86～0.91。

表 6-17　**Ti 微合金化集装箱用钢的拉伸性能**

钢　　种	$R_{\rm eL}$/MPa	$R_{\rm m}$/MPa	δ/%	屈强比	备　注
	715	760	17	0.86	最小值
ZJ700W	770	850	25	0.91	最大值
	740	820	20	0.89	平均值

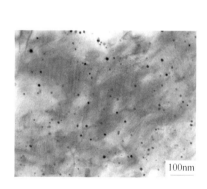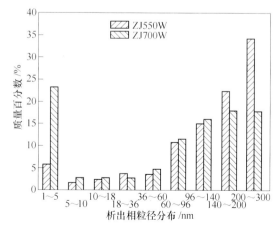

图 6-11　ZJ700W 钢带中析出物分布　　　图 6-12　ZJ550W 和 ZJ700W 钢的析出相粒度分布

（物理化学相分析结果）

6.2.4 产品的服役性能

6.2.4.1 腐蚀性能测定与评价

为评估所开发的超高强耐候钢的耐腐蚀性能，并比较超高强耐候钢的耐腐蚀性能与 SPA-H 钢和 ZJ550W 钢耐腐蚀性能的关系，采用周期浸润腐蚀试验方法测量其腐蚀速率并进行对比分析，试样情况见表6-18。

表6-18 不同集装箱用钢试样情况

试样编号	钢 号	生产厂家	钢板厚度/mm	试样规格 /mm × mm × mm	试样数量块
1 号	SPA-H	厂家1	6.0	60 × 40 × 5.5	4
2 号	SPA-H	厂家2	4.5	60 × 40 × 3.8	3
3 号	SPA-H	珠钢	4.5	60 × 40 × 3.4	3
4 号	ZJ550W	珠钢	4.5	60 × 40 × 3.8	4
5 号	ZJ550W	珠钢	4.8	60 × 40 × 4.5	3
6 号	ZJ700W	珠钢	3.2	60 × 40 × 2.6	4
7 号	ZJ700W	珠钢	4.5	60 × 40 × 4.5	3

实验执行标准《铁路用耐候钢周期浸润腐蚀试验方法》（TB/T 2375—1993），试验时间为72h。几种耐候钢周期浸润腐蚀试验结果，见表6-19。由表6-19 可见，超高强耐候钢的耐候性能与普通集装箱板基本相当。

表6-19 几种耐候钢周期浸润腐蚀试验结果

试样编号	1 号	2 号	3 号	4 号	5 号	6 号	7 号
腐蚀速率/$g \cdot (m^2 \cdot h)^{-1}$	1.933	1.54	1.448	1.559	1.572	1.554	1.874

6.2.4.2 焊接性能评价

为了评价试制钢板的焊接性能以及焊接后的晶粒尺寸和组织变化情况，进行了试制钢板的焊接性能试验。在厚度规格为 6.0mm、4.0mm 和 3.5mm 的超高强耐候钢上沿着轧制方向切取试样，然后再从横向中心部位切开，选取适当的焊条进行焊接试验。该试验选取 HTW-70 焊条，直径 φ1.0mm 焊丝，采用 CO_2 保护焊。将焊后的钢板按照国标《焊接接头机械性能试验取样方法》（GB 2649—1989）和《焊接接头拉伸试验方法》（GB 2651—2008）切取横向拉伸试样，进行了焊后金属拉伸试验。焊接试样的拉伸性能见表6-20，可以看出试制钢板焊接后仍然有较好的拉伸性能，说明其焊接性能良好。

表 6-20　焊接试样的拉伸性能

试样编号	厚度/mm	屈服强度/MPa	抗拉强度/MPa	备　注
1 号	3.5	715	770	断母材
2 号	5.0	725	785	断母材
3 号	6.0	705	765	断母材

在焊缝处切取金相试样，用砂纸打磨，抛光后用硝酸酒精溶液侵蚀，在光学显微镜下观察试样的显微组织，其金相显微组织照片如图 6-13 所示。从图 6-13 中可以看到，高强耐候钢焊接后基体的显微组织由铁素体和珠光体组成，铁素体晶粒比较均匀和细小；焊缝组织为块状先共析铁素体和大量的魏氏体组织，以及分布于铁素体之间的珠光体；在基体与焊缝的过渡区域，显微组织则由铁素体、魏氏体组织和珠光体组成。

6.2.4.3　冲击韧性评价

为评价超高强耐候钢的低温韧性，进行室温至 -100℃ 的系列温度冲击试验（20℃、0℃、-20℃、-40℃、-60℃、-80℃、-100℃）。根据国家标准《金属夏比缺口冲击试验方法》（GB/T 229—1994），沿垂直于轧制方向取小尺寸试样。金属夏比 V 形缺口冲击试验试样的 V 形缺口深度为 2mm。ZJ700W 钢在不同温度下的冲击韧性和韧脆转变温度见表 6-21 和表 6-22。

表 6-21　ZJ700W 钢在不同温度下的冲击韧性　　　　　　（J/cm²）

试样编号	厚度/mm	室温	0℃	-20℃	-40℃	-60℃	-80℃	-100℃
1 号	3.5	93.7	91.2	91.8	90.0	81.5	28.7	13.7
2 号	5.0	86.9	84.4	95	81.3	73.8	23.4	10.3
3 号	6.0	89.6	89.8	82.5	82.1	72.1	7.9	5.2

表 6-22　ZJ700W 钢高强耐候钢的韧脆转变温度

试样编号	厚度规格 / mm	FTE/℃
1 号	3.5	< -70
2 号	5	< -60
3 号	6	< -60

由表 6-21 可以看出，ZJ700W 超高强耐候钢冲击韧性值在 -60℃ 时超过了 70J/cm²，表明其低温韧性较好。由表 6-22 可以看出，ZJ700W 超高强耐候钢的韧脆转变温度均在 -60℃ 以下，表明 ZJ700W 钢在较低的温度下仍然有较好的韧性。

3 号实验钢 -60℃ 冲击断口如图 6-14 所示。结果表明，实验钢在 -60℃ 低温下仍存在一定百分数的韧性断口。

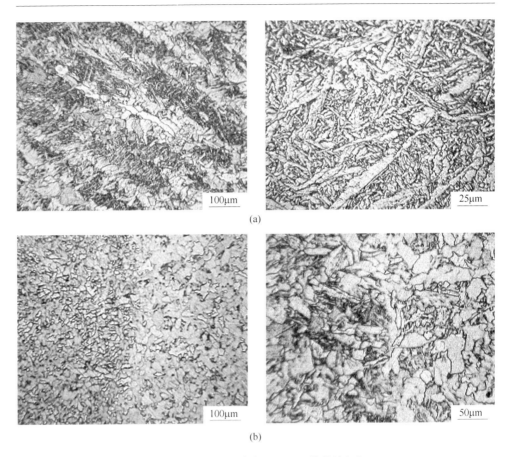

图 6-13 超高强耐候钢 ZJ700W 的焊接组织

（a）焊缝区域的显微组织；（b）基体与焊缝过渡区域的显微组织

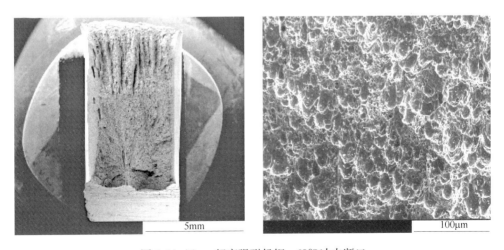

图 6-14 6mm 超高强耐候钢 -60℃冲击断口

6.2.5　产品应用

超高强耐候钢 ZJ700W 主要用于生产 53 英尺特种集装箱，其主要构成如图 6-15 所示。

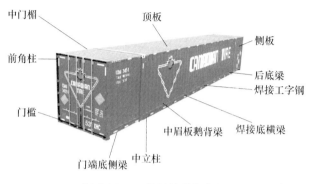

中门楣　　　顶板　　　侧板　　　前角柱　　　后底梁　　　焊接工字钢　　　门槛　　　中眉板鹅背梁　　　焊接底横梁　　　门端底侧梁　　　中立柱

图 6-15　53 英尺特种集装箱

超高强耐候钢开发成功后，集装箱行业采用超高强耐候钢替代普通集装箱用钢 SPA-H，并对 53 英尺特种集装箱进行了减重设计，具体性能见表 6-23。从表 6-23 可以得出，采用超高强耐候钢后，每个 TEU 的钢材使用量可减少 330.65kg。

表 6-23　超高强耐候钢设计应用部件对比

序号	零件名称	数量	采用超高强耐候钢前			采用超高强耐候钢后		
			材质	板厚/mm	设计重量/kg	材质	板厚/mm	设计重量/kg
1	前短底侧梁	2	SPA-H	4.0	64.07	ZJ700W	3.0	48.05
2	后短底侧梁	2	SPA-H	4.0	63.29	ZJ700W	3.0	47.47
3	中角柱（外）	4	SPA-H	6.0	113.42	ZJ700W	4.0	75.61
4	中角柱（内）	4	SPA-H	6.0	159.12	ZJ700W	4.0	106.08
5	中加强角柱	4	SPA-H	4.5	74.15			
6	鹅侧梁	2	SPA-H	6.0	66.44	ZJ700W	4.0	44.29
7	鹅主梁（下）	1	SPA-H	6.0	30.09	ZJ700W	4.5	22.57
8	鹅主梁（上）	1	SPA-H	6.0	35.95	ZJ700W	4.5	26.96
9	短鹅主梁	2	SPA-H	6.0	15.81	ZJ700W	4.5	11.86
10	内门槛	1	SPA-H	6.0	38.20	ZJ700W	4.5	28.65
11	门楣	1	SPA-H	4.5	27.56	ZJ700W	4.5	19.97
12	门槛	1	SPA-H	6.0	35.67	ZJ700W	6.0	25.85
13	门槛底板	1	SPA-H	6.0	21.90	ZJ700W	6.0	15.87
14	鹅颈槽面板	1	SPA-H	6.0	211.39	ZJ700W	6.0	153.18
	钢材总用量			957.06			626.41	

特别值得一提的是，为降低箱体自重，特种集装箱的顶板和门板所使用的钢板厚度规格通常设计为 1.1~1.2mm，一般采用冷轧产品（如 DOCOL700W）。近年来，武钢采用钛微合金化技术，在薄板坯连铸连轧产线上成功开发出超高强耐候钢热轧产品，牌号为 WJX750-NH，并且产品的最薄厚度达到 1.1~1.2mm[7]。经检测，各项性能指标满足超高强耐候钢的使用要求，并且成形性能优于同等强度的冷轧产品。目前该产品已取代冷轧产品用于特种集装箱的顶板和门板制造，如图 6-16 所示，实现"以热代冷"，大幅度降低集装箱的制造成本。

图 6-16 薄规格 WJX750-NH 用于集装箱制造

6.3 汽车结构用超高强钢

汽车轻量化是实现节能减排的有效手段之一。有数据显示，汽车质量每下降10%，油耗可下降约 8%，排放可下降约 4%。但是由于汽车碰撞安全标准和舒适性要求的提高，汽车的重量不断增加，因此，同时实现轻量化和提高安全性已成为汽车工业必须解决的难题[8~10]。实践表明，高强度钢板的应用是实现汽车轻量化和提高汽车安全性能的有效方法。

6.3.1 产品成分与性能设计

本节所提到的汽车结构用超高强钢具体是指屈服强度大于 700MPa 的超高强钢，主要用于制造方形管，应用于车身和底盘的支撑件、行李架、顶棚等。钢板的厚度需求范围一般为 1.25~3.0mm。代表性产品主要有瑞典 SSAB 公司的 DOMEX700MC、宝钢 BS700MC、珠钢的 ZJ700MC 和武钢的 WYS700[3,7]，其化学成分和力学性能见表 6-24 和表 6-25。为获得 700MPa 以上的强度，需要充分利用沉淀强化和细晶强化等强化手段。目前所采用的成分体系主要以钛微合金化为主，充分利用 TiC 的细小弥散析出获得显著的沉淀强化效果。添加少量的铌微合金元素，可以提高奥氏体再结晶温度，扩大奥氏体未再结晶区，使轧件可以在较高温度下完成变形，获得细小组织，同时有利于薄规格产品的生产。添加少量的钼元素，利用其对 TiC 析出行为的影响，进一步提高钢的强度，并减少性能波动。

表 6-24　典型产品的化学成分　　　　　　　　　　（%）

牌　号	C	Si	Mn	P	S	Nb	Ti	Mo	V
DOMEX700MC	≤0.12	≤0.10	≤2.1	≤0.025	≤0.01	≤0.09	≤0.15	—	≤0.20
BS700MC	0.07	0.25	1.8	0.025	0.015	少量	少量	少量	—
ZJ700MC	≤0.08	≤0.10	≤2.0	≤0.025	≤0.01	—	≤0.15	—	—
WYS700	≤0.07	≤0.10	≤2.0	≤0.025	≤0.01	≤0.09	≤0.15	≤0.40	—

表 6-25　瑞典 SSAB 超高强钢 DOMEX700MC 的力学性能

屈服强度 /MPa	抗拉强度 /MPa	延伸率/%		冷弯（90°）		
		<3mm	≥3mm	<3mm	3~6mm	>6mm
≥700	750~950	≥10	≥12	0.8a	1.2a	1.6a

6.3.2　工艺与组织性能控制

钛微合金钢的温度敏感性强，文献［11］研究了冷却方式和卷取温度对 WYS700 钢组织和性能的影响，结果如图 6-17 所示。采用高温卷取，屈服强度均在 700MPa 以上，抗拉强度均在 800MPa 以上；而采用低温卷取，抗拉强度和屈服强度均低于高温卷取的试样，可见，采用高温卷取对提高钛微合金高强钢的屈服强度和抗拉强度作用明显。

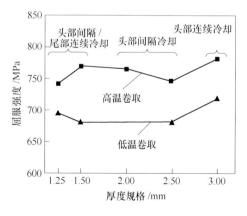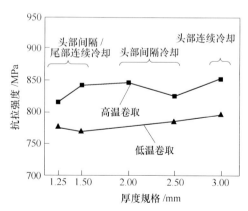

图 6-17　冷却方式和卷取温度对性能的影响

不同卷取温度对组织的影响如图 6-18 所示。可见，高温卷取组织中主要由准多边形铁素体构成；低温卷取时出现了大量弥散分布的细小颗粒，主要沿晶界分布。

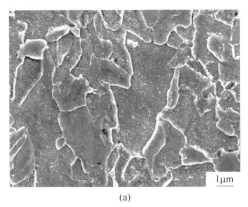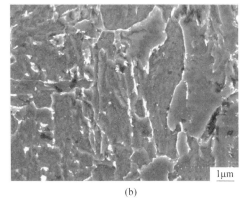

(a)   (b)

图 6-18 卷取温度对 WYS700 产品组织的影响（厚度为 1.5mm）

(a) 高温卷取；(b) 低温卷取

  对低温卷取过程中出现的细小析出粒子进一步放大观察，并进行能谱分析，结果如图 6-19 所示。能谱分析结果表明析出物为 Fe_3C，即在低温卷取过程中，出现了大量的渗碳体的析出物，尺寸为 $200\sim300nm$。钛微合金化高强钢最主要的强化机制为 TiC 粒子的沉淀强化。但由于在热轧和冷却过程中 TiC 缺乏充足的时间完成析出，卷取成为 TiC 析出的重要阶段，卷取温度成为影响 TiC 析出的重要的工艺参数。卷取温度过低，抑制了 TiC 的析出，导致钢中纳米尺寸粒子的数量大为减少，富余的碳以 Fe_3C 的形式析出，尺寸为几百纳米，沉淀强化作用不明显，从而导致低温卷取时产品的强度显著降低。

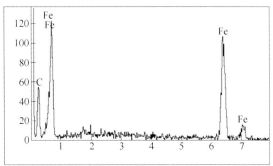

图 6-19 低温卷取析出粒子观察

  此外，还进一步分析了产品厚度对晶粒尺寸的影响，结果如图 6-20 所示。可见，WYS700 钢的晶粒细小，晶粒尺寸为 $2.4\sim3.4\mu m$，并且随着产品厚度的减薄，晶粒尺寸明显细化。

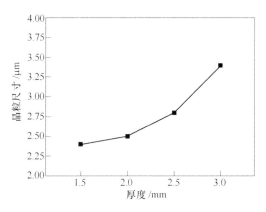

图 6-20　产品厚度对晶粒尺寸的影响

实际生产过程中，不同厚度规格产品的典型力学性能见表 6-26。

表 6-26　不同厚度规格产品力学性能典型值

板厚/mm	$R_{p0.2}$/MPa	R_m/MPa	$R_{p0.2}/R_m$	A_{50}/%
3.0	720	800	0.90	19.9
2.0	744	805	0.92	18.5
1.2	750	826	0.91	20.3

6.3.3　产品的服役性能

6.3.3.1　成形性能评价

产品在后续的使用过程中需要加工成方矩管，变形量大，易出现冷弯开裂现象[12]，对材料的冷成形性能有比较严格的要求。武钢所开发的汽车结构用超高强钢 WYS700 的冷弯结果如图 6-21 所示，冷弯时未出现裂纹和弯曲后"分层"现象。在弯曲处取样对冷弯变形后的组织进行进一步观察，结果如图 6-22 所示。微观组织无微裂纹产生，冷弯性能良好。

将试样进一步加工成方矩管，并进行对角压扁，结果如图 6-23 所示，未见裂纹产生，满足使用要求。

6.3.3.2　焊接性能评价

根据国标 GB/T 2651—2008 和 GB/T 2653—2008，采用 Lincoln Power Wave 455 焊机，进行了厚度为 2mm 的 WYS700 CO_2 气保护焊接性能试验，具体的焊接工艺参数见表 6-27。

表 6-27　焊接工艺参数

焊接材料	电流/A	电压/V	焊速/cm·min^{-1}	线能量/kJ·cm^{-1}
WER70	140	28	50	4

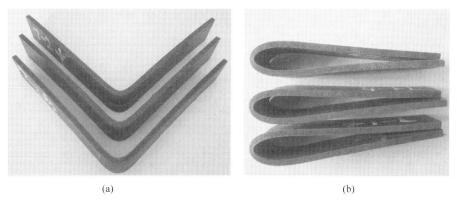

(a)   (b)

图 6-21   冷成形性能实验样品照片

(a) 90°V 形弯；(b) 180°对弯

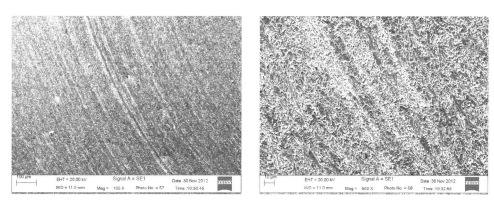

图 6-22   变形区不同放大倍数的组织照片

图 6-23   材料加工成方矩管照片

不同部位的组织照片如图 6-24 所示。由图 6-24 可见，母材为铁素体组织，过渡区为板条状马氏体组织，焊缝为针状马氏体组织。

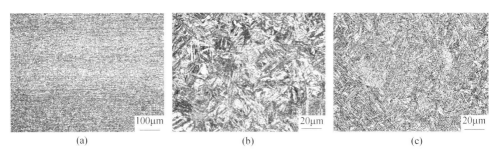

图 6-24　焊接试样不同位置组织的金相照片

（a）母材；（b）过渡区；（c）焊缝

对焊后的试样进行拉伸及 120°弯曲实验，结果见表 6-28，焊接后拉伸试样的断裂位置均出现在母材处，抗拉强度分别 758MPa、781MPa，120°弯曲结果均为合格，材料具有较好的焊接性能，满足生产需求。

表 6-28　拉伸及弯曲试验结果

拉伸试验		弯曲试验		
抗拉强度/MPa	断裂位置	弯心直径	弯曲角度	判定结果
758	基材	$d = 2a$	120°	合格
781	基材			合格

6.3.4　产品应用

汽车结构用超高强钢主要用于制造方形管，应用于车身和底盘的支撑件、行李架、顶棚等，如图 6-25 所示。钢板的厚度需求范围一般为 1.20～3.0mm，其中 2.0mm 以上主要为热轧卷，1.2～2.0mm 厚度主要为冷轧卷。特别值得一提的

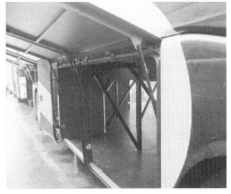

图 6-25　客车车体骨架

是，武钢充分利用薄板坯连铸连轧流程钛微合金化技术的特点，成功开发出超薄规格超高强汽车结构用钢，产品的最高强度级别达到 700MPa 级，同时最小厚度达到 1.2mm，为目前国内外独有产品，部分取代了 1.2~2.0mm 厚度的冷轧产品，实现了"以热代冷"，经济与社会效益显著。

6.4 其他高强钢

6.4.1 薄规格高强度工程机械用钢

薄规格高强度工程机械用钢主要应用在混凝土泵车的臂架、汽车起重机的伸缩起重臂、履带式起重机的拉板等。在工程机械行业快速发展的环境下，对薄规格高强度工程机械用钢板的需求量以及强度级别的要求也显著提高，国内外各大钢厂都在投入力量研究高强度热轧板，瑞典、荷兰、法国、德国、韩国和日本等国家的钢铁企业或研究机构已拥有多个国际知名的高强度工程机械用钢品牌，如SSAB 的 DOMEX 系列、RUUKKI 的 Optim 系列、JFE 的 Hiten 系列、NSC 的 Welten 系列等。国内的宝钢、太钢、首钢、马钢、武钢、鞍钢、邯钢等也对屈服强度 600MPa 级以上级别的热轧薄板进行了研究和生产。宝钢的 BS 系列、鞍钢的HQ 系列、首钢的 SQ 系列、太钢的 TS 系列以及武钢的 HG 系列等是国内薄规格高强度工程机械用卷板中比较成熟的产品。此外，从目前国内需求来看，屈服强度 600MPa 级别钢板开始逐步退出大型工程机械用钢板市场，屈服强度 700MPa级别的钢板成为需求的主流。首钢 SQ700MCD 钢和涟钢 LH700C 主要采用低成本的钛微合金化成分体系[13~15]，通过添加较高含量的钛进行微合金化，充分发挥纳米级 TiC 粒子的析出强化作用，同时添加适量的铌，控制再结晶过程，使组织得到均匀和细化。武钢的 HG785 采用钛微合金化成分体系，复合添加适量的铌、钼等元素，其化学成分见表 6-29。

表 6-29 HG785 钢化学成分 　　　　　　　　　　　　　　（%）

牌号	C	Si	Mn	P	S	Mo	Cr	Nb	Ti
HG785	≤0.15	≤0.40	≤1.80	≤0.030	≤0.015	≤0.60	≤0.60	≤0.10	≤0.20

实际生产过程中，为增加有效钛的含量，减少性能波动，对钢中的硫、氮等元素进行了严格控制。为确保 Ti(C, N) 和 Nb(C, N) 在加热过程中能够固溶，并避免轧前奥氏体晶粒尺寸过于粗大，设计加热温度不低于1240℃；在粗轧阶段，增大道次压下量，并严格控制 RT2 温度，避免混晶现象的产生；在精轧和层流冷却阶段，设计合理的温度制度，促进 TiC 粒子在低温区弥散析出，并细化晶粒尺寸。通过上述成分与工艺配合，获得良好的组织与力学性能，见图 6-26 和表 6-30。焊接实验结果见表 6-31，可见产品的焊接性能良好。

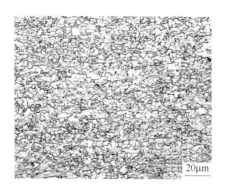

图 6-26　HG785 钢的显微组织

表 6-30　HG785 钢实物性能典型值

厚度/mm	R_{eL}/MPa	R_m/MPa	延伸率 A_{50} /%	180°冷弯 ($b=2a$, $d=3a$)	冲击试验 KV$_2$	
					温度 /℃	冲击功 /J
6	740	835	18	合格	−20	96

表 6-31　HG785 钢焊接接头实物性能

规格/mm	拉伸试验		$d=3a$，冷弯试验		−30℃冲击功 KV$_2$/J	
	R_m/MPa	断裂位置	正弯	反弯		
6	825	母材	180°完好	180°完好	焊缝	86
					熔合线	65
	815	母材	180°完好	180°完好	热影响区 1mm	93

　　目前，该类型产品已经在起重机、重型汽车上得到广泛应用，如图 6-27 所示。

(a)　　　　　　　　　　　　　　　　(b)

图 6-27　高强度工程机械用钢的应用

（a）起重机；（b）重型汽车

6.4.2 汽车大梁用高强钢

汽车大梁是汽车的主要承载部件，其质量直接影响到整车的使用寿命与行车安全。目前汽车制造行业中，汽车大梁一般采用冲压成形和辊压成形工艺，其变形方式以冷弯为主，对材料的成形性要求较高，而且要求其必须具备良好的综合性能。对于载重汽车，主要采用700MPa级的高强钢板制作汽车大梁。

合理的成分设计是保证材料综合性能的基础。700MPa级汽车大梁钢既要求有较高的抗拉强度，又要求具有良好的成形性能、低温冲击性能和焊接性能，主要采用低C-Mn钢中复合添加钛和铌等合金元素，通过析出强化、细晶强化等强化机制获得较好的综合性能[16~18]，武钢WL700的基本成分设计见表6-32。

表6-32　700MPa级汽车大梁钢的成分设计　　　　　（%）

C	Si	Mn	P	S	Nb	Ti
≤0.10	≤0.15	≤2.0	≤0.025	≤0.005	≤0.09	≤0.15

钢中添加微合金元素钛，一方面可以通过沉淀强化显著提高钢材的力学性能；另一方面沿轧制方向排列的MnS夹杂物严重影响钢板的横向冷弯性能，使钢板各向性能差异增大，在冷弯时容易出现开裂现象，而在钢中加入一定含量的钛，可改善钢中MnS夹杂物的形态和分布，当钢中的Ti/S≥6时，MnS夹杂物明显减少甚至消失，被点状、棒状的钛硫化物所代替。经检验，WL700钢中非金属夹杂呈球状分散分布，A、B类不大于1.5级，如图6-28所示。

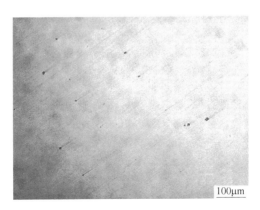

100μm

图6-28　WL700钢中非金属夹杂分布

试样经研磨和抛光后，用4%硝酸酒精腐蚀，在显微镜下观察其金相组织。如图6-29所示。由图6-29可以看出，其组织由铁素体、贝氏体和少量珠光体组成，组织细小，有利于提高钢材的冲击韧性和冷弯成形性能。

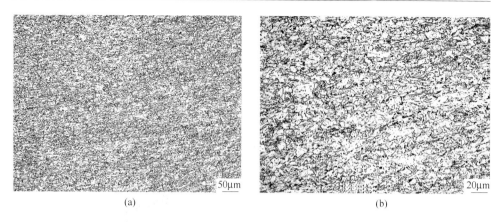

(a)　　　　　　　　　　　　　　　　(b)

图 6-29　700MPa 级汽车大梁钢显微组织

（a）放大 200 倍；（b）放大 500 倍

　　将试样制成透射电镜复型样品，在 JEM-2100F 型透射电镜中进行观察，用 IN-CA 能谱仪对析出相进行成分分析，结果如图 6-30 所示。可见，析出物形貌以圆形为主，还有少量不规则方形；尺寸大小不均，大的尺寸为 100~200nm，小的尺寸约为 50nm。经对不同析出物进行能谱分析，确定尺寸较大的为（Ti，Nb）CN 复合析出物，这主要是由于铌或钛的碳化物、氮化物及碳氮化物的晶格类型、晶格常数相差不大，都是面心立方，它们之间很容易相互溶解，形成铌和钛的复合碳化物；尺寸较小的为钛的碳氮化物，对材料强度的贡献显著。

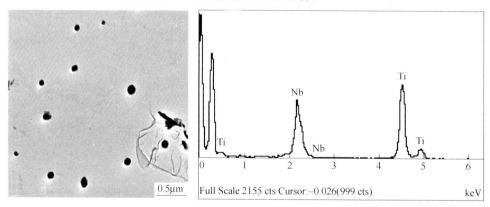

图 6-30　700MPa 级汽车大梁钢析出物观察

　　实际生产中，WL700 的实物性能典型值见表 6-33。

表 6-33　WL700 钢实物性能典型值

厚度/mm	R_{eL}/MPa	R_m/MPa	延伸率 A_{50}/%	180°宽冷弯（$d=2a$）
7.5	720	795	19	合格

将试样加工成 7.5mm×10mm×55mm 尺寸，进行室温到 –80℃ 的 V 形冲击试验，结果如图 6-31 所示。由图 6-31 可见，WL700 钢具有优异的低温韧性，–80℃夏比冲击功仍达到 100J，脆性转变温度低于 –60℃。

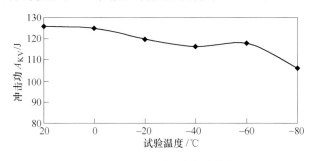

图 6-31　WL700 钢冲击功曲线

目前，该类型产品已经在汽车行业得到应用，如图 6-32 所示。

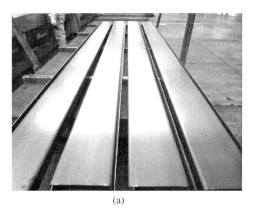 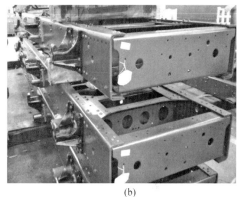

(a)　　　　　　　　　　　　　　　　　　(b)

图 6-32　汽车大梁用高强钢的应用

（a）辊压成形；（b）组装

参 考 文 献

[1] 毛新平，陈麒琳，朱达炎. 新一代集装箱用钢的研制与应用 [C]//王静康. 现代化工、冶金与材料技术前沿——中国工程院化工、冶金与材料工程学部第七届学术会议论文集. 北京：化学工业出版社，2009：809～813.

[2] 陈学文，李烈军，庄汉洲，等. Ti 微合金化高强耐候钢的成分设计研究 [C]. 2007 年度泛珠三角十一省（区）炼钢连铸年会论文专辑，2007：296～300.

[3] 朱达炎，高吉祥，陈麒琳，等. 屈服强度 700MPa 级超高强钢的开发与应用 [J]. 冶金丛刊，2011（3）：8～10.

[4] 陆匠心. 700MPa 级高强度微合金钢生产技术研究 [D]. 沈阳：东北大学，2005.

[5] 曲鹏. 本钢 FTSC 机组 700MPa 级高强度集装箱用钢的研制 [J]. 物理测试，2009，27 (3)：10~13，28.

[6] 王育田. 太钢高强度热轧卷板 TH800 试验与开发 [J]. 山西冶金，2009，32 (1)：17~19.

[7] 陈良，张超，朱帅，等. CSP 线生产薄规格超高强带钢的轧制工艺与组织性能 [J]. 钢铁，2014，49 (1)：57~60.

[8] 康永林. 现代汽车板工艺及成形理论与技术 [M]. 北京：冶金工业出版社，2009.

[9] 马鸣图. 先进汽车用钢 [M]. 北京：化学工业出版社，2007.

[10] Zrnik J, Mamuzic I, Dobatkin S V. Recent process in high strength low carbon steels [J]. Metabk，2006，45 (4)：323.

[11] 康永林. 薄板坯连铸连轧超薄规格板带技术及其应用进展 [J]. 轧钢，2015，32 (1)：7~11.

[12] 陶文哲，梁文，刘志勇，等. 700MPa 级薄规格高强钢冷弯开裂原因分析 [J]. 武钢技术，2013 (3)：12~15.

[13] 潘辉，李飞，周娜，等. 首钢 SQ700MCD 高强工程机械用钢热轧板卷的研制 [J]. 首钢科技，2013 (3)：15~21.

[14] 潘辉，李飞，周娜，等. 700MPa 级高强工程机械用钢产品设计和生产实践 [J]. 中国冶金，2014，24 (10)：1~6.

[15] 袁勤攀，龙训均. LH700C 超高强度工程机械用钢的试制与开发 [J]. 柳钢科技，2014 (3)：20~22.

[16] 韩斌，时晓光，董毅. 超高强汽车大梁钢 700L 的开发研制 [J]. 鞍钢科技，2012 (5)：10~13.

[17] 于洋，孟宪堂，王林，等. 首钢 750MPa 级高强汽车大梁钢冲压开裂原因及机理分析 [J]. 首钢科技，2013 (4)：16~20.

[18] 赵培林，路峰，王建景. 700MPa 级超高强度汽车大梁用钢研究与开发 [J]. 轧钢，2011，28 (2)：12~15.

索　引